普通高等院校高等数学系列规划教材

线性代数

丛书主编　朱家生　吴耀强
主　　编　赵士银　周　坚

中国建材工业出版社

图书在版编目(CIP)数据

线性代数/赵士银，周坚主编．—北京：中国建材工业出版社，2015.8(2024.7重印)
普通高等院校高等数学系列规划教材/朱家生，吴耀强主编
ISBN 978-7-5160-1213-0

Ⅰ.①线… Ⅱ.①赵…②周… Ⅲ.①线性代数—高等学校—教材 Ⅳ.①O151.2

中国版本图书馆CIP数据核字(2015)第085138号

内 容 简 介

本书是根据教育部颁布的本科“线性代数课程教学基本要求”，结合现阶段非重点高校经管类、理工科学生的数学基础，并同时汇集了编者多年的教学心得和体会而形成的一本改革教材。

本书共分为四章，主要介绍行列式、矩阵、线性方程组和相似矩阵及二次型。在每章最后均配备了习题，并给出答案可供参考。

本书适合作为普通三本院校经济与管理类、理工类等各专业的教材，也可作为考研学生自学、复习用书。

线性代数
主　编　赵士银　周　坚

出版发行：中国建材工业出版社
地　　址：北京市西城区白纸坊东街2号院6号楼
邮　　编：100054
经　　销：全国各地新华书店
印　　刷：北京雁林吉兆印刷有限公司
开　　本：787mm×1092mm　1/16
印　　张：10.75
字　　数：262千字
版　　次：2015年8月第1版
印　　次：2024年7月第9次
定　　价：36.00元

本社网址：www.jccbs.com　　微信公众号：zgjcgycbs
本书如有印装质量问题，由我社事业发展中心负责调换，联系电话：(010) 63567692

普通高等院校高等数学系列规划教材
编写委员会

丛书主编　朱家生　吴耀强

丛书编委　（以姓氏笔画为序）

王玉春　王　丽　王　莉　仓义玲

刘晓兰　李红玲　陆海霞　郁爱军

周　坚　季海波　赵士银　费绍金

顾　颖　虞　冰　黎宏伟　衡美芹

序　　言

高等数学课程作为高等学校的公共基础课，为学生的专业课程学习和解决实际问题提供了必要的数学基础知识及常用的数学方法，开设这门课程的目的除了把初等数学中一些未解决好的问题（如函数的性质、增减性等）重新认识并彻底解决外，还要通过学习其他的知识（如极限、微分、积分等），为学习专业课程打下坚实的基础。通过该课程的学习，可以逐步培养学生的数学思想、抽象概括问题的能力、逻辑推理能力以及较熟练的运算能力和综合运用所学知识分析问题、解决问题的能力，其对于应用型人才培养的重要程度是毋庸置疑的。

2008 年，受扬州大学委派，我来到苏北一座新兴的城市——宿迁，参与宿迁学院的援建工作。作为一名长期在高校数学专业从教的教师，第一次有针对性地接触到一些无数学专业背景的教师和非数学专业的学生，有机会亲耳聆听他们对于高等数学教学改革的诉求与建议，感触颇深。宿迁学院是江苏省新创办的一所本科院校，办学之初就定位于应用技术型人才的培养，如何适应不同专业和不同学业水平学生的需求，成为我与从事数学教学的同事们常常讨论的话题。围绕普通高校高等数学教学改革，我们先后开展了多个课题的研究，并在不同的专业进行了一些改革尝试。

为了能把我们这几年来教学改革的体会和感悟总结出来，与同行交流与分享，我们历经 2 年，编写了这套“普通高等院校高等数学系列规划教材”，本系列教材共有三个分册：《微积分（上/下册）》,《线性代数》和《概率论与数理统计》。

为了保证本系列教材的教学适用性，在编写过程中，我们对国内外近年来出版的同类教材的特点进行了比较和分析。从教材体系、内容安排和例题配置等方面充分吸取优点，尤其是在内容的安排上，根据大多数本科院校教学时数设置的情况，进行了适当取舍，尽可能避免偏多、偏难、偏深的弊端，同时也为在教学过程中根据不同专业的需要和学生的具体情况给教师补充、发挥留有一定的空间。此外，我们还参考了《全国硕士研究生入学统一考试数学考试大纲》，力求教材体系、内容在适应高等院校各专业应用型人才培养对数学知识需求的同时，又能兼顾报考研究生的需求。

本书的主要特点如下：

1. 遵循“厚基础，宽口径”的原则，在内容安排上，力争基础不削弱，重要部分适当加强。尽可能做到简明扼要，深入浅出，语言准确，易于学生学习。在引入概念时，注意以学生易于接受的方式叙述。略去大多数教材中一些定理的证明，只保存了一些重要定理和法则，更突出有关理论、方法的应用和数学模型的介绍，重在培养这些专业的学生掌握用这些知识解决实际问题的能力。

2. 我们充分考虑各专业后继课程的需要和学生继续深造的需求，将本系列教材配备了A、B两组习题，达到A组水平，即已符合本课程的基本要求；而B组则是为数学基础要求较高的专业或学生准备的，当然也适当兼顾部分学生报考研究生的需求。

3. 照顾到入学时的学生数学水平参差不齐，尤其是考虑到与中学数学相关内容的衔接，尽量让不同背景、不同层次的学生学有所获。

本系列教材的出版，得到了中国建材工业出版社的大力支持，特别是胡京平编辑的帮助，也得到宿迁学院和教务处的关心和支持，在此一并表示衷心感谢！

虽然我们希望能够编写出版一套质量较高、适合当前教学实际需要的丛书，但限于水平与能力，教材中仍有不少未尽如人意之处，敬请读者不吝指正。

朱家生

2015年7月

前　言

线性代数理论有着悠久的历史和丰富的内容，尤其是随着现代科学技术的迅猛发展，其相关理论已被广泛用于自然科学、社会科学、工程技术、信息安全、生命科学、生物技术、航天、航海、经济管理等各个领域。线性代数课程所体现的几何观念与代数方法之间的内在联系，从具体概念抽象出来的公理化方法以及严谨的逻辑推证、巧妙的归纳综合等知识体系，对于普通高等院校培养应用型人才具有重要的作用。

本书是根据教育部颁布的本科“线性代数课程教学基本要求”，结合现阶段非重点高校经管类、理工科学生的数学基础，并同时汇集了编者多年的教学心得和体会而形成的一本改革教材。整本教材力求体现以下特点：

（1）基本概念和定理叙述上，力图做到由浅入深，循序渐进，注意突出重点。在保证科学严谨性的前提下，尽量用简单明了的思路和语言阐述这些内容，略去了一些深奥的理论证明。

（2）例题选取上，多以具有代表性，能体现课程的基本方法和理论的例题为主，部分例题给出了多种解法。

（3）以注记的形式对每一章节的重要概念、定理等内容给出了详细的分析和说明。

（4）为了便于学生的预习和课后更好地复习，在每一章节内容开始之前，都给出了本章节的基本学习要求。

（5）教材的每一章节基本内容之后，都配备了一些同步基本习题。同时为了使学生更好地掌握所学基本知识，又配备了相关的总复习题。在书末给出了习题的参考答案。

（6）结合非重点高校经管类、理工科学生的特点和课时要求，对于教学大纲基本要求之外的内容，用小一号的字体标出。

本书共分为四章。第一章主要介绍了行列式的概念和性质。第二章介绍了矩阵的代数运算、可逆矩阵、方块矩阵、矩阵的初等变换、矩阵的秩等概念和相关性质。第三章首先讨论了线性方程组的求解问题，给出了方程组有解的判别定理，接着介绍了向量的线性关系和向量组的秩等知识。最后，研究了齐次和非齐次线性方程组解的结构。第四章研究了矩阵的特征值和特征向量、相似矩阵等内容后，探讨了方阵的对角化问题。在此基础之上，给出了二次型概念，并研究了化二次型为标准形与规范形的一般方法，最后介绍了正定二次型的相关性质。

本书适合作为普通三本院校经济与管理类、理工类等各专业的教材，也可作为考研学生自学、复习用书。

本书由赵士银、周坚担任主编，其中赵士银负责编写第1、2、3章，周坚负责编写第4章、各章节习题及参考答案。朱家生负责统稿，并审定了全稿。本教材的编写和出版，得到了宿迁学院教务处、文理学院和中国建材工业出版社的大力支持，在此表示衷心感谢。

限于编者水平，书中不妥甚至谬误之处在所难免，恳请广大读者批评指正。

编　者

2015年7月

目　　录

第1章 行 列 式

行列式是一个重要的数学工具，不仅在数学中有广泛的应用，在其他学科中也经常遇到.

本章首先介绍一些今后学习中常用的基本知识，接着介绍 n 阶行列式的理论：n 阶行列式的定义、性质和计算方法.

§1.1 预备知识

一、数域

当我们在处理一个与数有关的问题时，常常需要明确规定所考虑的数的范围. 例如，求方程 $x^2-2=0$ 的根. 若在实数范围内，这个方程有两个根：$\sqrt{2}$，$-\sqrt{2}$. 但是在有理数范围内此方程却无根. 此外，经常在研究某些代数问题时，不但要考虑一些数，而且往往要对这些数作加减乘除四种运算. 因此所考虑的数集还必须满足条件：该数集中任两个数的和、差、积、商仍在这个集合内.

为此，我们引入数域的概念.

定义 1.1 设 P 是由一些数组成的集合，其中包括 0 与 1. 若 P 中任意两个数的和、差、积、商（除数不为零）仍然是 P 中的数，那么 P 就称为一个数域.

由定义不难看出：全体有理数组成的集合、全体实数组成的集合、全体复数组成的集合都是数域，分别称为有理数域、实数域、复数域，分别记作 $\boldsymbol{Q}$，$\boldsymbol{R}$，$\boldsymbol{C}$. 但是全体整数 $\boldsymbol{Z}$ 不构成数域，因为任意两个整数的商不一定都是整数.

我们可以证明：任何数域都包含有理数域. 即有理数域是最小的数域.

二、全排列及其逆序数

定义 1.2 由数字 1，2，…，n 组成的一个有序数组称为一个 n 级排列.

显然，n 级排列共有 $n!$ 个，其中唯一一个排列 $12\cdots n$ 是按照数字由小到大的顺序排列而成，称其为自然排列（或标准排列）.

定义 1.3 在一个 n 级排列 $i_1i_2\cdots i_n$ 中，若有较小的数 i_t 排在较大的数 i_s 后面，则称 i_t 与 i_s 构成一个逆序，一个 n 级排列中逆序的总数，称为这个排列的逆序数，记作 $\tau(i_1i_2\cdots i_n)$. 如果排列的逆序数 $\tau(i_1i_2\cdots i_n)$ 是奇数（偶数），则称此排列为奇（偶）排列.

注 （1）显然，自然排列的逆序数为 0，它为偶排列.

(2) 对于一个 n 级排列 $i_1i_2\cdots i_n$，其逆序数为

$$\tau(i_1i_2\cdots i_n)=i_1\text{ 后比 }i_1\text{ 小的数的总数}+i_2\text{ 后比 }i_2\text{ 小的数的总数}+\cdots+i_{n-1}\text{后比 }i_{n-1}\text{小的数的总数},$$

$$\text{或者}=i_2\text{ 前面比 }i_2\text{ 大的数的总数}+\cdots+i_{n-1}\text{前面比 }i_{n-1}\text{大的数的总数}+i_n\text{ 前面比 }i_n\text{ 大的数的总数}.$$

例 1.1 求排列的逆序数.

(1)32154；(2)$n(n-1)\cdots321$.

解 (1) 在排列 32154 中，3 的逆序数为 2；2 的逆序数为 1；1 的逆序数为 0；5 的逆序数为 1；于是排列的逆序数为 $\tau(32154)=2+1+0+1=4$.

(2) $\tau[n(n-1)\cdots321]=(n-1)+(n-2)+\cdots+2+1=\dfrac{n(n-1)}{2}$.

定义 1.4 在一个 n 级排列 $i_1\cdots i_s\cdots i_t\cdots i_n$ 中，如果其中某两个数 i_s 与 i_t 对调位置，其余各数位置不变，就得到另一个新的 n 级排列 $i_1\cdots i_t\cdots i_s\cdots i_n$，这样的变换称为一个**对换**，记作$(i_s,i_t)$.

如在排列 34125 中，将 4 与 2 对换，得到新的排列 32145. 并且我们看到：偶排列 34125 经过 4 与 2 的对换后，变成了奇排列 32145. 反之，也可以说奇排列 32145 经过 2 与 4 的对换后，变成了偶排列 34125.

一般地，有以下结论：

定理 1.1 任一 n 级排列经过一次对换后，其奇偶性改变.

证明 首先讨论对换相邻两个数的情况.

设排列为 $a_1\cdots a_lcdb_1\cdots b_m$，对换 c 与 d，则排列变为 $a_1\cdots a_ldcb_1\cdots b_m$. 显然，$a_1$，$a_2$，…，$a_l$；$b_1$，$b_2$，…，$b_m$ 这些元素的逆序数经过对换并不改变，而 c 与 d 两元素的逆序数改变为：当 $c<d$ 时，经对换后，c 的逆序数增加 1 而 d 的逆序数不变；当 $c>d$ 时，经对换后 c 的逆序数不变而 d 的逆序数减少 1. 所以排列 $a_1\cdots a_lcdb_1\cdots b_m$ 与排列$a_1\cdots a_ldcb_1\cdots b_m$ 的奇偶性不可能相同.

再讨论一般对换的情形.

设排列为 $a_1\cdots a_lab_1\cdots b_mbc_1\cdots c_l$，对它施行 m 次相邻对换，则原排列就变为 $a_1\cdots a_labb_1\cdots b_mc_1\cdots c_l$，再施行 $m+1$ 次相邻对换，原排列就变为 $a_1\cdots a_lbb_1\cdots b_mac_1\cdots c_l$. 也就是说，经过 $2m+1$ 次相邻对换后，排列 $a_1\cdots a_lab_1\cdots b_mbc_1\cdots c_1$ 变为排列 $a_1\cdots a_lbb_1\cdots b_mac_1\cdots c_l$，所以这两个排列的奇偶性恰好相反.

证毕

定理 1.2 在所有的 n 级排列中($n\geqslant2$)，奇排列与偶排列的个数相等，各为$\dfrac{n!}{2}$个.

证明 设在 $n!$ 个 n 级排列中，奇排列共有 p 个，偶排列共有 q 个. 对这 p 个奇排列施以同一个对换，如都对换(1,2)，则由定理 1.1 知 p 个奇排列全部变为偶排列，由于偶排列一共只有 q 个，所以 $p\leqslant q$；同理将全部的偶排列施以同一对换(1,2)，则 q 个偶排列全部变为奇排列，于是又有 $q\leqslant p$，所以 $q=p$，即奇排列与偶排列的个数相等.

又由于 n 级排列共有 $n!$ 个，所以 $q+p=n!$，$q=p=\dfrac{n!}{2}$.

证毕

定理 1.3 任一 n 级排列 $i_1i_2\cdots i_n$ 都可通过一系列对换与 n 级自然序排列 $12\cdots n$ 互变，且所作对换的次数与这个 n 级排列有相同的奇偶性.

证明 对排列的级数用数学归纳法证明.

对于 2 级排列，结论显然成立.

假设对 $n-1$ 级排列，结论成立. 现在证明对于 n 级排列，结论也成立.

对于任一个 n 级排列 $i_1i_2\cdots i_n$，若 $i_n=n$，则根据归纳假设 $i_1i_2\cdots i_{n-1}$ 是 $n-1$ 级排列，可经过一系列对换变成 $12\cdots(n-1)$，于是这一系列对换就把 $i_1i_2\cdots i_n$ 变成 $12\cdots n$. 若 $i_n\neq n$，则先施行 i_n 与 n 的对换，使之变成 $j_1j_2\cdots j_nn$，这就归结成上面的情形. 相仿地，$12\cdots n$ 也可经过一系列对换变成 $i_1i_2\cdots i_n$，因此结论成立.

因为 $12\cdots n$ 是偶排列，由定理 1.1 可知，当 $i_1i_2\cdots i_n$ 是奇(偶)排列时，必须施行奇(偶)数次对换方能变成偶排列，所以，所施行对换的次数与排列 $i_1i_2\cdots i_n$ 具有相同的奇偶性. 证毕

§ 1.2 n 阶行列式

行列式起源于求解线性方程组，是研究线性代数的基本工具之一. 它在数学、工程技术、物理学等诸多领域都具有重要的应用. 本节主要介绍行列式的定义、性质及其计算.

本节要求重点掌握行列式的定义，会计算一些简单或特殊的行列式.

定义 2.1 由 n^2 个数 $a_{ij}(i,j=1,2,\cdots,n)$ 排成的 n 行 n 列的符号

$$D_n=\begin{vmatrix} a_{11} & a_{12} & \cdots & a_{1n} \\ a_{21} & a_{22} & \cdots & a_{2n} \\ \vdots & \vdots & \vdots & \vdots \\ a_{n1} & a_{n2} & \cdots & a_{nn} \end{vmatrix},$$

称为一个 n 阶行列式. 其结果为：所有取自不同行和不同列的 n 个元素的乘积的代数和. 各项的符号为：每一项中各元素按照行标排成自然序排列后，如果列标构成的排列为偶（奇）排列，则取正号（负号）. 即

$$D_n=\begin{vmatrix} a_{11} & a_{12} & \cdots & a_{1n} \\ a_{21} & a_{22} & \cdots & a_{2n} \\ \vdots & \vdots & \vdots & \vdots \\ a_{n1} & a_{n2} & \cdots & a_{nn} \end{vmatrix}=\sum_{j_1j_2\cdots j_n}(-1)^{\tau(j_1j_2\cdots j_n)}a_{1j_1}a_{2j_2}\cdots a_{nj_n}, \tag{2.1}$$

其中 $j_1j_2\cdots j_n$ 是某个 n 级排列，$\sum\limits_{j_1j_2\cdots j_n}$ 表示对所有的 n 级排列 $j_1j_2\cdots j_n$ 求和（共有 $n!$ 项）.

注 (1) n 阶行列式中横着写的称为行，纵着写的称为列. 数 $a_{ij}(i,j=1,2,\cdots,n)$ 称为行列式的元素，其中第一个下标表示其所在的行，第二个下标表示其所在的列. 从左上角到右下角的对角线称为行列式的主对角线；另一个是从右上角到左下角的对角线称为行列式的副对角线.

(2) 特别地

① 当 $n=1$ 时，一阶行列为 $|a_{11}|=a_{11}$. 注意该记号与绝对值符号的区别.

② 当 $n=2$ 时，二阶行列式为

$$\begin{vmatrix} a_{11} & a_{12} \\ a_{21} & a_{22} \end{vmatrix}=(-1)^{\tau(12)}a_{11}a_{22}+(-1)^{\tau(21)}a_{12}a_{21}=a_{11}a_{22}-a_{12}a_{21},$$

该结果也可简记为对角线法则：主对角线上元素乘积与副对角线上元素乘积之差.

③ 当 $n=3$ 时，三阶行列式

$$\begin{vmatrix} a_{11} & a_{12} & a_{13} \\ a_{21} & a_{22} & a_{23} \\ a_{31} & a_{32} & a_{33} \end{vmatrix} = (-1)^{\tau(123)}a_{11}a_{22}a_{33}+(-1)^{\tau(231)}a_{12}a_{23}a_{31}+(-1)^{\tau(312)}a_{13}a_{21}a_{32}$$

$$+(-1)^{\tau(132)}a_{11}a_{23}a_{32}+(-1)^{\tau(213)}a_{12}a_{21}a_{33}+(-1)^{\tau(321)}a_{13}a_{22}a_{31}$$

$$=a_{11}a_{22}a_{33}+a_{12}a_{23}a_{31}+a_{13}a_{21}a_{32}-a_{11}a_{23}a_{32}-a_{12}a_{21}a_{33}-a_{13}a_{22}a_{31}.$$

这六项和也可用对角线法则来记忆，主对角线以及平行于主对角线上元素的乘积冠以正号，副对角线以及平行于副对角线上元素的乘积冠以负号.

(3) 三阶以上的行列式的计算不再遵循类似于二、三阶行列式的对角线法则.

为了熟练掌握 n 阶行列式的定义，我们来看下面几个典型问题.

例 2.1 在五阶行列式 $D_5=\det(a_{ij})$ 中，$a_{11}a_{32}a_{24}a_{53}a_{45}$ 这一项应取什么符号?

解 先把 $a_{11}a_{32}a_{24}a_{53}a_{45}$ 中各元素按照行标的自然顺序改写为 $a_{11}a_{24}a_{32}a_{45}a_{53}$，而此时列标的排列为 14253.

因 $\tau(14253)=3$，故这一项 $a_{11}a_{32}a_{24}a_{53}a_{45}$ 应取负号.

例 2.2 写出四阶行列式 $D_4=\det(a_{ij})$ 中包含因子 $a_{11}a_{23}$ 的项.

解 包含因子 $a_{11}a_{23}$ 项的一般形式为

$$(-1)^{\tau(13j_3j_4)}a_{11}a_{23}a_{3j_3}a_{4j_4}.$$

按定义，上述乘积中的每一项必须取自不同行不同列，故 j_3 可取 2 或 4，j_4 可取 4 或 2，因此包含因子 $a_{11}a_{23}$ 的项只能是 $a_{11}a_{23}a_{32}a_{44}$ 与 $a_{11}a_{23}a_{34}a_{42}$.

又
$$\tau(1324)=1,\tau(1342)=2.$$

所以结果中包含因子 $a_{11}a_{23}$ 的项为 $-a_{11}a_{23}a_{32}a_{44}$ 与 $a_{11}a_{23}a_{34}a_{42}$.

例 2.3 利用行列式定义计算行列式 $D=\begin{vmatrix} 0 & 0 & 0 & 1 \\ 0 & 0 & 2 & 0 \\ 0 & 3 & 0 & 0 \\ 4 & 0 & 0 & 0 \end{vmatrix}$.

解 四阶行列式 D 的一般项为

$$(-1)^{\tau(j_1j_2j_3j_4)}a_{1j_1}a_{2j_2}a_{3j_3}a_{4j_4},$$

D 中第 1 行的非零元素只有 a_{14}，因而 j_1 只能取 4，同理由 D 中第 2，3，4 行知，$j_2=3$，$j_3=2$，$j_4=1$，即行列式 D 中的非零项只有一项，即

$$D=(-1)^{\tau(4321)}a_{14}a_{23}a_{32}a_{41}=(-1)^{\tau(4321)}1\cdot 2\cdot 3\cdot 4=24.$$

例 2.4 计算上三角形行列式

$$D=\begin{vmatrix} a_{11} & a_{12} & \cdots & a_{1n} \\ 0 & a_{22} & \cdots & a_{2n} \\ \vdots & \vdots & \vdots & \vdots \\ 0 & 0 & \cdots & a_{nn} \end{vmatrix}，其中 a_{ii}\neq 0(i=1,2,\cdots,n).$$

分析 由于该行列式中元素为零的项比较多，所以由行列式的定义，只需要找出 $a_{1j_1}a_{2j_2}\cdots a_{nj_n}$ 中任一个数都不为零的项.

解　由于当 $j<i$ 时，$a_{ij}=0$. 故 D 中可能不为 0 的元素 a_{ip_i} 其下标必有 $p_i\geqslant i$，即 $p_1\geqslant 1$，$p_2\geqslant 2$，…，$p_n\geqslant n$.

在所有 n 级排列 $p_1p_2\cdots p_n$ 中，能满足上述关系的排列只有一个自然排列 $12\cdots n$，所以 D 中可能不为 0 的项只有一项 $(-1)^{\tau(12\cdots n)}a_{11}a_{22}\cdots a_{nn}$，此项的符号 $(-1)^{\tau(12\cdots n)}=(-1)^0=1$，所以 $D=a_{11}a_{22}\cdots a_{nn}$.

同理，可求得下三角形行列式

$$\begin{vmatrix} a_{11} & 0 & \cdots & 0 \\ a_{21} & a_{22} & \cdots & 0 \\ \vdots & \vdots & \vdots & \vdots \\ a_{n1} & a_{n2} & \cdots & a_{nn} \end{vmatrix}=a_{11}a_{22}\cdots a_{nn}.$$

特别地，对角形行列式

$$\begin{vmatrix} a_{11} & 0 & \cdots & 0 \\ 0 & a_{22} & \cdots & 0 \\ \vdots & \vdots & \vdots & \vdots \\ 0 & 0 & \cdots & a_{nn} \end{vmatrix}=a_{11}a_{22}\cdots a_{nn}.$$

即上（下）三角形行列式及对角形行列式的值，均等于主对角线上元素的乘积.

在 n 阶行列式中，为了决定每一项的正负号，我们把 n 个元素的行标排成自然序排列，即 $a_{1j_1}a_{2j_2}\cdots a_{nj_n}$. 事实上，数的乘法是满足交换律的，因而这 n 个元素的次序是可以任意写的. 一般地，n 阶行列式的项可以写成

$$a_{i_1j_1}a_{i_2j_2}\cdots a_{i_nj_n},\tag{2.2}$$

其中 $i_1i_2\cdots i_n$，$j_1j_2\cdots j_n$ 是两个 n 级排列，它的符号由下面的定理来决定.

定理 2.1　n 阶行列式 $D_n=\det(a_{ij})$ 的一般项可以写成

$$(-1)^{\tau(i_1i_2\cdots i_n)+\tau(j_1j_2\cdots j_n)}a_{i_1j_1}a_{i_2j_2}\cdots a_{i_nj_n},\tag{2.3}$$

其中 $i_1i_2\cdots i_n$，$j_1j_2\cdots j_n$ 都是 n 级排列.

证明　若根据 n 阶行列式的定义来决定式（2.2）的符号，就要把这 n 个元素重新排一下，使得它们的行标变成自然排列，也就是排成

$$a_{1j_1'}a_{2j_2'}\cdots a_{nj_n'},\tag{2.4}$$

于是由行列式的定义，式（2.4）的符号是 $(-1)^{\tau(j_1'j_2'\cdots j_n')}$.

现在来证明式（2.1）与式（2.3）是一致的. 我们知道从式（2.2）变到式（2.4）可经过一系列元素的对换来实现. 每作一次对换，元素的行标与列标所组成的排列 $i_1i_2\cdots i_n$，$j_1j_2\cdots j_n$ 就同时作一次对换，也就是 $\tau(i_1i_2\cdots i_n)$ 与 $\tau(j_1j_2\cdots j_n)$ 同时改变奇偶性，因而它的和

$$\tau(i_1i_2\cdots i_n)+\tau(j_1j_2\cdots j_n)$$

的奇偶性不改变. 这就是说，对式（2.2）作一次元素的对换不改变式（2.3）的值，因此在一系列对换之后有

$$(-1)^{\tau(i_1i_2\cdots i_n)+\tau(j_1j_2\cdots j_n)}=(-1)^{\tau(12\cdots n)+\tau(j_1'j_2'\cdots j_n')}=(-1)^{\tau(j_1'j_2'\cdots j_n')},$$

这就证明了式（2.1）与式（2.3）是一致的.　　证毕

由定理 2.1，我们也可以把行列式的一般项 $a_{i_1j_1}a_{i_2j_2}\cdots a_{i_nj_n}$ 改写为 $a_{l_11}a_{l_22}\cdots a_{l_nn}$（即元素的列标按照自然顺序 $123\cdots n$ 排列），而此时相应的行标的 n 级排列为 $l_1l_2\cdots l_n$，则行列式定义又可叙述为

定理 2.2 n阶行列式$D_n=\det(a_{ij})$也可定义为

$$D=\sum_{l_1l_2\cdots l_n}(-1)^{\tau(l_1l_2\cdots l_n)}a_{l_11}a_{l_22}\cdots a_{l_nn}.$$

证明 按行列式定义有

$$D=\sum_{j_1j_2\cdots j_n}(-1)^{\tau(j_1j_2\cdots j_n)}a_{1j_1}a_{2j_2}\cdots a_{nj_n},$$

记

$$D_1=\sum_{l_1l_2\cdots l_n}(-1)^{\tau(l_1l_2\cdots l_n)}a_{l_11}a_{l_22}\cdots a_{l_nn}.$$

按上面讨论知：对于D中任一项$(-1)^{\tau(j_1j_2\cdots j_n)}a_{1j_1}a_{2j_2}\cdots a_{nj_n}$，总有且仅有$D_1$中的某一项$(-1)^{\tau(q_1q_2\cdots q_n)}a_{q_11}a_{q_22}\cdots a_{q_nn}$与之对应并相等；反之，对于$D_1$中的任一项$(-1)^{\tau(l_1l_2\cdots l_n)}a_{l_11}a_{l_22}\cdots a_{l_nn}$，也总有且仅有$D$中的某一项$(-1)^{\tau(p_1p_2\cdots p_n)}a_{1p_1}a_{2p_2}\cdots a_{np_n}$与之对应并相等，于是$D$与$D_1$中的项可以一一对应并且相等，从而$D=D_1$. 证毕

§1.3 n阶行列式的性质与计算

当行列式的元素为一般数时，直接根据定义计算n阶行列式的值可能是非常困难的，本节将介绍行列式的一些常用性质，以便用它们来简化行列式的计算.

本节要求重点掌握行列式的性质及展开定理，并能利用行列式相关性质来简化常见类型行列式的计算.

一、n阶行列式的性质

定义 3.1 将行列式D的行列互换后得到的行列式称为行列式D的转置行列式，记作D^{T}，即若

$$D=\begin{vmatrix}a_{11}&a_{12}&\cdots&a_{1n}\\a_{21}&a_{22}&\cdots&a_{2n}\\\vdots&\vdots&&\vdots\\a_{n1}&a_{n2}&\cdots&a_{nn}\end{vmatrix},\quad 则\ D^{\mathrm{T}}=\begin{vmatrix}a_{11}&a_{21}&\cdots&a_{n1}\\a_{12}&a_{22}&\cdots&a_{n2}\\\vdots&\vdots&&\vdots\\a_{1n}&a_{2n}&\cdots&a_{nn}\end{vmatrix},$$

反之，行列式D也是行列式D^{T}的转置行列式，即行列式D与行列式D^{T}互为转置行列式.

性质 3.1 行列式与它的转置行列式相等.

证明 行列式D中的元素$a_{ij}\,(i,j=1,2,\cdots,n)$在$D^{\mathrm{T}}$中位于第$j$行第$i$列上，也就是说它的行标是$j$，列标是$i$. 因此，将行列式$D^{\mathrm{T}}$中各项按列标排成自然排列来展开，得

$$D^{\mathrm{T}}=\sum_{j_1j_2\cdots j_n}(-1)^{\tau(j_1j_2\cdots j_n)}a_{1j_1}a_{2j_2}\cdots a_{nj_n},$$

上式正是行列式D中各项按行标排成自然排列的展开式. 所以$D=D^{\mathrm{T}}$. 证毕

注 该性质表明，行列式中的行与列的地位是对等的. 即对于“行”成立的性质，对“列”也同样成立，反之亦然.

性质 3.2 互换行列式的两行（列），行列式的值改变符号.

证明 设行列式

$$D=\begin{vmatrix} a_{11} & a_{12} & \cdots & a_{1n} \\ \vdots & \vdots & \vdots & \vdots \\ a_{p1} & a_{p2} & \cdots & a_{pn} \\ \vdots & \vdots & \vdots & \vdots \\ a_{q1} & q_{q2} & \cdots & a_{qn} \\ \vdots & \vdots & \vdots & \vdots \\ a_{n1} & a_{n2} & \cdots & a_{nn} \end{vmatrix} \begin{matrix} \\ \\ (p\text{ 行}) \\ \\ (q\text{ 行}) \\ \\ \\ \end{matrix},$$

将第 p 行与第 q 行($1\leqslant p<q\leqslant n$)互换后，得到行列式

$$D_1=\begin{vmatrix} a_{11} & a_{12} & \cdots & a_{1n} \\ \vdots & \vdots & \vdots & \vdots \\ a_{q1} & a_{q2} & \cdots & a_{qn} \\ \vdots & \vdots & \vdots & \vdots \\ a_{p1} & a_{p2} & \cdots & a_{pn} \\ \vdots & \vdots & \vdots & \vdots \\ a_{n1} & a_{n2} & \cdots & a_{nn} \end{vmatrix} \begin{matrix} \\ \\ (p\text{ 行}) \\ \\ (q\text{ 行}) \\ \\ \\ \end{matrix},$$

显然，乘积 $a_{1j_1}\cdots a_{pj_p}\cdots a_{qj_q}\cdots a_{nj_n}$ 在行列式 D 和 D_1 中，都是取自不同行、不同列的 n 个元素的乘积，根据定理 2.1，对于行列式 D，这一项的符号为

$$(-1)^{\tau(1\cdots p\cdots q\cdots n)+\tau(j_1\cdots j_p\cdots j_q\cdots j_n)},$$

而对行列式 D_1，这一项的符号由

$$(-1)^{\tau(1\cdots q\cdots p\cdots n)+\tau(j_1\cdots j_p\cdots j_q\cdots j_n)}$$

决定. 而排列 $1\cdots p\cdots q\cdots n$ 与排列 $1\cdots q\cdots p\cdots n$ 的奇偶性恰好相反，所以

$$(-1)^{\tau(1\cdots p\cdots q\cdots n)+\tau(j_1\cdots j_p\cdots j_q\cdots j_n)}=-(-1)^{\tau(1\cdots q\cdots p\cdots n)+\tau(j_1\cdots j_p\cdots j_q\cdots j_n)}$$

即 D_1 中的每一项都是 D 中的对应项的相反数，所以 $D=-D_1$. 证毕

注 若以 r_i 表示行列式的第 i 行，以 c_i 表示行列式的第 i 列. 则常用记号 $r_i\leftrightarrow r_j$（或 $c_i\leftrightarrow c_j$）表示行列式中交换第 i，j 两行（或两列）对应的元素.

推论 3.1 如果行列式有两行（列）完全相同，则此行列式为零.

证明 把完全相同的两行（列）互换，有 $D=-D$，故 $D=0$. 证毕

性质 3.3 用数 k 乘此行列式，等于用数 k 乘行列式的某一行（列）的所有元素. 即

$$k\begin{vmatrix} a_{11} & a_{12} & \cdots & a_{1n} \\ \vdots & \vdots & \vdots & \vdots \\ a_{i1} & a_{i2} & \cdots & a_{in} \\ \vdots & \vdots & \vdots & \vdots \\ a_{n1} & a_{n2} & \cdots & a_{nn} \end{vmatrix}=\begin{vmatrix} a_{11} & a_{12} & \cdots & a_{1n} \\ \vdots & \vdots & \vdots & \vdots \\ ka_{i1} & ka_{i2} & \cdots & ka_{in} \\ \vdots & \vdots & \vdots & \vdots \\ a_{n1} & a_{n2} & \cdots & a_{nn} \end{vmatrix}.$$

证明 由行列式的定义可知

$$\text{左端}=k\sum_{j_1j_2\cdots j_n}(-1)^{\tau(j_1j_2\cdots j_n)}a_{1j_1}\cdots a_{ij_i}\cdots a_{nj_n}$$

$$=\sum_{j_1j_2\cdots j_n}(-1)^{\tau(j_1j_2\cdots j_n)}a_{1j_1}\cdots(ka_{ij_i})\cdots a_{nj_n}=\text{右端}.$$ 证毕

行列式某一行（列）所有元素的公因子 $k(k\neq0)$可以提到行列式符号的外面.
此性质也可表述为

推论 3.2 如果行列式中有两行（列）的对应元素成比例，则此行列式的值等于零.

证明 由性质 3.3 和推论 3.1 即可得到. 证毕

注 常用记号 kr_i（或 kc_i）表示行列式中第 i 行（或列）元素乘以 k.

性质 3.4 若行列式的某一行（列）的元素都可以写成两数之和，例如

$$D=\begin{vmatrix} a_{11} & a_{12} & \cdots & a_{1n} \\ \vdots & \vdots & \vdots & \vdots \\ b_{i1}+c_{i1} & b_{i2}+c_{i2} & \cdots & b_{in}+c_{in} \\ \vdots & \vdots & \vdots & \vdots \\ a_{n1} & a_{n2} & \cdots & a_{nn} \end{vmatrix},$$

则 D 等于下列两个行列式之和：

$$D=\begin{vmatrix} a_{11} & a_{12} & \cdots & a_{1n} \\ \vdots & \vdots & \vdots & \vdots \\ b_{i1} & b_{i2} & \cdots & b_{in} \\ \vdots & \vdots & \vdots & \vdots \\ a_{n1} & a_{n2} & \cdots & a_{nn} \end{vmatrix}+\begin{vmatrix} a_{11} & a_{12} & \cdots & a_{1n} \\ \vdots & \vdots & \vdots & \vdots \\ c_{i1} & c_{i2} & \cdots & c_{in} \\ \vdots & \vdots & \vdots & \vdots \\ a_{n1} & a_{n2} & \cdots & a_{nn} \end{vmatrix}.$$

证明

$$\text{左端}=\sum_{j_1j_2\cdots j_n}(-1)^{\tau(j_1j_2\cdots j_n)}a_{1j_1}a_{2j_2}\cdots(b_{ij_i}+c_{ij_i})\cdots a_{nj_n}$$

$$=\sum_{j_1j_2\cdots j_n}(-1)^{\tau(j_1j_2\cdots j_n)}a_{1j_1}a_{2j_2}\cdots b_{ij_i}\cdots a_{nj_n}$$

$$+\sum_{j_1j_2\cdots j_n}(-1)^{\tau(j_1j_2\cdots j_n)}a_{1j_1}a_{2j_2}\cdots c_{ij_i}\cdots a_{nj_n}$$

$$=\begin{vmatrix} a_{11} & a_{12} & \cdots & a_{1n} \\ \vdots & \vdots & \vdots & \vdots \\ b_{i1} & b_{i2} & \cdots & b_{in} \\ \vdots & \vdots & \vdots & \vdots \\ a_{n1} & a_{n2} & \cdots & a_{nn} \end{vmatrix}+\begin{vmatrix} a_{11} & a_{12} & \cdots & a_{1n} \\ \vdots & \vdots & \vdots & \vdots \\ c_{i1} & c_{i2} & \cdots & c_{in} \\ \vdots & \vdots & \vdots & \vdots \\ a_{n1} & a_{n2} & \cdots & a_{nn} \end{vmatrix}=\text{右端}.$$ 证毕

注 如 $\begin{vmatrix} 2 & 3 \\ 1 & 1 \end{vmatrix}=\begin{vmatrix} 1+1 & 3+0 \\ 1 & 1 \end{vmatrix}=\begin{vmatrix} 1 & 3 \\ 1 & 1 \end{vmatrix}+\begin{vmatrix} 1 & 0 \\ 1 & 1 \end{vmatrix}$.

性质 3.5 行列式的某一行（列）的各元素的 k 倍加到另一行（列）对应的元素上去，行列式的值不变.

例如以数 k 乘第 j 行元素加到第 i 行对应元素上去，有

$$D=\begin{vmatrix} a_{11} & a_{12} & \cdots & a_{1n} \\ \vdots & \vdots & \vdots & \vdots \\ a_{i1} & a_{i2} & \cdots & a_{in} \\ \vdots & \vdots & \vdots & \vdots \\ a_{j1} & a_{j2} & \cdots & a_{jn} \\ \vdots & \vdots & \vdots & \vdots \\ a_{n1} & a_{n2} & \cdots & a_{nn} \end{vmatrix}=\begin{vmatrix} a_{11} & a_{12} & \cdots & a_{1n} \\ \vdots & \vdots & \vdots & \vdots \\ a_{i1}+ka_{j1} & a_{i2}+ka_{j2} & \cdots & a_{in}+ka_{jn} \\ \vdots & \vdots & \vdots & \vdots \\ a_{j1} & a_{j2} & \cdots & a_{jn} \\ \vdots & \vdots & \vdots & \vdots \\ a_{n1} & a_{n2} & \cdots & a_{nn} \end{vmatrix}.$$

证明 由性质 3.4 和推论 3.1 即可得到. 证毕

注 (1) 常用记号 $r_i+kr_j(c_i+kc_j)$ 表示行列式中第 j 行（列）元素的 k 倍加到第 i 行（列）对应元素上去.

(2) 注意运算 r_i+r_j(加到第 i 行上去)与 r_j+r_i(加到第 j 行上去)表示意义的区别.

(3) 常利用行列式以上的性质来简化行列式的计算，即利用它们把行列式化为上（下）三角形行列式后直接得出结论.

例如化行列式为上三角形行列式的主要步骤是：

如果行列式 a_{11} 位置上元素为 0，可先将第一行（列）与其他行（列）交换使得 a_{11} 位置上元素不为 0；然后把该位置上的元素分别乘以适当的数加到其他各行，使得第一列除第一个元素外其余元素全为 0.

再用同样的方法处理除去第一行和第一列后余下的低一阶行列式，如此继续下去，直至使它成为上三角形行列式，这时主对角线上元素的乘积就是所求行列式的值.

例 3.1 计算四阶行列式 $D=\begin{vmatrix} 3 & 1 & -1 & 2 \\ -5 & 1 & 3 & -4 \\ 2 & 0 & 1 & -1 \\ 1 & -5 & 3 & -3 \end{vmatrix}$.

解 $$D\xlongequal{c_1\leftrightarrow c_2}-\begin{vmatrix} 1 & 3 & -1 & 2 \\ 1 & -5 & 3 & -4 \\ 0 & 2 & 1 & -1 \\ -5 & 1 & 3 & -3 \end{vmatrix}\xlongequal[r_4+5r_1]{r_2-r_1}-\begin{vmatrix} 1 & 3 & -1 & 2 \\ 0 & -8 & 4 & -6 \\ 0 & 2 & 1 & -1 \\ 0 & 16 & -2 & 7 \end{vmatrix}$$

$$\xlongequal[\substack{r_3+4r_2\\ r_4-8r_2}]{r_2\leftrightarrow r_3}\begin{vmatrix} 1 & 3 & -1 & 2 \\ 0 & 2 & 1 & -1 \\ 0 & 0 & 8 & -10 \\ 0 & 0 & -10 & 15 \end{vmatrix}\xlongequal{r_4+\frac{5}{4}r_3}\begin{vmatrix} 1 & 3 & -1 & 2 \\ 0 & 2 & 1 & -1 \\ 0 & 0 & 8 & -10 \\ 0 & 0 & 0 & \frac{5}{2} \end{vmatrix}=1\times2\times8\times\frac{5}{2}=40.$$

为了更加方便地计算行列式，我们引入余子式和代数余子式的概念.

定义 3.2 在 n 阶行列式中，把元素 a_{ij} 所在的第 i 行和第 j 列划去后，剩下来的 $n-1$阶行列式称为元素 a_{ij} 的余子式，记作 M_{ij}；若记 $A_{ij}=(-1)^{i+j}M_{ij}$，则 A_{ij} 称为元素 a_{ij} 的代数余子式.

例如四阶行列式 $D=\begin{vmatrix} a_{11} & a_{12} & a_{13} & a_{14} \\ a_{21} & a_{22} & a_{23} & a_{24} \\ a_{31} & a_{32} & a_{33} & a_{34} \\ a_{41} & a_{42} & a_{43} & a_{44} \end{vmatrix}$ 中元素 a_{32} 的余子式和代数余子式分别为

$$M_{32}=\begin{vmatrix} a_{11} & a_{13} & a_{14} \\ a_{21} & a_{23} & a_{24} \\ a_{41} & a_{43} & a_{44} \end{vmatrix},\ A_{32}=(-1)^{3+2}M_{32}=-M_{32}.$$

性质 3.6 行列式等于它的任一行（列）的各元素与其对应的代数余子式乘积之和，即

$$D=a_{i1}A_{i1}+a_{i2}A_{i2}+\cdots+a_{in}A_{in} \qquad (i=1,\ 2,\ \cdots,\ n),$$

或

$$D=a_{1j}A_{1j}+a_{2j}A_{2j}+\cdots+a_{nj}A_{nj} \qquad (j=1,\ 2,\ \cdots,\ n).$$

证明 只需证明按行展开的情形，按列展开的情形同理可证.

(1) 先证按第一行展开的情形. 根据性质 3.4 有

$$D=\begin{vmatrix} a_{11} & a_{12} & \cdots & a_{1n} \\ a_{21} & a_{22} & \cdots & a_{2n} \\ \vdots & \vdots & \vdots & \vdots \\ a_{n1} & a_{n2} & \cdots & a_{nn} \end{vmatrix}=\begin{vmatrix} a_{11}+0+\cdots+0 & 0+a_{12}+0+\cdots+0 & \cdots & 0+\cdots+0+a_{1n} \\ a_{21} & a_{22} & \cdots & a_{2n} \\ \vdots & \vdots & & \vdots \\ a_{n1} & a_{n2} & \cdots & a_{nn} \end{vmatrix}$$

$$=\begin{vmatrix} a_{11} & 0 & \cdots & 0 \\ a_{21} & a_{22} & \cdots & a_{2n} \\ \vdots & \vdots & \vdots & \vdots \\ a_{n1} & a_{n2} & \cdots & a_{nn} \end{vmatrix}+\begin{vmatrix} 0 & a_{12} & \cdots & 0 \\ a_{21} & a_{22} & \cdots & a_{2n} \\ \vdots & \vdots & \vdots & \vdots \\ a_{n1} & a_{n2} & \cdots & a_{nn} \end{vmatrix}+\cdots+\begin{vmatrix} 0 & 0 & \cdots & a_{1n} \\ a_{21} & a_{22} & \cdots & a_{2n} \\ \vdots & \vdots & \vdots & \vdots \\ a_{n1} & a_{n2} & \cdots & a_{nn} \end{vmatrix},$$

按行列式的定义

$$\begin{vmatrix} a_{11} & 0 & \cdots & 0 \\ a_{21} & a_{22} & \cdots & a_{2n} \\ \vdots & \vdots & \vdots & \vdots \\ a_{n1} & a_{n2} & \cdots & a_{nn} \end{vmatrix}=\sum_{j_1j_2\cdots j_n}(-1)^{\tau(j_1j_2\cdots j_n)}a_{1j_1}a_{2j_2}\cdots a_{nj_n}$$

$$=a_{11}\sum_{j_2j_3\cdots j_n}(-1)^{\tau(j_2j_3\cdots j_n)}a_{2j_2}a_{3j_3}\cdots a_{nj_n}=a_{11}M_{11}=a_{11}A_{11},$$

接下来利用此结果，并结合行列式的性质可计算得

$$\begin{vmatrix} 0 & a_{12} & \cdots & 0 \\ a_{21} & a_{22} & \cdots & a_{2n} \\ \vdots & \vdots & \vdots & \vdots \\ a_{n1} & a_{n2} & \cdots & a_{nn} \end{vmatrix}=(-1)\begin{vmatrix} a_{12} & 0 & \cdots & 0 \\ a_{22} & a_{21} & \cdots & a_{2n} \\ \vdots & \vdots & \vdots & \vdots \\ a_{n2} & a_{n1} & \cdots & a_{nn} \end{vmatrix}=(-1)^{1+2}a_{12}M_{12}=a_{12}A_{12}$$

$$\cdots \qquad \cdots \qquad \cdots$$

$$\begin{vmatrix} 0 & 0 & \cdots & a_{1n} \\ a_{21} & a_{22} & \cdots & a_{2n} \\ \vdots & \vdots & \vdots & \vdots \\ a_{n1} & a_{n2} & \cdots & a_{nn} \end{vmatrix}=(-1)^{n-1}\begin{vmatrix} a_{1n} & 0 & \cdots & 0 \\ a_{2n} & a_{21} & \cdots & a_{2,n-1} \\ \vdots & \vdots & \vdots & \vdots \\ a_{nn} & a_{n1} & \cdots & a_{n,n-1} \end{vmatrix}=(-1)^{n+1}a_{1n}M_{1n}=a_{1n}A_{1n},$$

所以 $$D=a_{11}A_{11}+a_{12}A_{12}+\cdots+a_{1n}A_{1n}.$$

(2) 再证按第 i 行展开的情形

将第 i 行分别与第 $i-1$ 行、第 $i-2$ 行、…、第 1 行进行交换，把第 i 行换到第 1 行，然后再按（1）的情形，即有

$$D=(-1)^{i-1}\begin{vmatrix} a_{i1} & a_{i2} & \cdots & a_{in} \\ a_{11} & a_{12} & \cdots & a_{1n} \\ \vdots & \vdots & \vdots & \vdots \\ a_{n1} & a_{n2} & \cdots & a_{nn} \end{vmatrix}=(-1)^{i-1}a_{i1}(-1)^{1+1}M_{i1}+(-1)^{i-1}a_{i2}(-1)^{1+2}M_{i2}$$

$$+\cdots+(-1)^{i-1}a_{in}(-1)^{1+n}M_{in}=a_{i1}A_{i1}+a_{i2}A_{i2}+\cdots+a_{in}A_{in}.$$ 证毕

注 (1) 行列式的这个性质也常称为行列式按行(列)展开定理(法则). 利用它并结合行列式的其他性质，可以大大简化行列式的计算.

(2) 例如，三阶行列式 $D=\begin{vmatrix} 2 & 1 & 3 \\ 0 & -2 & 0 \\ 3 & -1 & 4 \end{vmatrix}$ 按照第一行展开，有

$$D=2\begin{vmatrix} -2 & 0 \\ -1 & 4 \end{vmatrix}-\begin{vmatrix} 0 & 0 \\ 3 & 4 \end{vmatrix}+3\begin{vmatrix} 0 & -2 \\ 3 & -1 \end{vmatrix}=2\times(-8)+3\times6=2.$$

若按照第二行展开

$$D=-2\begin{vmatrix} 2 & 3 \\ 3 & 4 \end{vmatrix}=-2\times(-1)=2 =2\times(-8)+3\times6=2.$$

由此可看成，在利用行列式展开定理计算行列式时候，关键是选择好恰当的行或列来展开. 尤其是在计算阶数较高的行列式时，这一点显得尤为重要.

(3) 特别要注意的是，展开公式如果从右端往左端看，可以看作某些代数余子式与数的乘积的和可能等于某个行列式. 所以我们可以通过构造行列式的方法来计算代数余子式或余子式的和式（如例 3.6).

由性质 3.6，还可得下述重要推论：

推论 3.3 行列式任一行（列）的元素与另一行（列）的对应元素的代数余子式乘积之和等于零. 即

$$a_{i1}A_{j1}+a_{i2}A_{j2}+\cdots+a_{in}A_{jn}=0,\ i\neq j,$$

或 $$a_{1i}A_{1j}+a_{2i}A_{2j}+\cdots+a_{ni}A_{nj}=0,\ i\neq j.$$

证明 把行列式 $D=\det(a_{ij})$ 按第 j 行展开，有

$$a_{j1}A_{j1}+a_{j2}A_{j2}+\cdots+a_{jn}A_{jn}=\begin{vmatrix} a_{11} & \cdots & a_{1n} \\ \vdots & \vdots & \vdots \\ a_{i1} & \cdots & a_{in} \\ \vdots & \vdots & \vdots \\ a_{j1} & \cdots & a_{jn} \\ \vdots & \vdots & \vdots \\ a_{n1} & \cdots & a_{nn} \end{vmatrix},$$

在上式中把 a_{jk} 换成 $a_{ik}(k=1,\cdots,n)$，可得

$$a_{i1}A_{j1}+a_{i2}A_{j2}+\cdots+a_{in}A_{jn}=\begin{vmatrix} a_{11} & \cdots & a_{1n} \\ \vdots & \vdots & \vdots \\ a_{i1} & \cdots & a_{in} \\ \vdots & \vdots & \vdots \\ a_{i1} & \cdots & a_{in} \\ \vdots & \vdots & \vdots \\ a_{n1} & \cdots & a_{nn} \end{vmatrix} \begin{matrix} \\ \\ \leftarrow 第\ i\ 行 \\ \\ \leftarrow 第\ j\ 行 \\ \\ \\ \end{matrix},$$

当 $i\neq j$ 时，上式右端行列式中有两行对应元素相同，故行列式为零，即得

$$a_{i1}A_{j1}+a_{i2}A_{j2}+\cdots+a_{in}A_{jn}=0,\ (i\neq j),$$

上述证法如按列进行，可得

$$a_{1i}A_{1j}+a_{2i}A_{2j}+\cdots+a_{ni}A_{nj}=0,\ (i\neq j).$$

证毕

二、n 阶行列式的计算

对于行列式的计算，除了利用定义直接计算一些特殊的行列式外，下面结合本课程学习要求，介绍一些常用的基本方法.

方法 1 利用行列式的性质把所要计算的行列式化为上（下）三角形行列式，从而直接得出其结果.

方法 2 利用行列式的性质并结合行列式的展开法则来计算. 具体来说，一般利用性质将行列式的某一行（列）化简出尽可能多的零元素（一般情况下，最好仅有一个非零元素），再按性质 3.6 展开，变为低一阶行列式，如此继续下去，直到将行列式化为三阶或二阶.

其他方法 数学归纳法、递推法、升阶法等.

当然，行列式的计算有时是比较复杂的，尤其是对于高阶行列式来说，更是如此. 所以在进行行列式的计算时，首先要观察和研究行列式中元素的规律性很重要，然后再采取适当的方法和步骤来计算.

例 3.2 计算下列行列式

（1）重新计算例题 3.1 $D=\begin{vmatrix} 3 & 1 & -1 & 2 \\ -5 & 1 & 3 & -4 \\ 2 & 0 & 1 & -1 \\ 1 & -5 & 3 & -3 \end{vmatrix}$.

（2）$D=\begin{vmatrix} 4 & 1 & 1 & 1 \\ 1 & 4 & 1 & 1 \\ 1 & 1 & 4 & 1 \\ 1 & 1 & 1 & 4 \end{vmatrix}$.

解 （1）$D\xlongequal[c_4+c_3]{c_1-2c_3}\begin{vmatrix} 5 & 1 & -1 & 1 \\ -11 & 1 & 3 & -1 \\ 0 & 0 & 1 & 0 \\ -5 & -5 & 3 & 0 \end{vmatrix}\xlongequal[展开]{第3行}(-1)^{3+3}\begin{vmatrix} 5 & 1 & 1 \\ -11 & 1 & -1 \\ -5 & -5 & 0 \end{vmatrix}$

$$\xlongequal{r_2+r_1}\begin{vmatrix}5&1&1\\-6&2&0\\-5&-5&0\end{vmatrix}\xlongequal[\text{展开}]{\text{第 3 列}}(-1)^{1+3}\begin{vmatrix}-6&2\\-5&-5\end{vmatrix}=(-6)\times(-5)-2\times(-5)=40.$$

（2）**方法 1**

$$D\xlongequal{r_1\leftrightarrow r_4}-\begin{vmatrix}1&1&1&4\\1&4&1&1\\1&1&4&1\\4&1&1&1\end{vmatrix}\xlongequal[r_4-4r_1]{\substack{r_2-r_1\\r_3-r_1}}-\begin{vmatrix}1&1&1&4\\0&3&0&-3\\0&0&3&-3\\0&-3&-3&-15\end{vmatrix}$$

$$\xlongequal{r_4+r_2+r_3}-\begin{vmatrix}1&1&1&4\\0&3&0&-3\\0&0&3&-3\\0&0&0&-21\end{vmatrix}=189.$$

方法 2

$$D\xlongequal{r_1+r_2+r_3+r_4}\begin{vmatrix}7&7&7&7\\1&4&1&1\\1&1&4&1\\1&1&1&4\end{vmatrix}\xlongequal[\substack{r_3-r_1\\r_4-r_1}]{\substack{\frac{1}{7}r_1\\r_2-r_1}}7\begin{vmatrix}1&1&1&1\\0&3&0&0\\0&0&3&0\\0&0&0&3\end{vmatrix}=7\times3^3=189.$$

例 3.3 计算 n 阶行列式

$$D=\begin{vmatrix}x&a_1&a_2&\cdots&a_{n-1}\\a_1&x&a_2&\cdots&a_{n-1}\\a_1&a_2&x&\cdots&a_{n-1}\\\vdots&\vdots&\vdots&\vdots&\vdots\\a_1&a_2&a_3&\cdots&x\end{vmatrix}.$$

解 将 D 的第 2 列，第 3 列，…，第 n 列全加到第 1 列上，然后从第 1 列提取公因子 $x+\sum\limits_{i=1}^{n-1}a_i$ 得

$$D\xlongequal{c_1+c_2+\cdots+c_n}\left(x+\sum_{i=1}^{n-1}a_i\right)\begin{vmatrix}1&a_1&a_2&\cdots&a_{n-1}\\1&x&a_2&\cdots&a_{n-1}\\1&a_2&x&\cdots&a_{n-1}\\\vdots&\vdots&\vdots&\vdots&\vdots\\1&a_2&a_3&\cdots&x\end{vmatrix}$$

$$\xlongequal[\substack{\vdots\\c_n-a_{n-1}c_1}]{\substack{c_2-a_1c_1\\c_3-a_2c_1}}\left(x+\sum_{i=1}^{n-1}a_i\right)\begin{vmatrix}1&0&0&\cdots&0\\1&x-a_1&0&\cdots&0\\1&a_2-a_1&x-a_2&\cdots&0\\\vdots&\vdots&\vdots&\vdots&\vdots\\1&a_2-a_1&a_3-a_2&\cdots&x-a_{n-1}\end{vmatrix}$$

$$=\left(x+\sum_{i=1}^{n-1}a_i\right)(x-a_1)(x-a_2)\cdots(x-a_{n-1}).$$

例 3.4 计算 n 阶行列式

$$D=\begin{vmatrix} a & b & 0 & \cdots & 0 & 0 \\ 0 & a & b & \cdots & 0 & 0 \\ 0 & 0 & a & \cdots & 0 & 0 \\ \vdots & \vdots & \vdots & \vdots & \vdots & \vdots \\ 0 & 0 & 0 & \cdots & a & b \\ b & 0 & 0 & \cdots & 0 & a \end{vmatrix}.$$

解 $D\xlongequal[\text{展开}]{\text{第一列}}(-1)^{1+1}a\begin{vmatrix} a & b & \cdots & 0 & 0 \\ 0 & a & \cdots & 0 & 0 \\ \vdots & \vdots & \vdots & \vdots & \vdots \\ 0 & 0 & \cdots & a & b \\ 0 & 0 & \cdots & 0 & a \end{vmatrix}+(-1)^{n+1}b\begin{vmatrix} b & 0 & \cdots & 0 & 0 \\ a & b & \cdots & 0 & 0 \\ \vdots & \vdots & \vdots & \vdots & \vdots \\ 0 & 0 & \cdots & b & 0 \\ 0 & 0 & \cdots & a & b \end{vmatrix}$

$=aa^{n-1}+(-1)^{n+1}bb^{n-1}=a^n+(-1)^{n+1}b^n.$

例 3.5 计算 $D=\begin{vmatrix} a & b & c & d \\ a & a+b & a+b+c & a+b+c+d \\ a & 2a+b & 3a+2b+c & 4a+3b+2c+d \\ a & 3a+b & 6a+3b+c & 10a+6b+3c+d \end{vmatrix}.$

解

$$D\xlongequal[r_2-r_1]{\substack{r_4-r_3\\ r_3-r_2}}\begin{vmatrix} a & b & c & d \\ 0 & a & a+b & a+b+c \\ 0 & a & 2a+b & 3a+2b+c \\ 0 & a & 3a+b & 6a+3b+c \end{vmatrix}\xlongequal[r_3-r_2]{r_4-r_3}\begin{vmatrix} a & b & c & d \\ 0 & a & a+b & a+b+c \\ 0 & 0 & a & 2a+b \\ 0 & 0 & a & 3a+b \end{vmatrix}$$

$$\xlongequal{r_4-r_3}\begin{vmatrix} a & b & c & d \\ 0 & a & a+b & a+b+c \\ 0 & 0 & a & 2a+b \\ 0 & 0 & 0 & a \end{vmatrix}=a^4.$$

例 3.6 设四阶行列式

$$D=\begin{vmatrix} 3 & -1 & 2 & 1 \\ 1 & 1 & 0 & -5 \\ -1 & 3 & 1 & 3 \\ 2 & -4 & -1 & -3 \end{vmatrix}.$$

求 (1)$A_{11}+A_{12}+A_{13}+A_{14}$；(2)$M_{11}+M_{31}-2M_{41}$. 其中 M_{ij}、A_{ij} 分别为行列式相应元素 a_{ij} 对应的余子式与代数余子式.

解 方法 1

先直接计算 $A_{1j}(j=1,2,3,4)$的值，然后代入计算.

由于 $A_{11}=\begin{vmatrix} 1 & 0 & -5 \\ 3 & 1 & 3 \\ -4 & -1 & -3 \end{vmatrix}\xlongequal{r_3+r_2}\begin{vmatrix} 1 & 0 & -5 \\ 3 & 1 & 3 \\ -1 & 0 & 0 \end{vmatrix}\xlongequal[\text{展开}]{\text{第二列}}\begin{vmatrix} 1 & -5 \\ -1 & 0 \end{vmatrix}=-5;$

$$A_{12}=-\begin{vmatrix}1&0&-5\\-1&1&3\\2&-1&-3\end{vmatrix}\xlongequal{r_3+r_2}-\begin{vmatrix}1&0&-5\\-1&1&3\\1&0&0\end{vmatrix}\xlongequal[\text{展开}]{\text{第二列}}-\begin{vmatrix}1&-5\\1&0\end{vmatrix}=-5;$$

$$A_{13}=\begin{vmatrix}1&1&-5\\-1&3&3\\2&-4&-3\end{vmatrix}\xlongequal[r_3-2r_1]{r_2+r_1}\begin{vmatrix}1&1&-5\\0&4&-2\\0&-6&7\end{vmatrix}\xlongequal[\text{展开}]{\text{第一列}}\begin{vmatrix}4&-2\\-6&7\end{vmatrix}=16;$$

$$A_{14}=-\begin{vmatrix}1&1&0\\-1&3&1\\2&-4&-1\end{vmatrix}\xlongequal{r_3+r_2}-\begin{vmatrix}1&1&0\\-1&3&1\\1&-1&0\end{vmatrix}\xlongequal[\text{展开}]{\text{第三列}}\begin{vmatrix}1&1\\1&-1\end{vmatrix}=-2.$$

故 $A_{11}+A_{12}+A_{13}+A_{14}=-5-5+16-2=4.$

类似可分别求得：

$$M_{11}=\begin{vmatrix}1&0&-5\\3&1&3\\-4&-1&-3\end{vmatrix}=-5;\ M_{31}=\begin{vmatrix}-1&2&1\\1&0&-5\\-4&-1&-3\end{vmatrix}=50;\ M_{41}=\begin{vmatrix}-1&2&1\\1&0&-5\\3&1&3\end{vmatrix}=-40$$

故 $M_{11}+M_{31}-2M_{41}=-5+50-2\times(-40)=125.$

方法 2

利用行列式展开定理，构造新的行列式，并计算其值.

(1)$A_{11}+A_{12}+A_{13}+A_{14}$

$$=1\cdot A_{11}+1\cdot A_{12}+1\cdot A_{13}+1\cdot A_{14}=\begin{vmatrix}1&1&1&1\\1&1&0&-5\\-1&3&1&3\\2&-4&-1&-3\end{vmatrix}\xlongequal[r_4+r_1]{r_3-r_1}$$

$$\begin{vmatrix}1&1&1&1\\1&1&0&-5\\-2&2&0&2\\3&-3&0&-2\end{vmatrix}\xlongequal[\text{展开}]{\text{第三列}}(-1)^{1+3}\begin{vmatrix}1&1&-5\\-2&2&2\\3&-3&-2\end{vmatrix}\xlongequal[r_4+r_1]{r_3-r_1}(-1)^{1+3}\begin{vmatrix}1&1&-5\\-2&2&2\\3&-3&-2\end{vmatrix}$$

$$\xlongequal[r_3-3r_1]{r_2+2r_1}\begin{vmatrix}1&1&-5\\0&4&-8\\0&-6&13\end{vmatrix}\xlongequal[\text{展开}]{\text{第一列}}\begin{vmatrix}4&-8\\-6&13\end{vmatrix}=4.$$

(2)$M_{11}+M_{31}-2M_{41}=A_{11}+0A_{21}+A_{31}+2A_{41}$

$$=\begin{vmatrix}1&-1&2&1\\0&1&0&-5\\1&3&1&3\\2&-4&-1&-3\end{vmatrix}\xlongequal{c_4+5c_2}\begin{vmatrix}1&-1&2&-4\\0&1&0&0\\1&3&1&18\\2&-4&-1&-23\end{vmatrix}\xlongequal[\text{展开}]{\text{第二行}}(-1)^{2+2}\begin{vmatrix}1&2&-4\\1&1&18\\2&-1&-23\end{vmatrix}$$

$$\xlongequal[r_3-2r_1]{r_2-r_1}\begin{vmatrix}1&2&-4\\0&-1&22\\0&-5&-15\end{vmatrix}\xlongequal[\text{展开}]{\text{第一列}}\begin{vmatrix}-1&22\\-5&-15\end{vmatrix}=15+110=125.$$

例 3.7 设 $D=\begin{vmatrix} a_{11}\cdots a_{1k} & & & \\ \vdots \quad \vdots & & 0 & \\ a_{k1}\cdots a_{kk} & & & \\ c_{11}\cdots c_{1k} & & b_{11}\cdots b_{1n} & \\ \vdots \quad \vdots & & \vdots \quad \vdots & \\ c_{n1}\cdots c_{nk} & & b_{n1}\cdots b_{nn} & \end{vmatrix}$，$D_1=\det(a_{ij})=\begin{vmatrix} a_{11}\cdots a_{1k} \\ \vdots \quad \vdots \\ a_{k1}\cdots a_{kk} \end{vmatrix}$，

$D_2=\det(b_{ij})=\begin{vmatrix} b_{11}\cdots b_{1n} \\ \vdots \quad \vdots \\ b_{n1}\cdots b_{nn} \end{vmatrix}$，证明：$D=D_1D_2$.

分析 对 D_1 作行运算，相当于对 D 的前 k 行作相同的行运算，且 D 的后 n 行不变；对 D_2 作列运算，相当于对 D 的后 n 列作相同的列运算，且 D 的前 k 列不变.

证明 因为对 D_1 作适当的运算 r_i+kr_j，可将 D_1 化为下三角形；同理作适当的列运算 c_i+kc_j，可将 D_2 化为下三角形，分别设为

$$D_1=\begin{vmatrix} p_{11} & \cdots & 0 \\ \vdots & \ddots & \vdots \\ p_{k1} & \cdots & p_{kk} \end{vmatrix}=p_{11}\cdots p_{kk}，D_2=\begin{vmatrix} q_{11} & \cdots & 0 \\ \vdots & \ddots & \vdots \\ q_{n1} & \cdots & q_{nn} \end{vmatrix}=q_{11}\cdots q_{nn}.$$

故对 D 的前 k 行作上述行运算，和对 D 的后 n 列作上述列运算后，D 可化为

$$D=\begin{vmatrix} p_{11} & & & & & \\ \vdots & \ddots & & & 0 & \\ p_{k1} & \cdots & p_{kk} & & & \\ c_{11} & \cdots & c_{1k} & q_{11} & & \\ \vdots & \vdots & \vdots & \vdots & \ddots & \\ c_{n1} & \cdots & c_{nk} & q_{n1} & \cdots & q_{nn} \end{vmatrix}=p_{11}\cdots p_{kk}q_{11}\cdots q_{nn}=D_1D_2.$$

注 这个例题有很深刻的意义：行列式可进行某种分块运算，且关于块的运算同于行列式的运算.

例 3.8 证明范德蒙行列式

$$D_n=\begin{vmatrix} 1 & 1 & \cdots & 1 \\ x_1 & x_2 & \cdots & x_n \\ x_1^2 & x_2^2 & \cdots & x_n^2 \\ \vdots & \vdots & \vdots & \vdots \\ x_1^{n-1} & x_2^{n-1} & \cdots & x_n^{n-1} \end{vmatrix}=\prod_{n\geqslant i>j\geqslant 1}(x_i-x_j).$$

其中记号“Π”表示全体同类因子的乘积.

证明 用数学归纳法. 因为

$$D_2=\begin{vmatrix} 1 & 1 \\ x_1 & x_2 \end{vmatrix}=x_2-x_1=\prod_{2\geqslant i>j\geqslant 1}(x_i-x_j),$$

所以当 $n=2$ 时结论成立. 现在假设对于 $n-1$ 阶范德蒙行列式结论成立，接下来要证对 n 阶范德蒙行列式结论也成立即可.

为此，设法把 D_n 降阶：从第 n 行开始，后行减去前行的 x_1 倍，有

$$D_n=\begin{vmatrix} 1 & 1 & 1 & \cdots & 1 \\ 0 & x_2-x_1 & x_3-x_1 & \cdots & x_n-x_1 \\ 0 & x_2(x_2-x_1) & x_3(x_3-x_1) & \cdots & x_n(x_n-x_1) \\ \vdots & \vdots & \vdots & \vdots & \vdots \\ 0 & x_2^{n-2}(x_2-x_1) & x_3^{n-2}(x_3-x_1) & \cdots & x_n^{n-2}(x_n-x_1) \end{vmatrix}.$$

按第 1 列展开，并把每列的公因子（x_i-x_1）提出，就有

$$D_n=(x_2-x_1)(x_3-x_1)\cdots(x_n-x_1)\begin{vmatrix} 1 & 1 & \cdots & 1 \\ x_2 & x_3 & \cdots & x_n \\ \vdots & \vdots & \vdots & \vdots \\ x_2^{n-2} & x_3^{n-2} & \cdots & x_n^{n-2} \end{vmatrix}.$$

上式右端的行列式是 $n-1$ 阶范德蒙行列式，按归纳法假设，它等于所有（x_i-x_j）因子的乘积，其中 $n\geqslant i>j\geqslant 2$. 故

$$D_n=(x_2-x_1)(x_3-x_1)\cdots(x_n-x_1)\prod_{n\geqslant i>j\geqslant 2}(x_i-x_j)=\prod_{n\geqslant i>j\geqslant 1}(x_i-x_j).$$ 证毕

注　(1) 关于范德蒙行列式注意两点：

① 范德蒙行列式的特点向下按升幂排列！其结果共 $n(n-1)/2$ 个因子，且为后列元素减前列元素的乘积（可正、可负可为零）；

② 对于范德蒙行列式的基本要求：利用它计算行列式，因此要牢记范德蒙行列式的形式和结果.

(2) 如三阶范德蒙行列式的结果为

$$\begin{vmatrix} 1 & 1 & 1 \\ x_1 & x_2 & x_3 \\ x_1^2 & x_2^2 & x_3^2 \end{vmatrix}=(x_3-x_2)(x_3-x_1)(x_2-x_1).$$

习 题 1

1. 求下列各排列的逆序数：

(1) 42153；　　　　　　(2) 381427596；

(3) $13\cdots(2n-1)24\cdots(2n)$；

(4) $13\cdots(2n-1)(2n)(2n-2)\cdots2$.

2. 选择合适的自然数 p，q，使得：

(1) $4p31q76$ 为奇排列；

(2) $314p75q96$ 为偶排列.

3. 在 6 阶行列式的定义式子中，下列各项分别应该取什么符号?

(1) $a_{14}a_{35}a_{23}a_{61}a_{52}a_{46}$；

(2) $a_{21}a_{42}a_{35}a_{14}a_{66}a_{53}$.

4. 计算下列各行列式：

(1) $\begin{vmatrix} 1 & 0 & 2 & -5 \\ -1 & 2 & 1 & 3 \\ 2 & -1 & 0 & 1 \\ 1 & 3 & 4 & 2 \end{vmatrix}$；　(2) $\begin{vmatrix} 2 & 1 & 1 & 4 \\ 4 & 3 & 4 & 2 \\ 2 & 1 & 3 & 5 \\ 0 & 3 & 8 & 7 \end{vmatrix}$；

(3) $\begin{vmatrix} 3 & 1 & 1 & 1 \\ 1 & 3 & 1 & 1 \\ 1 & 1 & 3 & 1 \\ 1 & 1 & 1 & 3 \end{vmatrix}$；　(4) $\begin{vmatrix} 1 & 2 & 3 & 4 \\ 2 & 3 & 4 & 1 \\ 3 & 4 & 1 & 2 \\ 4 & 1 & 2 & 3 \end{vmatrix}$；

(5) $\begin{vmatrix} a+1 & 0 & 0 & 0 & a+2 \\ 0 & a+5 & 0 & a+6 & 0 \\ 0 & 0 & a+9 & 0 & 0 \\ 0 & a+7 & 0 & a+8 & 0 \\ a+3 & 0 & 0 & 0 & a+4 \end{vmatrix}$；

(6) $\begin{vmatrix} x & y & y & \cdots & y \\ y & x & y & \cdots & y \\ y & y & x & \cdots & y \\ \vdots & \vdots & \vdots & \vdots & \vdots \\ y & y & y & \cdots & x \end{vmatrix}$.

5. 已知 3 阶行列式 $D=\begin{vmatrix} 1 & 0 & 2 \\ 1 & 2 & 1 \\ -1 & 1 & 1 \end{vmatrix}$，且 A_{ij} 为行列式 D 的(i,j)的代数余子式，试求 $A_{11}-2A_{12}+3A_{13}$.

6. 设 4 阶行列式

$$D_4=\begin{vmatrix} 1 & 1 & 0 & 2 \\ -1 & -1 & 1 & 1 \\ 2 & 5 & -1 & -1 \\ 3 & 2 & -2 & 0 \end{vmatrix},$$

求　(1) $A_{11}+A_{12}+A_{13}+A_{14}$；(2) $M_{12}+2M_{22}+3M_{32}+4M_{42}$. 其中 M_{ij}、A_{ij} 分别为行列式 D 中元素 (i,j) 的余子式与代数余子式.

第1章　总复习题

一、填空题

1. 排列 321654 的逆序数为________，排列 85624173 的逆序数为__________.

2. 在 4 阶行列式的定义式子中，取负号且包含 $a_{23}a_{31}$ 的项是________.

3. $f(x)=\begin{vmatrix} 2x & 1 & -1 \\ -x & -x & x \\ 1 & 2 & x \end{vmatrix}$ 中，x^3 的系数是________.

4. 多项式 $f(x)=\begin{vmatrix} 1+x & 4+x & 7+x & 10+x \\ 2+x & 5+x & 8+x & 11+x \\ 3+x & 6+x & 9+x & 12+x \\ x & 2+x & 3+x & 4+x \end{vmatrix}=$________.

二、选择题

1. 在 5 阶行列式的定义展开式子中共有多少项　　(　　).

(A)25　　(B)10　　(C)20　　(D)5!

2. 若行列式 $\begin{vmatrix} 1 & 2 & 3 \\ 0 & x & 2 \\ -1 & -2 & 2 \end{vmatrix}=0$，则 $x=$　　(　　).

(A)3　　(B)2　　(C)-2；　　(D)0

3. 已知行列式 $\begin{vmatrix} x_1 & y_1 & z_1 \\ x_2 & y_2 & z_2 \\ x_3 & y_3 & z_3 \end{vmatrix}=3$，则 $\begin{vmatrix} 2x_1 & y_1 & -3z_1 \\ 2x_2 & y_2 & -3z_2 \\ 2x_3 & y_3 & -3z_3 \end{vmatrix}$　　(　　).

(A)6　　(B)-9　　(C)-18　　(D)18

4. 已知行列式 $\begin{vmatrix} a_1 & b_1 & c_1 \\ a_2 & b_2 & c_2 \\ a_3 & b_3 & c_3 \end{vmatrix}=m\neq 0$，则 $\begin{vmatrix} 2a_1 & b_1+c_1 & 3c_1 \\ 2a_2 & b_2+c_2 & 3c_2 \\ 2a_3 & b_3+c_3 & 3c_3 \end{vmatrix}=$　　(　　).

(A)$2m$　　(B)$3m$　　(C)$6m$　　(D)$12m$

5. 已知 4 阶行列式 D，其第三行元素分别为 1，3，-2，2，它们的余子式的值分别为 3，-2，1，1，则行列式 $D=$　　(　　).

(A)5　　(B)-5　　(C)-3　　(D)3

6. 设 $\begin{vmatrix} a_1 & b_1 & c_1 \\ a_2 & b_2 & c_2 \\ a_3 & b_3 & c_3 \end{vmatrix}=k$，$A_i$ 是 $a_i(i=1,2,3)$的代数余子式，则 $b_1A_1+b_2A_2+b_3A_3=$　　(　　).

(A)k　　(B)$-k$　　(C)k 或$-k$　　(D)　0

7. $\begin{vmatrix} a & 1 & 0 \\ 0 & -1 & 1 \\ 4 & a & 0 \end{vmatrix} < 0$ 的充要条件是 ( ).

(A) $a<2$ (B) $a>-2$ (C) $|a|>2$ (D) $|a|<2$

8. $\begin{vmatrix} y & x & x+y \\ x & x+y & y \\ x+y & y & x \end{vmatrix} =$ ( ).

(A) $2(x^3+y^3)$ (B) $-2(x^3+y^3)$ (C) $2(x^3-y^3)$ (D) $-2(x^3-y^3)$

三、解答题

1. 计算下列行列式.

(1) $\begin{vmatrix} b & a & a \\ a & b & a \\ a & a & b \end{vmatrix}$ (2) $\begin{vmatrix} 1+\cos\theta & 1+\sin\theta & 1 \\ 1-\sin\theta & 1+\cos\theta & 1 \\ 1 & 1 & 1 \end{vmatrix}$

(3) $\begin{vmatrix} 3 & 1 & -1 & 2 \\ -5 & 1 & 3 & -4 \\ 2 & 0 & 1 & -1 \\ 1 & -5 & 3 & -3 \end{vmatrix}$ (4) $\begin{vmatrix} a & b & c & d \\ (a+1)^2 & (b+1)^2 & (c+1)^2 & (d+1)^2 \\ (a+2)^2 & (b+2)^2 & (c+2)^2 & (d+2)^2 \\ (a+3)^2 & (b+3)^2 & (c+3)^2 & (d+3)^2 \end{vmatrix}$

(5) $D_n = \begin{vmatrix} x-y & y & y & \cdots & y \\ y & x-y & y & \cdots & y \\ y & y & x-y & \cdots & y \\ \vdots & \vdots & \vdots & \vdots & \vdots \\ y & y & y & \cdots & x-y \end{vmatrix}$

2. 求方程

$$f(x) = \begin{vmatrix} x-2 & x-1 & x-2 & x-3 \\ 2x-2 & 2x-1 & 2x-2 & 2x-3 \\ 3x-3 & 3x-2 & 4x-5 & 3x-5 \\ 4x & 4x-3 & 5x-7 & 4x-3 \end{vmatrix} = 0$$

的解.

3. 设4阶行列式

$$D_4 = \begin{vmatrix} 3 & 1 & -1 & 2 \\ -5 & 1 & 3 & -4 \\ 4 & -1 & 3 & 2 \\ 1 & -5 & 3 & -3 \end{vmatrix},$$

求 $A_{31}+3A_{32}-2A_{33}+2A_{34}$，其中 A_{ij} 分别为行列式 D_4 的 (i,j) 元素的代数余子式.

第 2 章 矩　　阵

矩阵是从人们实际生产生活中抽象概括出的一个重要数学概念，作为一个重要的研究工具，它被广泛应用于自然科学的各个分支学科、工程技术及经济管理等许多领域．它的相关理论基本上贯穿于线性代数的每一部分.

§2.1　矩阵的概念

矩阵是处理线性代数中各种问题的主要工具，也是联系各种问题的纽带.

本节主要介绍矩阵的概念与性质．以后一些章节将陆续介绍矩阵的基本运算和典型处理手段.

本节要求重点掌握矩阵的概念及常见的几种特殊矩阵.

一、矩阵的基本概念

定义 1.1　由 $m\times n$ 个数 $a_{ij}(i=1,2,\cdots,m;\ j=1,2,\cdots,n)$ 排成的 m 行 n 列的“矩形”数表（常用括弧将数表括起）

$$\boldsymbol{A}=\begin{pmatrix} a_{11} & a_{12} & \cdots & a_{1n} \\ a_{21} & a_{22} & \cdots & a_{2n} \\ \vdots & \vdots & \vdots & \vdots \\ a_{m1} & a_{m2} & \cdots & a_{mn} \end{pmatrix},$$

称为 m 行 n 列矩阵，简称 $m\times n$ 矩阵，常记为 $(a_{ij})_{m\times n}$ 或 $\boldsymbol{A}_{m\times n}$．其中 a_{ij} 称为矩阵 $\boldsymbol{A}$ 的元素，它的第一个下标 i 为行标，第二个下标 j 为列标，它们可以清楚地表明元素 a_{ij} 位于矩阵 $\boldsymbol{A}$ 的第 i 行第 j 列.

为了更好地掌握矩阵的概念，我们尤其要注意以下的一些知识.

（1）虽然矩阵和行列式形式上差别不大，但是它们是完全不同的两种事物．矩阵是一张数表，而行列式的结果是一个数.

（2）我们常用英文大写字母 $\boldsymbol{A}$、$\boldsymbol{B}$、$\boldsymbol{C}$ 等表示矩阵，有时为了表明矩阵的行数和列数，可记为 $\boldsymbol{A}_{m\times n}$ 或 $(a_{ij})_{m\times n}$，在不至于引起混淆的情况下，也可简记为 $\boldsymbol{A}$ 或 $\boldsymbol{A}=(a_{ij})$.

（3）元素 $a_{ij}(i=1,2,\cdots,m;j=1,2,\cdots,n)$ 为实数的称为实矩阵，元素为复数的称为复矩阵．本书中的矩阵除了特别指明外，默认都是指实矩阵.

（4）两个矩阵的行数与列数均相等时，就称它们是同型矩阵.

如果 $\boldsymbol{A}=(a_{ij})_{m\times n}$ 与 $\boldsymbol{B}=(b_{ij})_{m\times n}$ 是同型矩阵，且它们的对应元素均相等，即 $a_{ij}=b_{ij}$ $(i=1,2,\cdots,m;j=1,2,\cdots,n)$，则称矩阵 $\boldsymbol{A}$ 与矩阵 $\boldsymbol{B}$ 相等，记作 $\boldsymbol{A}=\boldsymbol{B}$.

例 1.1　设 $\boldsymbol{A}=\begin{pmatrix}1 & -4 & 0\\ -1 & a-b & -3\\ 1 & 0 & a+b\end{pmatrix}$，$\boldsymbol{B}=\begin{pmatrix}c & -4 & 0\\ -1 & 1 & -3\\ 1 & 0 & 2\end{pmatrix}$，试确定 a、b、c 的值，使得 $\boldsymbol{A}=\boldsymbol{B}$.

解　由于 $\boldsymbol{A}=\boldsymbol{B}$，故 $\begin{cases}c=1\\ a-b=1\\ a+b=2\end{cases}$，从而 $a=\dfrac{3}{2}, b=\dfrac{1}{2}, c=1$.

二、常见的特殊矩阵

接下来，我们来考察一些以后常用的特殊类型的矩阵.

1. 所有元素都是零时，称该矩阵为零矩阵，记作 $\mathbf{0}$ 或 $\mathbf{0}_{m\times n}$. 即

$$\mathbf{0}=\begin{pmatrix}0 & 0 & \cdots & 0\\ 0 & 0 & \cdots & 0\\ \vdots & \vdots & \vdots & \vdots\\ 0 & 0 & \cdots & 0\end{pmatrix}_{m\times n}.$$

注意不同型的零矩阵是不同的.

2. 对于矩阵 $\boldsymbol{A}=(a_{ij})_{m\times n}$，若

(1) 当 $m=1$ 时，矩阵 $\boldsymbol{A}=(a_{ij})_{1\times n}=(a_{11}\ a_{12}\cdots\ a_{1n})$称为行矩阵（或行向量）. 为避免元素间的混淆，行矩阵也可写为 $\boldsymbol{A}=(a_{11}, a_{12}, \cdots, a_{1n})$.

当 $n=1$ 时，矩阵 $\boldsymbol{A}=(a_{ij})_{m\times 1}=\begin{pmatrix}a_{11}\\ a_{21}\\ \vdots\\ a_{m1}\end{pmatrix}$称为列矩阵（或列向量).

(2) 当 $m=n$ 时，矩阵 $\boldsymbol{A}=(a_{ij})_{n\times n}=\begin{pmatrix}a_{11} & a_{12} & \cdots & a_{1n}\\ a_{21} & a_{22} & \cdots & a_{2n}\\ \vdots & \vdots & \vdots & \vdots\\ a_{n1} & a_{n2} & \cdots & a_{nn}\end{pmatrix}$称为 n 阶矩阵或 n 阶方阵. 常记为 $\boldsymbol{A}_n$.

① 当 $m=n=1$ 时，有 $\boldsymbol{A}=(a_{11})=a_{11}$. 即此时可把矩阵 $\boldsymbol{A}$ 看成是数 a_{11}.

② n 阶方阵 $\boldsymbol{A}=(a_{ij})_{n\times n}=\begin{pmatrix}a_{11} & a_{12} & \cdots & a_{1n}\\ a_{21} & a_{22} & \cdots & a_{2n}\\ \vdots & \vdots & \vdots & \vdots\\ a_{n1} & a_{n2} & \cdots & a_{nn}\end{pmatrix}$的元素 $a_{11}, a_{22}, \cdots, a_{nn}$ 称为 $\boldsymbol{A}$ 的主对角元素. 例如，矩阵 $\boldsymbol{A}=\begin{pmatrix}3 & 4\\ -1 & 1\end{pmatrix}$的主对角元素为 3 和 1.

③ 当 n 阶矩阵的主对角线以下的元素全部为零时，则称此 n 阶矩阵为上三角形矩阵. 即

$$A_n=\begin{pmatrix}a_{11} & a_{12} & \cdots & a_{1n}\\ 0 & a_{22} & \cdots & a_{2n}\\ \vdots & \vdots & \vdots & \vdots\\ 0 & 0 & \cdots & a_{nn}\end{pmatrix}.$$

当 n 阶矩阵的主对角线以上的元素全部为零时，则称此 n 阶矩阵为下三角形矩阵. 即

$$A_n=\begin{pmatrix}a_{11} & 0 & \cdots & 0\\ a_{21} & a_{22} & \cdots & 0\\ \vdots & \vdots & \vdots & \vdots\\ a_{n1} & a_{n2} & \cdots & a_{nn}\end{pmatrix}.$$

例如，$A=\begin{pmatrix}1 & -1 & 10\\ 0 & 0 & 5\\ 0 & 0 & 3\end{pmatrix}$为上三角形矩阵，$B=\begin{pmatrix}-1 & 0 & 0\\ 1 & 3 & 0\\ 0 & 4 & -8\end{pmatrix}$为下三角形矩阵.

④ 当 n 阶矩阵的主对角线以上与以下的元素全部为零时，则称此 n 阶矩阵为对角形矩阵．即

$$A_n=\begin{pmatrix}a_{11} & 0 & \cdots & 0\\ 0 & a_{22} & \cdots & 0\\ \vdots & \vdots & \vdots & \vdots\\ 0 & 0 & \cdots & a_{nn}\end{pmatrix}\text{或}\begin{pmatrix}a_{11} & & & \\ & a_{22} & & \\ & & \ddots & \\ & & & a_{nn}\end{pmatrix}.$$

（此记法表示主对角线以外未标明的元素均为 0）简记为 $\mathrm{diag}(a_{11},a_{22},\cdots,a_{nn})$.

例如，$A=\begin{pmatrix}1 & 0 & 0\\ 0 & -1 & 0\\ 0 & 0 & 0\end{pmatrix}=\mathrm{diag}\,(1,\ -1,\ 0)$为对角阵.

⑤ 当 n 阶矩阵的主对角线上的元素全部为数 k，而其他元素都是零时，则称此 n 阶矩阵为数量矩阵或纯量矩阵．即

$$A_n=\begin{pmatrix}k & 0 & \cdots & 0\\ 0 & k & \cdots & 0\\ \vdots & \vdots & \vdots & \vdots\\ 0 & 0 & \cdots & k\end{pmatrix}\text{或}\begin{pmatrix}k & & & \\ & k & & \\ & & \ddots & \\ & & & k\end{pmatrix}.$$

例如，$A=\begin{pmatrix}-2 & 0 & 0\\ 0 & -2 & 0\\ 0 & 0 & -2\end{pmatrix}$为数量矩阵.

⑥ 特别地，当 n 阶矩阵的主对角线上的元素都是 1，而其他元素都是零时，则称此 n 阶矩阵为单位矩阵，记为 E 或 E_n. 即

$$E_n=\begin{pmatrix}1 & 0 & \cdots & 0\\ 0 & 1 & \cdots & 0\\ \vdots & \vdots & \vdots & \vdots\\ 0 & 0 & \cdots & 1\end{pmatrix}\text{或}\begin{pmatrix}1 & & & \\ & 1 & & \\ & & \ddots & \\ & & & 1\end{pmatrix}.$$

§2.2 矩阵的运算

赋予数的四则运算，数之间就有了必要的联系，所以我们要赋予矩阵之间的运算，它才能有更好的应用．本节我们就从最简单矩阵运算（即矩阵的线性运算）入手.

矩阵的基本运算主要包括矩阵的加法、数与矩阵的乘法、矩阵乘法等．矩阵的这些基本运算，使得矩阵之间产生了一些最基本的关系.

本节要求重点掌握矩阵的线性运算、矩阵乘法、方阵的幂、方阵乘积的行列式、矩阵的转置等，尤其是要注意运算的定义形式和运算成立的条件.

一、矩阵的加法与数乘矩阵

1. 矩阵的加（减）法

定义 2.1 两个 $m\times n$ 矩阵 $\boldsymbol{A}=(a_{ij})_{m\times n}$ 和 $\boldsymbol{B}=(b_{ij})_{m\times n}$ 对应位置元素相加得到的矩阵称为矩阵 $\boldsymbol{A}$ 与 $\boldsymbol{B}$ 的和，记作 $\boldsymbol{A}+\boldsymbol{B}$，即

$$\boldsymbol{A}+\boldsymbol{B}=\begin{pmatrix} a_{11}+b_{11} & a_{12}+b_{12} & \cdots & a_{1n}+b_{1n} \\ a_{21}+b_{21} & a_{22}+b_{22} & \cdots & a_{2n}+b_{2n} \\ \vdots & \vdots & \vdots & \vdots \\ a_{m1}+b_{m1} & a_{m2}+b_{m2} & \cdots & a_{mn}+b_{mn} \end{pmatrix}.$$

注意，只有当两个矩阵是同型矩阵时，才能进行加法运算.

例如 设 $\boldsymbol{A}=\begin{pmatrix} 1 & -1 \\ 2 & 3 \\ 0 & -2 \end{pmatrix}$，$\boldsymbol{B}=\begin{pmatrix} 3 & -1 \\ 1 & 4 \\ 1 & -1 \end{pmatrix}$，

则
$$\boldsymbol{A}+\boldsymbol{B}=\begin{pmatrix} 1 & -1 \\ 2 & 3 \\ 0 & -2 \end{pmatrix}+\begin{pmatrix} 3 & -1 \\ 1 & 4 \\ 1 & -1 \end{pmatrix}=\begin{pmatrix} 1+3 & -1-1 \\ 2+1 & 3+4 \\ 0+1 & -2-1 \end{pmatrix}=\begin{pmatrix} 4 & -2 \\ 3 & 7 \\ 1 & -3 \end{pmatrix}.$$

若矩阵 $\boldsymbol{B}$ 的负矩阵定义为：$-\boldsymbol{B}=(-b_{ij})_{m\times n}$，则矩阵 $\boldsymbol{A}=(a_{ij})_{m\times n}$ 和 $\boldsymbol{B}=(b_{ij})_{m\times n}$ 的减法可以定义为

$$\boldsymbol{A}-\boldsymbol{B}=\boldsymbol{A}+(-\boldsymbol{B})=\begin{pmatrix} a_{11}-b_{11} & a_{12}-b_{12} & \cdots & a_{1n}-b_{1n} \\ a_{21}-b_{21} & a_{22}-b_{22} & \cdots & a_{2n}-b_{2n} \\ \vdots & \vdots & \vdots & \vdots \\ a_{m1}-b_{m1} & a_{m2}-b_{m2} & \cdots & a_{mn}-b_{mn} \end{pmatrix}.$$

2. 数与矩阵的乘法

定义 2.2 以数 λ 乘矩阵 $\boldsymbol{A}=(a_{ij})_{m\times n}$ 的每一个元素得到的矩阵，称为数 λ 与矩阵 $\boldsymbol{A}$ 的积（简称为数乘矩阵），记作 $\lambda\boldsymbol{A}$，即

$$\lambda\boldsymbol{A}=(\lambda a_{ij})_{m\times n}=\begin{pmatrix} \lambda a_{11} & \lambda a_{12} & \cdots & \lambda a_{1n} \\ \lambda a_{21} & \lambda a_{22} & \cdots & \lambda a_{2n} \\ \vdots & \vdots & \vdots & \vdots \\ \lambda a_{m1} & \lambda a_{m2} & \cdots & \lambda a_{mn} \end{pmatrix}.$$

实质上，数乘矩阵就是用该数乘以矩阵的每一个元素.

矩阵相加与数乘矩阵的运算，统称为矩阵的线性运算．矩阵的线性运算满足下面的运算律：

设$\boldsymbol{A}$，$\boldsymbol{B}$，$\boldsymbol{C}$都是$m\times n$矩阵，λ，μ是数，则

(1) $\boldsymbol{A}+\boldsymbol{B}=\boldsymbol{B}+\boldsymbol{A}$;

(2) $(\boldsymbol{A}+\boldsymbol{B})+\boldsymbol{C}=\boldsymbol{A}+(\boldsymbol{B}+\boldsymbol{C})$;

(3) $\lambda(\boldsymbol{A}+\boldsymbol{B})=\lambda\boldsymbol{A}+\lambda\boldsymbol{B}$;

(4) $(\lambda+\mu)\boldsymbol{A}=\lambda\boldsymbol{A}+\mu\boldsymbol{A}$;

(5) $(\lambda\mu)\boldsymbol{A}=\lambda(\mu\boldsymbol{A})$.

例 2.1 已知$\boldsymbol{A}=\begin{pmatrix}-1&2&3&1\\0&3&-2&1\\4&0&3&2\end{pmatrix}$，$\boldsymbol{B}=\begin{pmatrix}4&3&2&-1\\5&-3&0&1\\1&2&-5&0\end{pmatrix}$，求$3\boldsymbol{A}-2\boldsymbol{B}$.

解 $3\boldsymbol{A}-2\boldsymbol{B}$

$$=3\begin{pmatrix}-1&2&3&1\\0&3&-2&1\\4&0&3&2\end{pmatrix}-2\begin{pmatrix}4&3&2&-1\\5&-3&0&1\\1&2&-5&0\end{pmatrix}=\begin{pmatrix}-3-8&6-6&9-4&3+2\\0-10&9+6&-6-0&3-2\\12-2&0-4&9+10&6-0\end{pmatrix}$$

$$=\begin{pmatrix}-11&0&5&5\\-10&15&-6&1\\10&-4&19&6\end{pmatrix}.$$

例 2.2 已知$\boldsymbol{A}=\begin{pmatrix}1&0\\3&-1\\1&3\end{pmatrix}$，$\boldsymbol{B}=\begin{pmatrix}-1&3\\1&-1\\-2&0\end{pmatrix}$，且矩阵$\boldsymbol{X}$满足矩阵方程$\boldsymbol{A}+2\boldsymbol{X}=\boldsymbol{B}$，求矩阵$\boldsymbol{X}$.

解 由于$\boldsymbol{A}+2\boldsymbol{X}=\boldsymbol{B}$，故

$$\boldsymbol{X}=\frac{1}{2}(\boldsymbol{B}-\boldsymbol{A})=\frac{1}{2}\left(\begin{pmatrix}-1&3\\1&-1\\-2&0\end{pmatrix}-\begin{pmatrix}1&0\\3&-1\\1&3\end{pmatrix}\right)=\begin{pmatrix}-1&\frac{3}{2}\\-1&0\\-\frac{3}{2}&-\frac{3}{2}\end{pmatrix}.$$

二、矩阵的乘法

定义 2.3 设矩阵$\boldsymbol{A}=(a_{ij})_{m\times s}$，$\boldsymbol{B}=(b_{ij})_{s\times n}$. 把矩阵$\boldsymbol{A},\boldsymbol{B}$的乘积记作$\boldsymbol{C}_{m\times n}=\boldsymbol{A}_{m\times s}\boldsymbol{B}_{s\times n}$，其中$\boldsymbol{C}_{m\times n}$中的元素$c_{ij}$等于矩阵$\boldsymbol{A}$的第$i$行元素与矩阵$\boldsymbol{B}$的第$j$列对应元素乘积之和，即

$$c_{ij}=a_{i1}b_{1j}+a_{i2}b_{2j}+\cdots+a_{is}b_{sj}=\sum_{k=1}^{s}a_{ik}b_{kj},(i=1,2,\cdots,m;j=1,2,\cdots,n).$$

此时，我们也常称矩阵$\boldsymbol{A}$左乘$\boldsymbol{B}$或$\boldsymbol{B}$被$\boldsymbol{A}$左乘.

注 (1) 有矩阵乘法的定义，不难发现：并不是任何两个矩阵都能作乘法的，只有矩阵$\boldsymbol{A}$（左侧矩阵）的列数等于$\boldsymbol{B}$（右侧矩阵）的行数时，$\boldsymbol{AB}$才有意义.

（2）乘积矩阵 $\boldsymbol{AB}$ 的行数等于矩阵 $\boldsymbol{A}$ 的行数，列数等于矩阵 $\boldsymbol{B}$ 的列数.

例 2.3　设矩阵 $\boldsymbol{A}=\begin{pmatrix}1&0&-1\\2&-1&1\end{pmatrix}$，$\boldsymbol{B}=\begin{pmatrix}-1&0\\2&3\\1&-2\end{pmatrix}$，求 $\boldsymbol{AB}$ 与 $\boldsymbol{BA}$.

解　$$\boldsymbol{AB}=\begin{pmatrix}1&0&-1\\2&-1&1\end{pmatrix}\begin{pmatrix}-1&0\\2&3\\1&-2\end{pmatrix}$$
$$=\begin{pmatrix}1\times(-1)+0\times2+(-1)\times1&1\times0+0\times3+(-1)\times(-2)\\2\times(-1)+(-1)\times2+1\times1&2\times0+(-1)\times3+1\times(-2)\end{pmatrix}$$
$$=\begin{pmatrix}-2&2\\-3&-5\end{pmatrix}.$$

同理可计算出

$$\boldsymbol{BA}=\begin{pmatrix}-1&0\\2&3\\1&-2\end{pmatrix}\begin{pmatrix}1&0&-1\\2&-1&1\end{pmatrix}=\begin{pmatrix}-1&0&1\\8&-3&1\\-3&2&-3\end{pmatrix}.$$

注　（1）由本例题可知，矩阵的乘法不满足交换律，即在一般情形下 $\boldsymbol{AB}\neq\boldsymbol{BA}$. 甚至当 $\boldsymbol{AB}$ 有意义时，但是 $\boldsymbol{BA}$ 不一定有意义.

特别地，对于 n 阶方阵 $\boldsymbol{A}$，$\boldsymbol{B}$，若 $\boldsymbol{AB}=\boldsymbol{BA}$，则称矩阵 $\boldsymbol{A}$ 与 $\boldsymbol{B}$ 为可交换矩阵．不难验证：n 阶单位矩阵 $\boldsymbol{E}_n$ 与任何 n 阶方阵 $\boldsymbol{A}$ 均可交换.

类似地，可以证明更一般性的结论：$\boldsymbol{E}_n\boldsymbol{A}_{n\times m}=\boldsymbol{A}_{n\times m}$，$\boldsymbol{A}_{n\times m}\boldsymbol{E}_m=\boldsymbol{A}_{n\times m}$.

（2）注意两个特殊矩阵的乘积结果，$1\times n$ 的行矩阵与 $n\times1$ 的列矩阵的乘积是一个 1×1 的一阶矩阵，即是一个数：

$$(a_{11},a_{12},\cdots,a_{1n})\begin{pmatrix}b_{11}\\b_{21}\\\vdots\\b_{n1}\end{pmatrix}=a_{11}b_{11}+a_{12}b_{21}+\cdots+a_{1n}b_{n1},$$

但是

$$\begin{pmatrix}b_{11}\\b_{21}\\\vdots\\b_{n1}\end{pmatrix}(a_{11},a_{12},\cdots,a_{1n})=\begin{pmatrix}b_{11}a_{11}&b_{11}a_{12}&\cdots&b_{11}a_{1n}\\b_{21}a_{11}&b_{21}a_{12}&\cdots&b_{21}a_{1n}\\\vdots&\vdots&\ddots&\vdots\\b_{n1}a_{11}&b_{n1}a_{12}&\cdots&b_{n1}a_{1n}\end{pmatrix}.$$

例 2.4　设 $\boldsymbol{A}=\begin{pmatrix}1&x\\y&1\end{pmatrix}$，$\boldsymbol{B}=\begin{pmatrix}2&1\\-1&1\end{pmatrix}$，且 $\boldsymbol{A}$ 与 $\boldsymbol{B}$ 可交换，求 x，y.

解　由于 $\boldsymbol{A}$ 与 $\boldsymbol{B}$ 可交换，故 $\boldsymbol{AB}=\boldsymbol{BA}$，即

$$\begin{pmatrix}2-x&x+1\\2y-1&y+1\end{pmatrix}=\begin{pmatrix}2+y&2x+1\\-1+y&-x+1\end{pmatrix}.$$

故 $\begin{cases}2-x=2+y\\x+1=2x+1\\2y-1=-1+y\\y+1=-x+1\end{cases}$，解得 $x=0$，$y=0$.

例 2.5 设 $\boldsymbol{A}=\begin{pmatrix}2 & 4\\-3 & -6\end{pmatrix}$，$\boldsymbol{B}=\begin{pmatrix}-2 & 4\\1 & -2\end{pmatrix}$，求 $\boldsymbol{AB}$.

解 $\boldsymbol{AB}=\begin{pmatrix}2 & 4\\-3 & -6\end{pmatrix}\begin{pmatrix}-2 & 4\\1 & -2\end{pmatrix}=\begin{pmatrix}0 & 0\\0 & 0\end{pmatrix}$.

注 该例表明，矩阵 $\boldsymbol{A}\neq\boldsymbol{O}$，$\boldsymbol{B}\neq\boldsymbol{O}$，但却有 $\boldsymbol{AB}=\boldsymbol{O}$. 也就是说：若有两个矩阵 $\boldsymbol{A}$，$\boldsymbol{B}$，尽管满足 $\boldsymbol{AB}=\boldsymbol{O}$，也不一定能推出 $\boldsymbol{A}=\boldsymbol{O}$ 或 $\boldsymbol{B}=\boldsymbol{O}$ 的结论；类似地，若 $\boldsymbol{A}\neq\boldsymbol{O}$ 而 $\boldsymbol{AB}=\boldsymbol{AC}$，也不一定能得出 $\boldsymbol{B}=\boldsymbol{C}$ 的结论．即矩阵的乘法不满足消去律.

矩阵的乘法虽不满足交换律与消去律，但仍满足下列结合律和分配律（假设 k 为任意实数，矩阵 $\boldsymbol{A},\boldsymbol{B},\boldsymbol{C}$ 之间的运算都是有意义的）：

（1）结合律：$(\boldsymbol{AB})\boldsymbol{C}=\boldsymbol{A}(\boldsymbol{BC})$；

（2）分配律：$(\boldsymbol{A}+\boldsymbol{B})\boldsymbol{C}=\boldsymbol{AC}+\boldsymbol{BC}$；　$\boldsymbol{C}(\boldsymbol{A}+\boldsymbol{B})=\boldsymbol{CA}+\boldsymbol{CB}$；

（3）$k(\boldsymbol{AB})=(k\boldsymbol{A})\boldsymbol{B}=\boldsymbol{A}(k\boldsymbol{B})$.

例 2.6 设 $\boldsymbol{X}$ 满足矩阵方程 $\begin{pmatrix}2 & 1\\1 & 2\end{pmatrix}\boldsymbol{X}=\begin{pmatrix}1 & 2\\-1 & 4\end{pmatrix}$，求矩阵 $\boldsymbol{X}$.

解 设 $\boldsymbol{X}=\begin{pmatrix}x_{11} & x_{12}\\x_{21} & x_{22}\end{pmatrix}$，由题设，有

$$\begin{pmatrix}2 & 1\\1 & 2\end{pmatrix}\begin{pmatrix}x_{11} & x_{12}\\x_{21} & x_{22}\end{pmatrix}=\begin{pmatrix}1 & 2\\-1 & 4\end{pmatrix},\quad \begin{pmatrix}2x_{11}+x_{21} & 2x_{12}+x_{22}\\x_{11}+2x_{21} & x_{12}+2x_{22}\end{pmatrix}=\begin{pmatrix}1 & 2\\-1 & 4\end{pmatrix},$$

即 $\begin{cases}2x_{11}+x_{21}=1\\x_{11}+2x_{21}=-1\\2x_{12}+x_{22}=2\\x_{12}+2x_{22}=4\end{cases}$ 可以解得 $x_{11}=1$，$x_{21}=-1$，$x_{12}=0$，$x_{22}=2$.

所以 $\boldsymbol{X}=\begin{pmatrix}1 & 0\\-1 & 2\end{pmatrix}$.

三、矩阵的转置

定义 2.4 把矩阵 $\boldsymbol{A}_{m\times n}$ 的所有 m 行变成同序号的列，得到一个 $n\times m$ 新矩阵，称为 $\boldsymbol{A}$ 的转置矩阵，记作 $\boldsymbol{A}^{\mathrm{T}}$（或 $\boldsymbol{A}'$）．即若

$$\boldsymbol{A}=\begin{pmatrix}a_{11} & a_{12} & \cdots & a_{1n}\\a_{21} & a_{22} & \cdots & a_{2n}\\\vdots & \vdots & \vdots & \vdots\\a_{m1} & a_{m2} & \cdots & a_{mn}\end{pmatrix},$$

则

$$A^{\mathrm{T}}=\begin{pmatrix} a_{11} & a_{21} & \cdots & a_{m1} \\ a_{12} & a_{22} & \cdots & a_{m2} \\ \vdots & \vdots & \vdots & \vdots \\ a_{1n} & a_{2n} & \cdots & a_{mn} \end{pmatrix}.$$

例如　矩阵 $\boldsymbol{A}=\begin{pmatrix} 1 & 2 & 1 \\ 2 & 0 & -1 \end{pmatrix}$ 的转置矩阵为 $\boldsymbol{A}^{\mathrm{T}}=\begin{pmatrix} 1 & 2 \\ 2 & 0 \\ 1 & -1 \end{pmatrix}$.

矩阵的转置也是一种运算，满足下述运算规律（假设运算都有意义）：

（1）$(\boldsymbol{A}^{\mathrm{T}})^{\mathrm{T}}=\boldsymbol{A}$；

（2）$(\boldsymbol{A}+\boldsymbol{B})^{\mathrm{T}}=\boldsymbol{A}^{\mathrm{T}}+\boldsymbol{B}^{\mathrm{T}}$；

（3）$(k\boldsymbol{A})^{\mathrm{T}}=k\boldsymbol{A}^{\mathrm{T}}$,其中 k 为数；

（4）$(\boldsymbol{AB})^{\mathrm{T}}=\boldsymbol{B}^{\mathrm{T}}\boldsymbol{A}^{\mathrm{T}}$.

证明　这里仅证明（4）.

设 $\boldsymbol{A}=(a_{ij})_{m\times s}$, $\boldsymbol{B}=(b_{ij})_{s\times n}$, 记 $\boldsymbol{AB}=\boldsymbol{C}=(c_{ij})_{m\times n}$, $\boldsymbol{B}^{\mathrm{T}}\boldsymbol{A}^{\mathrm{T}}=\boldsymbol{D}=(d_{ij})_{n\times m}$. 于是按定义有

$$c_{ji}=\sum_{k=1}^{s}a_{jk}b_{ki},$$

而 $\boldsymbol{B}^{\mathrm{T}}$ 的第 i 行为$(b_{1i},b_{2i},\cdots,b_{si})$，$\boldsymbol{A}^{\mathrm{T}}$ 的第 j 列为$(a_{j1},a_{j2},\cdots,a_{js})^{\mathrm{T}}$，因此

$$d_{ij}=\sum_{k=1}^{s}b_{ki}a_{jk}=\sum_{k=1}^{s}a_{jk}b_{ki},$$

所以 $d_{ij}=c_{ji}(i=1,2,\cdots,n;j=1,2,\cdots,m)$，即 $\boldsymbol{D}=\boldsymbol{C}^{\mathrm{T}}$，亦即 $\boldsymbol{B}^{\mathrm{T}}\boldsymbol{A}^{\mathrm{T}}=(\boldsymbol{AB})^{\mathrm{T}}$.　　证毕

定义 2.5　若 n 阶方阵 $\boldsymbol{A}=(a_{ij})_{n\times n}$ 的元素都满足

$$a_{ij}=a_{ji}(i,j=1,2,\cdots,n),$$

则称 $\boldsymbol{A}$ 为对称矩阵，即 $\boldsymbol{A}=\boldsymbol{A}^{\mathrm{T}}$；若元素都满足

$$a_{ij}=-a_{ji}(i,j=1,2,\cdots,n),$$

则称 $\boldsymbol{A}$ 为反对称矩阵，即 $\boldsymbol{A}=-\boldsymbol{A}^{\mathrm{T}}$.

注　（1）例如，矩阵 $\boldsymbol{A}=\begin{pmatrix} 1 & 2 & -1 \\ 2 & 0 & 0 \\ -1 & 0 & -1 \end{pmatrix}$ 为三阶对称矩阵，矩阵 $\boldsymbol{A}=\begin{pmatrix} 0 & 1 & 4 \\ -1 & 0 & -3 \\ -4 & 3 & 0 \end{pmatrix}$ 为三阶反对称矩阵.

（2）任一方阵 $\boldsymbol{A}$ 都可以分解成对称阵与反对称阵的和.

$$\left(\text{事实上 } \boldsymbol{A}=\frac{1}{2}(\boldsymbol{A}+\boldsymbol{A}^{\mathrm{T}})+\frac{1}{2}(\boldsymbol{A}-\boldsymbol{A}^{\mathrm{T}})\right).$$

例 2.7　设列矩阵 $\boldsymbol{X}=(x_1,x_2,\cdots,x_n)^{\mathrm{T}}$ 满足 $\boldsymbol{X}^{\mathrm{T}}\boldsymbol{X}=1$ 且 $\boldsymbol{H}=\boldsymbol{E}-2\boldsymbol{XX}^{\mathrm{T}}$，其中 $\boldsymbol{E}$ 为 n 阶单位阵，证明 $\boldsymbol{H}$ 是对称阵，且 $\boldsymbol{HH}^{\mathrm{T}}=\boldsymbol{E}$.

证明　$\boldsymbol{H}^{\mathrm{T}}=(\boldsymbol{E}-2\boldsymbol{XX}^{\mathrm{T}})^{\mathrm{T}}=\boldsymbol{E}^{\mathrm{T}}-2(\boldsymbol{XX}^{\mathrm{T}})^{\mathrm{T}}=\boldsymbol{E}-2\boldsymbol{XX}^{\mathrm{T}}=\boldsymbol{H}$.

所以 $\boldsymbol{H}$ 是对称阵．故

$$\begin{aligned}\boldsymbol{HH}^{\mathrm{T}}=\boldsymbol{H}^2=(\boldsymbol{E}-2\boldsymbol{XX}^{\mathrm{T}})^2.\\ &=\boldsymbol{E}-4\boldsymbol{XX}^{\mathrm{T}}+4(\boldsymbol{XX}^{\mathrm{T}})(\boldsymbol{XX}^{\mathrm{T}})\\ &=\boldsymbol{E}-4\boldsymbol{XX}^{\mathrm{T}}+4\boldsymbol{X}(\boldsymbol{X}^{\mathrm{T}}\boldsymbol{X})\boldsymbol{X}^{\mathrm{T}}\\ &=\boldsymbol{E}-4\boldsymbol{XX}^{\mathrm{T}}+4\boldsymbol{XX}^{\mathrm{T}}=\boldsymbol{E}.\end{aligned}$$

例 2.8 设 $\boldsymbol{A}$ 与 $\boldsymbol{B}$ 是两个 n 阶反对称矩阵，证明：当且仅当 $\boldsymbol{AB}=-\boldsymbol{BA}$ 时，$\boldsymbol{AB}$ 是反对称矩阵.

证明 由于 $\boldsymbol{A}$ 与 $\boldsymbol{B}$ 是反对称矩阵，所以 $\boldsymbol{A}=-\boldsymbol{A}^{\mathrm{T}}$，$\boldsymbol{B}=-\boldsymbol{B}^{\mathrm{T}}$.
若 $\boldsymbol{AB}=-\boldsymbol{BA}$，则$(\boldsymbol{AB})^{\mathrm{T}}=\boldsymbol{B}^{\mathrm{T}}\boldsymbol{A}^{\mathrm{T}}=\boldsymbol{BA}=-\boldsymbol{AB}$，所以 $\boldsymbol{AB}$ 是反对称.
反之，若 $\boldsymbol{AB}$ 反对称，即$(\boldsymbol{AB})^{\mathrm{T}}=-\boldsymbol{AB}$

$$\boldsymbol{AB}=-(\boldsymbol{AB})^{\mathrm{T}}=-\boldsymbol{B}^{\mathrm{T}}\boldsymbol{A}^{\mathrm{T}}=-(-\boldsymbol{B})(-\boldsymbol{A})=-\boldsymbol{BA}.$$

证毕

四、方阵的幂及其行列式

定义 2.6 设 $\boldsymbol{A}$ 为 n 阶方阵，k 为正整数，规定

$$\boldsymbol{A}^k=\underbrace{\boldsymbol{A}\cdot\boldsymbol{A}\cdots\boldsymbol{A}}_{k\text{个}}$$

称为方阵 A 的 k 次幂．特别地，规定 $\boldsymbol{A}^0=\boldsymbol{E}$.

方阵的幂有如下性质：

设 $\boldsymbol{A}$ 是 n 阶方阵，k_1，k_2 是自然数，则

(1) $\boldsymbol{A}^{k_1}\boldsymbol{A}^{k_2}=\boldsymbol{A}^{k_1+k_2}$；

(2) $(\boldsymbol{A}^{k_1})^{k_2}=\boldsymbol{A}^{k_1k_2}$.

例 2.9 设 $\boldsymbol{A}=\begin{pmatrix}a&1&0\\0&a&1\\0&0&a\end{pmatrix}$，求 $\boldsymbol{A}^3$.

解 $\boldsymbol{A}^2=\begin{pmatrix}a&1&0\\0&a&1\\0&0&a\end{pmatrix}\begin{pmatrix}a&1&0\\0&a&1\\0&0&a\end{pmatrix}=\begin{pmatrix}a^2&2a&1\\0&a^2&2a\\0&0&a^2\end{pmatrix}$，

$$\boldsymbol{A}^3=\boldsymbol{A}^2\cdot\boldsymbol{A}=\begin{pmatrix}a^2&2a&1\\0&a^2&2a\\0&0&a^2\end{pmatrix}\begin{pmatrix}a&1&0\\0&a&1\\0&0&a\end{pmatrix}=\begin{pmatrix}a^3&3a^2&3a\\0&a^3&3a^2\\0&0&a^3\end{pmatrix}.$$

进一步地，若 $\boldsymbol{A}$ 为 n 阶方阵，则可引入矩阵多项式的概念.

定义 2.7 设 $f(x)=a_mx^m+a_{m-1}x^{m-1}+\cdots+a_1x+a_0$，$a_m\neq0$ 为 m 次多项式，$\boldsymbol{A}$ 为 n 阶方阵，则称表达式

$$f(\boldsymbol{A})=a_m\boldsymbol{A}^m+a_{m-1}\boldsymbol{A}^{m-1}+\cdots+a_1\boldsymbol{A}+a_0\boldsymbol{E}$$

为关于 $\boldsymbol{A}$ 的 m 次多项式.

例 2.10 设 $f(x)=x^2+2x-3$，$\boldsymbol{A}=\begin{pmatrix}1&-1\\2&1\end{pmatrix}$，试计算 $f(\boldsymbol{A})$.

解 $f(\boldsymbol{A})=\begin{pmatrix}1&-1\\2&1\end{pmatrix}^2+2\begin{pmatrix}1&-1\\2&1\end{pmatrix}-3\begin{pmatrix}1&0\\0&1\end{pmatrix}$

$$=\begin{pmatrix}-1 & -2\\ 4 & -1\end{pmatrix}+\begin{pmatrix}2 & -2\\ 4 & 2\end{pmatrix}-\begin{pmatrix}3 & 0\\ 0 & 3\end{pmatrix}=\begin{pmatrix}-2 & -4\\ 8 & -2\end{pmatrix}.$$

定义 2.8　由 n 阶方阵 $\boldsymbol{A}$ 的元素所构成的行列式（各元素的位置不变），称为方阵 $\boldsymbol{A}$ 的行列式，记为 $|\boldsymbol{A}|$.

注　方阵与行列式是两个不同的概念，n 阶方阵是 n^2 个数按一定方式排成的数表，而 n 阶行列式则是这些数（也就是数表 $\boldsymbol{A}$）按一定的运算法则所确定的一个数.

由 $\boldsymbol{A}$ 确定的 $|\boldsymbol{A}|$ 的运算满足下述运算规律（设 $\boldsymbol{A}$、$\boldsymbol{B}$ 为 n 阶方阵，k 为数）：

（1）$|\boldsymbol{A}^{\mathrm{T}}|=|\boldsymbol{A}|$；

（2）$|k\boldsymbol{A}|=k^n|\boldsymbol{A}|$；

（3）$|\boldsymbol{AB}|=|\boldsymbol{A}||\boldsymbol{B}|$.

证明　仅证明（3）.

设 $\boldsymbol{A}=(a_{ij})$，$\boldsymbol{B}=(b_{ij})$. 记 $2n$ 阶行列式

$$D=\begin{vmatrix} a_{11} & \cdots & a_{1n} & & & \\ \vdots & & \vdots & & \boldsymbol{0} & \\ a_{n1} & \cdots & a_{nn} & & & \\ -1 & & & b_{11} & \cdots & b_{1n} \\ & \ddots & & \vdots & & \vdots \\ & & -1 & b_{n1} & \cdots & b_{nn} \end{vmatrix}=\begin{vmatrix}\boldsymbol{A} & \boldsymbol{0}\\ -\boldsymbol{E} & \boldsymbol{B}\end{vmatrix}.$$

由第 1 章例 3.7 可知 $D=|\boldsymbol{A}||\boldsymbol{B}|$，而在 D 中以 b_{1j} 乘第 1 列，b_{2j} 乘第 2 列，…，b_{nj} 乘第 n 列，都加到第 $n+j$ 列上（$j=1,2,\cdots,n$），有

$$D=\begin{vmatrix}\boldsymbol{A} & \boldsymbol{C}\\ -\boldsymbol{E} & \boldsymbol{0}\end{vmatrix},$$

其中 $\boldsymbol{C}=(c_{ij})$，$c_{ij}=b_{1j}a_{i1}+b_{2j}a_{i2}+\cdots+b_{nj}a_{in}$，故 $\boldsymbol{C}=\boldsymbol{AB}$.

再对 D 的行作 $r_i\leftrightarrow r_{n+j}$（$j=1,2,\cdots,n$），有

$$D=(-1)^n\begin{vmatrix}-\boldsymbol{E} & \boldsymbol{0}\\ \boldsymbol{A} & \boldsymbol{C}\end{vmatrix},$$

从而有

$$D=(-1)^n|-\boldsymbol{E}||\boldsymbol{C}|=(-1)^n(-1)^n|\boldsymbol{C}|=|\boldsymbol{C}|=|\boldsymbol{AB}|,$$

于是

$$|\boldsymbol{AB}|=|\boldsymbol{A}||\boldsymbol{B}|.$$

证毕

注　（1）虽然对于 n 阶方阵 $\boldsymbol{A}$，$\boldsymbol{B}$，一般说来 $\boldsymbol{AB}\neq\boldsymbol{BA}$，但总有 $|\boldsymbol{AB}|=|\boldsymbol{BA}|$.

（2）尤其要注意 $|k\boldsymbol{A}|\neq k|\boldsymbol{A}|$，$k|\boldsymbol{A}|$ 只是用 k 去乘行列式 $|\boldsymbol{A}|$ 的某一行或列，$|k\boldsymbol{A}|$ 则是用 k 遍乘 $|\boldsymbol{A}|$ 的每一个元素.

例 2.11　$\boldsymbol{A}=\begin{pmatrix}1 & 2\\ 2 & 3\end{pmatrix}$，$\boldsymbol{B}=\begin{pmatrix}2 & 4\\ -1 & 5\end{pmatrix}$，求 $|\boldsymbol{AB}|$.

解　**方法 1**

因为 $\boldsymbol{AB}=\begin{pmatrix}1 & 2\\ 2 & 3\end{pmatrix}\begin{pmatrix}2 & 4\\ -1 & 5\end{pmatrix}=\begin{pmatrix}0 & 14\\ 1 & 23\end{pmatrix}$

所以 $|\boldsymbol{AB}|=-14$.

方法 2

因为 $|\boldsymbol{A}|=-1$，$|\boldsymbol{B}|=14$. 所以 $|\boldsymbol{AB}|=|\boldsymbol{A}||\boldsymbol{B}|=-14$.

§2.3 逆矩阵

本节要求重点掌握逆矩阵与初等矩阵的概念与性质、可逆的充要条件等，会求矩阵的逆矩阵，会求解一些简单的矩阵方程．

前面相关章节已经详细介绍了矩阵的加法、乘法等运算．根据加法，我们定义了减法．因此我们自然会问有了矩阵乘法，能否定义出矩阵的除法．即矩阵的乘法是否存在一种逆运算？如果这种逆运算存在，那么它应该满足什么条件？下面，我们将探索什么样的矩阵存在这种逆运算，以及这种逆运算如何去实施等问题．

我们知道，在实数的运算中，对于数 $a\neq 0$，总存在唯一的一个数 a^{-1} 使得 $aa^{-1}=a^{-1}a=1$，同时称 a^{-1} 为 a 的逆元.

类似地，在矩阵中也有单位元的概念——单位矩阵 $\boldsymbol{E}$，对于矩阵 $\boldsymbol{A}$，是否存在唯一的一个类似于 a^{-1} 的矩阵 $\boldsymbol{B}$，使得

$$\boldsymbol{AB}=\boldsymbol{BA}=\boldsymbol{E}.$$

为此引入逆矩阵的概念.

本节要求重点掌握逆矩阵的概念与性质、可逆的充要条件等，会求矩阵的逆矩阵，会求解一些简单的矩阵方程.

一、逆矩阵的概念

定义 3.1 设 $\boldsymbol{A}$ 为 n 阶矩阵，如果存在一个 n 阶矩阵 $\boldsymbol{B}$，使得

$$\boldsymbol{AB}=\boldsymbol{BA}=\boldsymbol{E}$$

则称矩阵 $\boldsymbol{A}$ 是可逆的（或非奇异矩阵），并把 $\boldsymbol{B}$ 称为 $\boldsymbol{A}$ 的逆矩阵，简称逆阵，记作 $\boldsymbol{A}^{-1}$，即 $\boldsymbol{A}^{-1}=\boldsymbol{B}$. 否则，则称 $\boldsymbol{A}$ 是不可逆的（或奇异矩阵）.

注 （1）定义中的 $\boldsymbol{A}$ 与 $\boldsymbol{B}$ 的地位是相同的，即也可以说 $\boldsymbol{B}$ 是可逆的，故 $\boldsymbol{A}$ 与 $\boldsymbol{B}$ 是互为逆矩阵．即 $\boldsymbol{A}^{-1}=\boldsymbol{B}$ 且 $\boldsymbol{B}^{-1}=\boldsymbol{A}$.

（2）如果矩阵 $\boldsymbol{A}$ 是可逆的，则 $\boldsymbol{A}$ 的逆矩阵是唯一确定的.

证明 设 $\boldsymbol{B}$，$\boldsymbol{C}$ 都是 $\boldsymbol{A}$ 的逆矩阵，则有

$$\boldsymbol{AB}=\boldsymbol{BA}=\boldsymbol{AC}=\boldsymbol{CA}=\boldsymbol{E},$$

故

$$\boldsymbol{B}=\boldsymbol{BE}=\boldsymbol{B}(\boldsymbol{AC})=(\boldsymbol{BA})\boldsymbol{C}=\boldsymbol{EC}=\boldsymbol{C}.$$

所以 $\boldsymbol{A}$ 的逆矩阵是唯一的. 证毕

（3）例如，n 阶单位矩阵 $\boldsymbol{E}$ 是可逆矩阵，由于 $\boldsymbol{E}\cdot\boldsymbol{E}=\boldsymbol{E}$. n 阶零矩阵 $\boldsymbol{0}$ 显然是不可逆的，因为对任何 n 阶方阵 $\boldsymbol{B}$，都有 $\boldsymbol{B}\cdot\boldsymbol{0}=\boldsymbol{0}\cdot\boldsymbol{B}=\boldsymbol{0}\neq\boldsymbol{E}$.

（4）并非每个方阵都是可逆的，如 $\boldsymbol{A}=\begin{pmatrix}1 & 0\\ 0 & 0\end{pmatrix}$.

假设 $\boldsymbol{A}$ 可逆，且 $\boldsymbol{A}^{-1}=\begin{pmatrix}a & b\\ c & d\end{pmatrix}$，则有

$$\begin{pmatrix}1 & 0\\ 0 & 0\end{pmatrix}\begin{pmatrix}a & b\\ c & d\end{pmatrix}=\begin{pmatrix}a & b\\ 0 & 0\end{pmatrix}=\begin{pmatrix}1 & 0\\ 0 & 1\end{pmatrix},$$

故 $0=1$，显然不可能，从而 $\boldsymbol{A}$ 不可逆.

二、逆矩阵存在及判定定理

对于任意的 n 阶方阵 $\boldsymbol{A}$ 来说，一般来说，可能可逆，也可能不可逆．接下来我们就需要研究：$\boldsymbol{A}$ 具备什么条件就可逆了呢？如果可逆，其逆矩阵$\boldsymbol{A}^{-1}$如何求呢？为此我们首先引入与其有关的伴随矩阵的概念.

定义 3.2 设 $\boldsymbol{A}_{ij}$ 是 n 阶方阵 $\boldsymbol{A}=(a_{ij})_{n\times n}$的行列式 $|\boldsymbol{A}|$ 中的元素 a_{ij} 的代数余子式，构造矩阵

$$\boldsymbol{A}^*=\begin{pmatrix}A_{11} & A_{21} & \cdots & A_{n1}\\ A_{12} & A_{22} & \cdots & A_{n2}\\ \vdots & \vdots & \vdots & \vdots\\ A_{1n} & A_{2n} & \cdots & A_{nn}\end{pmatrix},$$

则称其为矩阵 A 的伴随矩阵．

这里尤其要注意的是行列式$|\boldsymbol{A}|$中的第 i 行元素代数余子式，应该放置在伴随矩阵 $\boldsymbol{A}^*$ 中第 i 列.

例 3.1 设 $\boldsymbol{A}=\begin{pmatrix}2 & 0 & 1\\ -1 & 2 & 1\\ 1 & 1 & 0\end{pmatrix}$，试求伴随矩阵 $\boldsymbol{A}^*$.

解 $A_{11}=\begin{vmatrix}2 & 1\\ 1 & 0\end{vmatrix}=-1$，$A_{12}=-\begin{vmatrix}-1 & 1\\ 1 & 0\end{vmatrix}=1$，$A_{13}=\begin{vmatrix}-1 & 2\\ 1 & 1\end{vmatrix}=-3$，

$A_{21}=-\begin{vmatrix}0 & 1\\ 1 & 0\end{vmatrix}=1$，$A_{22}=\begin{vmatrix}2 & 1\\ 1 & 0\end{vmatrix}=-1$，$A_{23}=-\begin{vmatrix}2 & 0\\ 1 & 1\end{vmatrix}=-2$，

$A_{31}=\begin{vmatrix}0 & 1\\ 2 & 0\end{vmatrix}=-2$，$A_{32}=-\begin{vmatrix}2 & 1\\ -1 & 1\end{vmatrix}=-3$，$A_{33}=\begin{vmatrix}2 & 0\\ -1 & 2\end{vmatrix}=4$，

所以 $\boldsymbol{A}^*=\begin{pmatrix}-1 & 1 & -2\\ 1 & -1 & -3\\ -3 & -2 & 4\end{pmatrix}$.

一般地，对于任意的 n 阶方阵 $\boldsymbol{A}$，若其伴随矩阵记为 $\boldsymbol{A}^*$，根据行列式按行展开公式及其推论，直接计算可得

$$\boldsymbol{AA}^*=\begin{pmatrix}a_{11} & a_{12} & \cdots & a_{1n}\\ a_{21} & a_{22} & \cdots & a_{2n}\\ \vdots & \vdots & \vdots & \vdots\\ a_{n1} & a_{n2} & \cdots & a_{nn}\end{pmatrix}\begin{pmatrix}A_{11} & A_{21} & \cdots & A_{n1}\\ A_{12} & A_{22} & \cdots & A_{n2}\\ \vdots & \vdots & \vdots & \vdots\\ A_{1n} & A_{2n} & \cdots & A_{nn}\end{pmatrix}=\begin{pmatrix}|\boldsymbol{A}| & 0 & \cdots & 0\\ 0 & |\boldsymbol{A}| & \cdots & 0\\ \vdots & \vdots & \vdots & \vdots\\ 0 & 0 & \cdots & |\boldsymbol{A}|\end{pmatrix}=|\boldsymbol{A}|\boldsymbol{E}.$$

同理，可得 $$\boldsymbol{A}^*\boldsymbol{A}=|\boldsymbol{A}|\boldsymbol{E}.$$

即，对任一 n 阶矩阵 $\boldsymbol{A}$，有 $$\boldsymbol{AA}^*=\boldsymbol{A}^*\boldsymbol{A}=|\boldsymbol{A}|\boldsymbol{E}.$$

若$|\boldsymbol{A}|\neq 0$，则有 $$\boldsymbol{A}\left(\frac{1}{|\boldsymbol{A}|}\cdot\boldsymbol{A}^*\right)=\left(\frac{1}{|\boldsymbol{A}|}\cdot\boldsymbol{A}^*\right)\boldsymbol{A}=\boldsymbol{E}.$$

由此我们得到：

定理 3.1 n 阶矩阵$\boldsymbol{A}$可逆的充分必要条件是$|\boldsymbol{A}|\neq 0$，且当$\boldsymbol{A}$可逆时，$\boldsymbol{A}^{-1}=\frac{1}{|\boldsymbol{A}|}\cdot\boldsymbol{A}^*$.

证明 必要性

设$\boldsymbol{A}$可逆，则$\boldsymbol{A}\boldsymbol{A}^{-1}=\boldsymbol{E}$，两边取行列式，有$|\boldsymbol{A}\boldsymbol{A}^{-1}|=|\boldsymbol{A}||\boldsymbol{A}^{-1}|=|\boldsymbol{E}|=1$. 所以$|\boldsymbol{A}|\neq 0$.

充分性

设$|\boldsymbol{A}|\neq 0$，则等式$\boldsymbol{A}\left(\frac{1}{|\boldsymbol{A}|}\cdot\boldsymbol{A}^*\right)=\left(\frac{1}{|\boldsymbol{A}|}\cdot\boldsymbol{A}^*\right)\boldsymbol{A}=\boldsymbol{E}$成立．故由逆矩阵的定义知$A$可逆，且

$$\boldsymbol{A}^{-1}=\frac{1}{|\boldsymbol{A}|}\cdot\boldsymbol{A}^*.$$

证毕

注 定理不仅解决了逆阵的存在问题，而且给出了一个求逆阵的公式：$\boldsymbol{A}^{-1}=\frac{1}{|\boldsymbol{A}|}\boldsymbol{A}^*$.

推论 3.1 若$\boldsymbol{A}$、$\boldsymbol{B}$为n阶方阵，且$\boldsymbol{AB}=\boldsymbol{E}$，则$\boldsymbol{A}$、$\boldsymbol{B}$都可逆，且$\boldsymbol{A}^{-1}=\boldsymbol{B},\boldsymbol{B}^{-1}=\boldsymbol{A}$.

证明 因$|\boldsymbol{AB}|=|\boldsymbol{A}||\boldsymbol{B}|=|\boldsymbol{E}|=1\neq 0$，所以$|\boldsymbol{A}|\neq 0$且$|\boldsymbol{B}|\neq 0$，由定理 3.1，$\boldsymbol{A}$、$\boldsymbol{B}$都可逆.

在等式$\boldsymbol{AB}=\boldsymbol{E}$的两边左乘$\boldsymbol{A}^{-1}$，有$\boldsymbol{A}^{-1}(\boldsymbol{AB})=\boldsymbol{A}^{-1}\boldsymbol{E}$，即得$\boldsymbol{B}=\boldsymbol{A}^{-1}$，在$\boldsymbol{AB}=\boldsymbol{E}$的两边右乘$\boldsymbol{B}^{-1}$，得$\boldsymbol{B}^{-1}=\boldsymbol{A}$.

注 推论实际上是定义的简化形式，今后它可以完全替代可逆的定义，在验证矩阵可逆时，我们只需验证满足推论的条件：$\boldsymbol{AB}=\boldsymbol{E}$（或$\boldsymbol{BA}=\boldsymbol{E}$）即可.

例 3.2 设$\boldsymbol{A}=\begin{pmatrix} a & b \\ c & d \end{pmatrix}$，当$a$、$b$、$c$、$d$满足什么条件时，矩阵$\boldsymbol{A}$可逆？当$\boldsymbol{A}$可逆时，求$\boldsymbol{A}^{-1}$.

解 由于$|\boldsymbol{A}|=\begin{vmatrix} a & b \\ c & d \end{vmatrix}=ad-bc$，

当$ad-bc\neq 0$时，$|\boldsymbol{A}|\neq 0$，此时$\boldsymbol{A}$可逆．且

$$\boldsymbol{A}^{-1}=\frac{1}{|\boldsymbol{A}|}\boldsymbol{A}^*=\frac{1}{ad-bc}\begin{pmatrix} d & -b \\ -c & a \end{pmatrix}.$$

例 3.3 证明对角阵$\boldsymbol{\Lambda}=\begin{pmatrix} \lambda_1 & & 0 \\ & \ddots & \\ 0 & & \lambda_n \end{pmatrix}$，当$\lambda_i\neq 0$（$i=1, 2, \cdots, n$）时可逆，且其逆矩阵$\boldsymbol{\Lambda}^{-1}=\begin{pmatrix} \frac{1}{\lambda_1} & & 0 \\ & \ddots & \\ 0 & & \frac{1}{\lambda_n} \end{pmatrix}$.

证明　直接用简化定义验证：

因为 $\begin{pmatrix}\lambda_1 & & 0\\ & \ddots & \\ 0 & & \lambda_n\end{pmatrix}\begin{pmatrix}\frac{1}{\lambda_1} & & 0\\ & \ddots & \\ 0 & & \frac{1}{\lambda_n}\end{pmatrix}=\boldsymbol{E}$，　所有 $\boldsymbol{\Lambda}^{-1}=\begin{pmatrix}\frac{1}{\lambda_1} & & 0\\ & \ddots & \\ 0 & & \frac{1}{\lambda_n}\end{pmatrix}$.

注　例 3.2 和例 3.3 的结论以后可以作为求逆矩阵的公式用.

例 3.4　设 $\boldsymbol{A}=\begin{pmatrix}1 & 1 & 2\\ -2 & 1 & -1\\ 3 & 0 & 2\end{pmatrix}$，试问是否可逆？若可逆，求 $\boldsymbol{A}^{-1}$.

解　由于 $|\boldsymbol{A}|=\begin{vmatrix}1 & 1 & 2\\ -2 & 1 & -1\\ 3 & 0 & 2\end{vmatrix}=\begin{vmatrix}1 & 1 & 2\\ 0 & 3 & 3\\ 0 & -3 & -4\end{vmatrix}=-3\neq 0$，

$$A_{11}=\begin{vmatrix}1 & -1\\ 0 & 2\end{vmatrix}=2，A_{12}=-\begin{vmatrix}-2 & -1\\ 3 & 2\end{vmatrix}=1，A_{13}=\begin{vmatrix}-2 & 1\\ 3 & 0\end{vmatrix}=-3，$$

$$A_{21}=-\begin{vmatrix}1 & 2\\ 0 & 2\end{vmatrix}=-2，A_{22}=\begin{vmatrix}1 & 2\\ 3 & 2\end{vmatrix}=-4，A_{23}=-\begin{vmatrix}1 & 1\\ 3 & 0\end{vmatrix}=3，$$

$$A_{31}=\begin{vmatrix}1 & 2\\ 1 & -1\end{vmatrix}=-3，A_{32}=-\begin{vmatrix}1 & 2\\ -2 & -1\end{vmatrix}=-3，A_{33}=\begin{vmatrix}1 & 1\\ -2 & 1\end{vmatrix}=3.$$

于是

$$\boldsymbol{A}^{-1}=\frac{1}{|\boldsymbol{A}|}\boldsymbol{A}^*=-\frac{1}{3}\begin{pmatrix}2 & -2 & -3\\ 1 & -4 & -3\\ -3 & 3 & 3\end{pmatrix}=\begin{pmatrix}-\frac{2}{3} & \frac{2}{3} & 1\\ -\frac{1}{3} & \frac{4}{3} & 1\\ 1 & -1 & -1\end{pmatrix}.$$

例 3.5　设矩阵 $\boldsymbol{A}$ 满足 $\boldsymbol{A}^2-\boldsymbol{A}-\boldsymbol{E}=\boldsymbol{0}$，证明矩阵 $\boldsymbol{A}$ 与 $\boldsymbol{A}-2\boldsymbol{E}$ 均可逆，并求出它们的逆矩阵.

解　由于 $\boldsymbol{A}^2-\boldsymbol{A}-\boldsymbol{E}=\boldsymbol{0}$，故 $\boldsymbol{A}^2-\boldsymbol{A}=E$，即 $\boldsymbol{A}(\boldsymbol{A}-\boldsymbol{E})=\boldsymbol{E}$，
从而 $\boldsymbol{A}$ 可逆，且 $\boldsymbol{A}^{-1}=\boldsymbol{A}-\boldsymbol{E}$.
又由 $\boldsymbol{A}^2-\boldsymbol{A}-\boldsymbol{E}=\boldsymbol{0}$，可得：$\boldsymbol{A}^2-\boldsymbol{A}-2\boldsymbol{E}=-\boldsymbol{E}$，
即 $(\boldsymbol{A}-2\boldsymbol{E})(-\boldsymbol{A}-\boldsymbol{E})=\boldsymbol{E}$.
从而 $\boldsymbol{A}-2\boldsymbol{E}$ 可逆，且 $(\boldsymbol{A}-2\boldsymbol{E})^{-1}=-\boldsymbol{A}-\boldsymbol{E}$.

三、可逆矩阵的性质

性质 3.1　如果矩阵 $\boldsymbol{A}$ 可逆，则 $\boldsymbol{A}$ 的逆矩阵 $\boldsymbol{A}^{-1}$ 也可逆，且 $(\boldsymbol{A}^{-1})^{-1}=\boldsymbol{A}$.

性质 3.2　若 $\boldsymbol{A}$，$\boldsymbol{B}$ 为 n 阶可逆方阵，则 $\boldsymbol{AB}$ 亦可逆，且 $(\boldsymbol{AB})^{-1}=\boldsymbol{B}^{-1}\boldsymbol{A}^{-1}$.

证明　由于 $(\boldsymbol{AB})(\boldsymbol{B}^{-1}\boldsymbol{A}^{-1})=\boldsymbol{A}(\boldsymbol{BB}^{-1})\boldsymbol{A}^{-1}=\boldsymbol{AEA}^{-1}=\boldsymbol{AA}^{-1}=\boldsymbol{E}$.
故 $\boldsymbol{AB}$ 可逆，且 $(\boldsymbol{AB})^{-1}=\boldsymbol{B}^{-1}\boldsymbol{A}^{-1}$.　　证毕

此性质可推广到有限个可逆矩阵相乘的情形．即

如果 $A_1, A_2, \cdots, A_k$ 为 n 阶可逆矩阵，则 $(A_1A_2\cdots A_k)^{-1}=A_k^{-1}\cdots A_2^{-1}A_1^{-1}$.

性质 3.3 若 A 可逆，数 $k\neq 0$，则 kA 可逆，且 $(kA)^{-1}=\frac{1}{k}A^{-1}$.

证明 因为 A 可逆，由于 $AA^{-1}=E$ 所以

$$(kA)\left(\frac{1}{k}A^{-1}\right)=E.$$

由矩阵可逆的定义知 kA 可逆，且 $(kA)^{-1}=\frac{1}{k}A^{-1}$. 证毕

性质 3.4 若 A 可逆，则 A^{T} 亦可逆，且 $(A^{\mathrm{T}})^{-1}=(A^{-1})^{\mathrm{T}}$.

证明 因为 $A^{\mathrm{T}}(A^{-1})^{\mathrm{T}}=(A^{-1}A)^{\mathrm{T}}=E^{\mathrm{T}}=E$.

所以 A^{T} 亦可逆，且 $(A^{\mathrm{T}})^{-1}=(A^{-1})^{\mathrm{T}}$. 证毕

性质 3.5 若 A 可逆，则 $|A^{-1}|=|A|^{-1}$.

例 3.6 设矩阵 A，X 满足 $A^*XA=2XA-4E$，其中 $A=\begin{pmatrix}2&0&0\\0&-1&0\\0&0&3\end{pmatrix}$. 试求矩阵 X.

解 由于 $|A|=-6$，故 A 可逆. 从而 $A^*=|A|A^{-1}=-6A^{-1}$.
又 $A^*XA=2XA-4E$，故

$$-6A^{-1}XA=2XA-4E,$$

上式左乘 A 右乘 A^{-1} 可化简得

$$(A+3E)X=2E,$$

故 $X=2(A+3E)^{-1}=2\begin{pmatrix}5&0&0\\0&2&0\\0&0&6\end{pmatrix}^{-1}=\begin{pmatrix}\frac{2}{5}&0&0\\0&1&0\\0&0&\frac{1}{3}\end{pmatrix}$.

例 3.7 设 $P=\begin{pmatrix}1&2\\1&4\end{pmatrix}$，$\Lambda=\begin{pmatrix}1&0\\0&2\end{pmatrix}$，$AP=P\Lambda$，求 A^n.

解 由于 $|P|=2$，$P^{-1}=\frac{1}{2}\begin{pmatrix}4&-2\\-1&1\end{pmatrix}$，

$$A=P\Lambda P^{-1},\ A^2=P\Lambda P^{-1}P\Lambda P^{-1}=P\Lambda^2P^{-1},\cdots,A^n=P\Lambda^nP^{-1}.$$

而 $\Lambda=\begin{pmatrix}1&0\\0&2\end{pmatrix}$，$\Lambda^2=\begin{pmatrix}1&0\\0&2\end{pmatrix}\begin{pmatrix}1&0\\0&2\end{pmatrix}=\begin{pmatrix}1&0\\0&2^2\end{pmatrix},\cdots,\Lambda^n=\begin{pmatrix}1&0\\0&2^n\end{pmatrix}$，

故

$$A^n=\begin{pmatrix}1&2\\1&4\end{pmatrix}\begin{pmatrix}1&0\\0&2^n\end{pmatrix}\frac{1}{2}\begin{pmatrix}4&-2\\-1&1\end{pmatrix}=\frac{1}{2}\begin{pmatrix}1&2^{n+1}\\1&2^{n+2}\end{pmatrix}\begin{pmatrix}4&-2\\-1&1\end{pmatrix}$$

$$=\frac{1}{2}\begin{pmatrix}4-2^{n+1}&2^{n+1}-2\\4-2^{n+2}&2^{n+2}-2\end{pmatrix}=\begin{pmatrix}2-2^n&2^n-1\\2-2^{n+1}&2^{n+1}-1\end{pmatrix}.$$

例 3.8 设 $\boldsymbol{A}$ 为 3 阶方阵，且 $|\boldsymbol{A}|=-1$. 求 $|\boldsymbol{A}^*+(2\boldsymbol{A})^{-1}|$，其中 $\boldsymbol{A}^*$ 为 $\boldsymbol{A}$ 的伴随矩阵.

解 由于 $|\boldsymbol{A}|=-1$，故 $\boldsymbol{A}^*=|\boldsymbol{A}|\boldsymbol{A}^{-1}=-\boldsymbol{A}^{-1}$.

从而 $|\boldsymbol{A}^*+(2\boldsymbol{A})^{-1}|=\left|-\boldsymbol{A}^{-1}+\frac{1}{2}\boldsymbol{A}^{-1}\right|=\left|-\frac{1}{2}\boldsymbol{A}^{-1}\right|=\left(-\frac{1}{2}\right)^3\frac{1}{|\boldsymbol{A}|}=\frac{1}{8}$.

§ 2.4 分块矩阵

我们在应用矩阵解决实际问题过程中，常常会遇到一些阶数较高或者结构较为特殊的矩阵，为了便于研究，常借用数学中“化繁为简、化整为零”的思想将矩阵分成若干小矩阵，把每一个矩阵都看作是矩阵的一个元素，这样就把阶数较高的矩阵化为阶数较低的矩阵，从而简化表示，便于某些讨论和计算.

本节要求重点掌握分块矩阵的运算以及几种常用的分块矩阵.

一、分块矩阵的概念

定义 4.1 对于矩阵 $\boldsymbol{A}_{m\times n}$，用若干条横线把所有的 m 行分成 p 个部分，用若干条纵线把所有的 n 列分成 q 个部分（$p\leqslant m$，$q\leqslant n$），这样矩阵 $\boldsymbol{A}_{m\times n}$ 就被分成了 $p\times q$ 个小矩阵，其中每个小矩阵称为 $\boldsymbol{A}$ 的一个子块，以子块为元素的矩阵称为分块矩阵.

注 （1）分块矩阵与一般矩阵的区别主要在于其元素是矩阵而不再是数.

（2）对于同一个矩阵，可以根据需要把它分成不同的分块矩阵.

例如 $\boldsymbol{A}=\begin{pmatrix}1&0&0&1\\0&1&0&-2\\0&0&1&0\\-1&1&0&1\end{pmatrix}$，可以分块为 $\boldsymbol{A}=\left(\begin{array}{c:ccc}1&0&0&1\\0&1&0&-2\\0&0&1&0\\ \hdashline -1&1&0&1\end{array}\right)=\begin{pmatrix}\boldsymbol{E}_3&\boldsymbol{A}_1\\\boldsymbol{A}_2&\boldsymbol{A}_3\end{pmatrix}$.

其中 $\boldsymbol{E}_3=\begin{pmatrix}1&0&0\\0&1&0\\0&0&1\end{pmatrix}$，$\boldsymbol{A}_1=\begin{pmatrix}1\\-2\\0\end{pmatrix}$，$\boldsymbol{A}_2=(-1\quad 1\quad 0)$，$\boldsymbol{A}_3=(1)$.

当然我们也可以把 A 按其他方法分块，例如：

$$\boldsymbol{A}=\begin{pmatrix}1&0&0&1\\0&1&0&-2\\0&0&1&0\\-1&1&0&1\end{pmatrix}\text{可以重新分块为 }\boldsymbol{A}=\left(\begin{array}{c:c:c:c}1&0&0&1\\0&1&0&-2\\0&0&1&0\\-1&1&0&1\end{array}\right)=(\boldsymbol{A}_1,\boldsymbol{A}_2,\boldsymbol{A}_3,\boldsymbol{A}_4),$$

其中 $\boldsymbol{A}_1=\begin{pmatrix}1\\0\\0\\-1\end{pmatrix}$，$\boldsymbol{A}_2=\begin{pmatrix}0\\1\\0\\1\end{pmatrix}$，$\boldsymbol{A}_3=\begin{pmatrix}0\\0\\1\\0\end{pmatrix}$，$\boldsymbol{A}_4=\begin{pmatrix}1\\-2\\0\\1\end{pmatrix}$.

二、分块矩阵的运算

分块矩阵的运算规则（如和、差、积、转置、求逆矩阵等）与普通矩阵的运算规则类似．其运算实际上自然地就要求两条：

（1）将矩阵的子块视为元素时，矩阵应符合运算的要求；

（2）相应的子块间也应符合运算的要求.

1. 分块矩阵的加法（减法）

如果将矩阵 $\boldsymbol{A}_{m\times n}$，$\boldsymbol{B}_{m\times n}$ 分块为

$$\boldsymbol{A}_{m\times n}=(\boldsymbol{A}_{pq})=\begin{pmatrix}\boldsymbol{A}_{11} & \boldsymbol{A}_{12} & \cdots & \boldsymbol{A}_{1t}\\ \boldsymbol{A}_{21} & \boldsymbol{A}_{22} & \cdots & \boldsymbol{A}_{2t}\\ \vdots & \vdots & \vdots & \vdots\\ \boldsymbol{A}_{s1} & \boldsymbol{A}_{s2} & \cdots & \boldsymbol{A}_{st}\end{pmatrix},\ \boldsymbol{B}_{m\times n}=(\boldsymbol{B}_{pq})=\begin{pmatrix}\boldsymbol{B}_{11} & \boldsymbol{B}_{12} & \cdots & \boldsymbol{B}_{1t}\\ \boldsymbol{B}_{21} & \boldsymbol{B}_{22} & \cdots & \boldsymbol{B}_{2t}\\ \vdots & \vdots & \vdots & \vdots\\ \boldsymbol{B}_{s1} & \boldsymbol{B}_{s2} & \cdots & \boldsymbol{B}_{st}\end{pmatrix},\text{其中，}$$

对应子块 $\boldsymbol{A}_{pq}$ 与 $\boldsymbol{B}_{pq}$ 有相同的行数与相同的列数，则

$$\boldsymbol{A}+\boldsymbol{B}=(\boldsymbol{A}_{pq})+(\boldsymbol{B}_{pq})=(\boldsymbol{A}_{pq}+\boldsymbol{B}_{pq}).$$

2. 数与分块矩阵的乘法

如果将矩阵 $\boldsymbol{A}_{m\times n}$ 分块为

$$\boldsymbol{A}=\begin{pmatrix}\boldsymbol{A}_{11} & \boldsymbol{A}_{12} & \cdots & \boldsymbol{A}_{1t}\\ \boldsymbol{A}_{21} & \boldsymbol{A}_{22} & \cdots & \boldsymbol{A}_{2t}\\ \vdots & \vdots & \vdots & \vdots\\ \boldsymbol{A}_{s1} & \boldsymbol{A}_{s2} & \cdots & \boldsymbol{A}_{st}\end{pmatrix}=(\boldsymbol{A}_{pq}),$$

设 k 为数，则 $k\boldsymbol{A}=k(\boldsymbol{A}_{pq})=(k\boldsymbol{A}_{pq})$.

3. 分块矩阵的乘法

设 $\boldsymbol{A}=(a_{ij})_{m\times n}$ 是 $m\times n$ 矩阵，$\boldsymbol{B}=(b_{ij})_{n\times p}$ 是 $n\times p$ 矩阵，把 $\boldsymbol{A}$ 和 $\boldsymbol{B}$ 进行分块，并使得 $\boldsymbol{A}$ 的列的分法与 $\boldsymbol{B}$ 的行的分法相同，即

$$\boldsymbol{A}=\begin{matrix} & n_1 & n_2 & \cdots & n_s & \\ & \left(\begin{matrix}\boldsymbol{A}_{11}\\ \boldsymbol{A}_{21}\\ \vdots\\ \boldsymbol{A}_{r1}\end{matrix}\right. & \begin{matrix}\boldsymbol{A}_{12}\\ \boldsymbol{A}_{22}\\ \vdots\\ \boldsymbol{A}_{r2}\end{matrix} & \begin{matrix}\cdots\\ \cdots\\ \vdots\\ \cdots\end{matrix} & \left.\begin{matrix}\boldsymbol{A}_{1s}\\ \boldsymbol{A}_{2s}\\ \vdots\\ \boldsymbol{A}_{rs}\end{matrix}\right) & \begin{matrix}m_1\\ m_2\\ \vdots\\ m_r\end{matrix}\end{matrix},\quad \boldsymbol{B}=\begin{matrix} & p_1 & p_2 & \cdots & p_t & \\ & \left(\begin{matrix}\boldsymbol{B}_{11}\\ \boldsymbol{B}_{21}\\ \vdots\\ \boldsymbol{B}_{s1}\end{matrix}\right. & \begin{matrix}\boldsymbol{B}_{12}\\ \boldsymbol{B}_{22}\\ \vdots\\ \boldsymbol{B}_{s2}\end{matrix} & \begin{matrix}\cdots\\ \cdots\\ \vdots\\ \cdots\end{matrix} & \left.\begin{matrix}\boldsymbol{B}_{1t}\\ \boldsymbol{B}_{2t}\\ \vdots\\ \boldsymbol{B}_{st}\end{matrix}\right) & \begin{matrix}n_1\\ n_2\\ \vdots\\ n_s\end{matrix}\end{matrix}$$

其中，m_i，n_j 分别为 $\boldsymbol{A}$ 的子块 $\boldsymbol{A}_{ij}$ 的行数与列数，n_i，p_l 分别为 $\boldsymbol{B}$ 的子块 $\boldsymbol{B}_{ij}$ 的行数与列数，$\sum_{i=1}^{r}m_i=m,\sum_{j=1}^{s}n_j=n,\sum_{l=1}^{t}p_l=p$，则

$$\boldsymbol{C}=\boldsymbol{AB}=\begin{matrix} & p_1 & p_2 & \cdots & p_t & \\ & \left(\begin{matrix}\boldsymbol{C}_{11}\\ \boldsymbol{C}_{21}\\ \vdots\\ \boldsymbol{C}_{r1}\end{matrix}\right. & \begin{matrix}\boldsymbol{C}_{12}\\ \boldsymbol{C}_{22}\\ \vdots\\ \boldsymbol{C}_{r2}\end{matrix} & \begin{matrix}\cdots\\ \cdots\\ \vdots\\ \cdots\end{matrix} & \left.\begin{matrix}\boldsymbol{C}_{1t}\\ \boldsymbol{C}_{2t}\\ \vdots\\ \boldsymbol{C}_{rt}\end{matrix}\right) & \begin{matrix}m_1\\ m_2\\ \vdots\\ m_r\end{matrix}\end{matrix}$$

其中

$$\boldsymbol{C}_{ij}=\boldsymbol{A}_{i1}\boldsymbol{B}_{1j}+\boldsymbol{A}_{i2}\boldsymbol{B}_{2j}+\cdots+\boldsymbol{A}_{is}\boldsymbol{B}_{sj}.$$

注 要使矩阵的分块乘法能够进行，在对矩阵分块时必须满足：

(1)以子块为元素时，两矩阵可乘，即左矩阵的列块数应等于右矩阵的行块数；

(2)相应地需做乘法的子块也应可乘，即左子块的列数应等于右子块的行数.

4. 分块矩阵的转置

如果将矩阵 $\boldsymbol{A}$ 分块为 $\boldsymbol{A}=\begin{pmatrix}\boldsymbol{A}_{11} & \boldsymbol{A}_{12} & \cdots & \boldsymbol{A}_{1t}\\ \boldsymbol{A}_{21} & \boldsymbol{A}_{22} & \cdots & \boldsymbol{A}_{2t}\\ \vdots & \vdots & \vdots & \vdots\\ \boldsymbol{A}_{s1} & \boldsymbol{A}_{s2} & \cdots & \boldsymbol{A}_{st}\end{pmatrix}$，则 $\boldsymbol{A}^{\mathrm{T}}=\begin{pmatrix}\boldsymbol{A}_{11}^{\mathrm{T}} & \boldsymbol{A}_{21}^{\mathrm{T}} & \cdots & \boldsymbol{A}_{s1}^{\mathrm{T}}\\ \boldsymbol{A}_{12}^{\mathrm{T}} & \boldsymbol{A}_{22}^{\mathrm{T}} & \cdots & \boldsymbol{A}_{s2}^{\mathrm{T}}\\ \vdots & \vdots & \vdots & \vdots\\ \boldsymbol{A}_{1t}^{\mathrm{T}} & \boldsymbol{A}_{2t}^{\mathrm{T}} & \cdots & \boldsymbol{A}_{st}^{\mathrm{T}}\end{pmatrix}$.

例 4.1 矩阵

$$\boldsymbol{A}=\begin{pmatrix}1 & 0 & 1 & 3\\ 0 & 1 & 2 & 4\\ 0 & 0 & -1 & 0\\ 0 & 0 & 0 & -1\end{pmatrix},\ \boldsymbol{B}=\begin{pmatrix}1 & 2 & 0 & 0\\ 2 & 0 & 0 & 0\\ 6 & 3 & 1 & 0\\ 0 & -2 & 0 & 1\end{pmatrix}，计算 k\boldsymbol{A},\boldsymbol{A}+\boldsymbol{B} 及 \boldsymbol{AB}.$$

解 将矩阵 $\boldsymbol{A},\boldsymbol{B}$ 分块如下：

$$\boldsymbol{A}=\begin{pmatrix}1 & 0 & 1 & 3\\ 0 & 1 & 2 & 4\\ 0 & 0 & -1 & 0\\ 0 & 0 & 0 & -1\end{pmatrix}=\begin{pmatrix}\boldsymbol{E} & \boldsymbol{C}\\ \boldsymbol{0} & -\boldsymbol{E}\end{pmatrix},\ \boldsymbol{B}=\begin{pmatrix}1 & 2 & 0 & 0\\ 2 & 0 & 0 & 0\\ 6 & 3 & 1 & 0\\ 0 & -2 & 0 & 1\end{pmatrix}=\begin{pmatrix}\boldsymbol{D} & \boldsymbol{0}\\ \boldsymbol{F} & \boldsymbol{E}\end{pmatrix}.$$

则

$$k\boldsymbol{A}=k\begin{pmatrix}\boldsymbol{E} & \boldsymbol{C}\\ \boldsymbol{0} & -\boldsymbol{E}\end{pmatrix}=\begin{pmatrix}k\boldsymbol{E} & k\boldsymbol{C}\\ \boldsymbol{0} & -k\boldsymbol{E}\end{pmatrix},$$

$$\boldsymbol{A}+\boldsymbol{B}=\begin{pmatrix}\boldsymbol{E} & \boldsymbol{C}\\ \boldsymbol{0} & -\boldsymbol{E}\end{pmatrix}+\begin{pmatrix}\boldsymbol{D} & \boldsymbol{0}\\ \boldsymbol{F} & \boldsymbol{E}\end{pmatrix}=\begin{pmatrix}\boldsymbol{E}+\boldsymbol{D} & \boldsymbol{C}\\ \boldsymbol{F} & \boldsymbol{0}\end{pmatrix},$$

$$\boldsymbol{AB}=\begin{pmatrix}\boldsymbol{E} & \boldsymbol{C}\\ \boldsymbol{0} & -\boldsymbol{E}\end{pmatrix}\begin{pmatrix}\boldsymbol{D} & \boldsymbol{0}\\ \boldsymbol{F} & \boldsymbol{E}\end{pmatrix}=\begin{pmatrix}\boldsymbol{D}+\boldsymbol{CF} & \boldsymbol{C}\\ -\boldsymbol{F} & -\boldsymbol{E}\end{pmatrix}.$$

然后再分别计算 $k\boldsymbol{E},k\boldsymbol{C},\boldsymbol{E}+\boldsymbol{D},\boldsymbol{D}+\boldsymbol{CF}$，代入上面三式，得

$$k\boldsymbol{A}=\begin{pmatrix}k & 0 & k & 3k\\ 0 & k & 2k & 4k\\ 0 & 0 & -k & 0\\ 0 & 0 & 0 & -k\end{pmatrix},\ \boldsymbol{A}+\boldsymbol{B}=\begin{pmatrix}2 & 2 & 1 & 3\\ 2 & 1 & 2 & 4\\ 6 & 3 & 0 & 0\\ 0 & -2 & 0 & 0\end{pmatrix},\ \boldsymbol{AB}=\begin{pmatrix}7 & -1 & 1 & 3\\ 14 & -2 & 2 & 4\\ -6 & -3 & -1 & 0\\ 0 & 2 & 0 & -1\end{pmatrix}.$$

通过以上的知识学习，对于一般的矩阵，实施分块后的运算，让大家现在根本看不到简化的作用，好像更麻烦．但实际上分块的简化作用是体现在某些特殊的分块阵上.

三、特殊的分块阵

在相关矩阵理论的研究中，矩阵的分块是一种最基本方法之一，它有时可使得所研究的矩阵问题变得简单明了，会给相关计算带来许多方便．理解掌握不好这些表达形式，会对后面理论的学习造成很大的障碍.

例 4.2 对于矩阵 $\boldsymbol{A}_{m\times n}=\begin{pmatrix} a_{11} & a_{12} & \cdots & a_{1n} \\ a_{21} & a_{22} & \cdots & a_{2n} \\ \vdots & \vdots & \vdots & \vdots \\ a_{m1} & a_{m2} & \cdots & a_{mn} \end{pmatrix}$ 常可以按行分块或按列分块.

即矩阵 $\boldsymbol{A}_{m\times n}$ 可以分块成 m 个 $1\times n$ 的行矩阵（即 n 维行向量）构成的，也可以分块成 n 个 $m\times 1$ 的列矩阵（即 m 维行向量）构成的.

如 $\boldsymbol{A}_{m\times n}=\begin{pmatrix} a_{11} & a_{12} & \cdots & a_{1n} \\ a_{21} & a_{22} & \cdots & a_{2n} \\ \vdots & \vdots & \vdots & \vdots \\ a_{m1} & a_{m2} & \cdots & a_{mn} \end{pmatrix}$，$\boldsymbol{B}_{n\times s}=\begin{pmatrix} b_{11} & b_{12} & \cdots & b_{1s} \\ b_{21} & b_{22} & \cdots & b_{2s} \\ \vdots & \vdots & \vdots & \vdots \\ b_{n1} & b_{n2} & \cdots & b_{ns} \end{pmatrix}$ 可以方块成 $\boldsymbol{A}=\begin{pmatrix} \boldsymbol{\alpha}_1^{\mathrm{T}} \\ \vdots \\ \boldsymbol{\alpha}_m^{\mathrm{T}} \end{pmatrix}$，

$\boldsymbol{B}=(\boldsymbol{\beta}_1,\cdots,\boldsymbol{\beta}_s)$，其中 $\boldsymbol{\alpha}_i^{\mathrm{T}}=(a_{i1},a_{i2},\cdots,a_{in})(i=1,2,\cdots,m)$，$\boldsymbol{\beta}_j=\begin{pmatrix} b_{1j} \\ b_{2j} \\ \vdots \\ b_{nj} \end{pmatrix}(j=1,2,\cdots,s)$，则

$$\boldsymbol{AB}=\begin{pmatrix} \boldsymbol{\alpha}_1^{\mathrm{T}} \\ \vdots \\ \boldsymbol{\alpha}_m^{\mathrm{T}} \end{pmatrix}(\boldsymbol{\beta}_1,\cdots,\boldsymbol{\beta}_s)=(\boldsymbol{\alpha}_i^{\mathrm{T}}\boldsymbol{\beta}_j)=(c_{ij}),$$

其中，$c_{ij}=\boldsymbol{\alpha}_i^{\mathrm{T}}\boldsymbol{\beta}_j=(a_{i1},\cdots,a_{in})\begin{pmatrix} b_{1j} \\ \vdots \\ b_{mj} \end{pmatrix}=\sum\limits_{k=1}^{n}a_{ik}b_{kj}$.

这两种分法将在以后的计算中常用到，要给予特别的重视.

例 4.3 含有 n 个未知量 m 个方程的线性方程组

$$\begin{cases} a_{11}x_1+a_{12}x_2+\cdots+a_{1n}x_n=b_1 \\ a_{21}x_1+a_{22}x_2+\cdots+a_{2n}x_n=b_2 \\ \qquad\qquad\vdots \\ a_{m1}x_1+a_{m2}x_2+\cdots+a_{mn}x_n=b_m \end{cases}.$$

若记 $\boldsymbol{A}=\begin{pmatrix} a_{11} & a_{12} & \cdots & a_{1n} \\ a_{21} & a_{22} & \cdots & a_{2n} \\ \vdots & \vdots & \vdots & \vdots \\ a_{m1} & a_{m2} & \cdots & a_{mn} \end{pmatrix}=(\boldsymbol{\alpha}_1,\boldsymbol{\alpha}_2,\cdots,\boldsymbol{\alpha}_n)$，$\boldsymbol{X}=\begin{pmatrix} x_1 \\ x_2 \\ \vdots \\ x_n \end{pmatrix}$，$\boldsymbol{B}=\begin{pmatrix} b_1 \\ b_2 \\ \vdots \\ b_m \end{pmatrix}$，

则原方程组根据需要就可写成矩阵形式 $\boldsymbol{AX}=\boldsymbol{B}$.

也可以写成 $(\boldsymbol{\alpha}_1,\ \boldsymbol{\alpha}_2,\ \cdots,\ \boldsymbol{\alpha}_n)\begin{pmatrix} x_1 \\ x_2 \\ \vdots \\ x_n \end{pmatrix}=x_1\boldsymbol{\alpha}_1+x_2\boldsymbol{\alpha}_2+\cdots+x_n\boldsymbol{\alpha}_n=\boldsymbol{B}$.

这种写法就突出了变量与其系数之间的联系，便于对某些问题的研究.

例 4.4　形如 $\begin{pmatrix} A_{11} & A_{12} & \cdots & A_{1s} \\ 0 & A_{22} & \cdots & A_{2s} \\ \vdots & \vdots & \vdots & \vdots \\ 0 & 0 & \cdots & A_{ss} \end{pmatrix}$ 或 $\begin{pmatrix} A_{11} & 0 & \cdots & 0 \\ A_{21} & A_{22} & \cdots & 0 \\ \vdots & \vdots & \vdots & \vdots \\ A_{s1} & A_{s2} & \cdots & A_{ss} \end{pmatrix}$

的分块矩阵，分别称为上三角分块矩阵或下三角分块矩阵，其中 $A_{pp}(p=1,2,\cdots,s)$是方阵.

同结构的上（下）三角分块矩阵的和、差、积仍是上（下）三角分块矩阵.

例 4.5　设 $\boldsymbol{A}$ 为 n 阶方阵，若 $\boldsymbol{A}$ 可分块为 $\boldsymbol{A}=\begin{pmatrix} \boldsymbol{A}_1 & & \boldsymbol{0} \\ & \ddots & \\ \boldsymbol{0} & & \boldsymbol{A}_s \end{pmatrix}$，称 $\boldsymbol{A}$ 为分块对角阵.

注　(1) 实际上，分块对角阵的运算（加减、数乘、乘法、乘方、转置、行列式）就是对其对角线子块做相应运算.

(2)　① $\boldsymbol{A}^m=\begin{pmatrix} \boldsymbol{A}_1^m & & \boldsymbol{0} \\ & \ddots & \\ \boldsymbol{0} & & \boldsymbol{A}_s^m \end{pmatrix}$；

② $|\boldsymbol{A}|=|\boldsymbol{A}_1|\cdot|\boldsymbol{A}_2|\cdots|\boldsymbol{A}_s|$；

③ 若 $|\boldsymbol{A}_i|\neq 0(i=1,2,\cdots,s)$，则 $|\boldsymbol{A}|\neq 0$，并有

$$\boldsymbol{A}^{-1}=\begin{pmatrix} \boldsymbol{A}_1^{-1} & & & \boldsymbol{0} \\ & \boldsymbol{A}_2^{-1} & & \\ & & \ddots & \\ \boldsymbol{0} & & & \boldsymbol{A}_s^{-1} \end{pmatrix}.$$

例 4.6　设 $\boldsymbol{A}=\begin{pmatrix} 4 & 0 & 0 \\ 0 & 3 & 1 \\ 0 & 2 & 1 \end{pmatrix}$，求 $\boldsymbol{A}^{-1}$.

解　先把 $\boldsymbol{A}$ 分块成 $\boldsymbol{A}=\begin{pmatrix} 4 & 0 & 0 \\ 0 & 3 & 1 \\ 0 & 2 & 1 \end{pmatrix}=\begin{pmatrix} \boldsymbol{A}_1 & \boldsymbol{0} \\ \boldsymbol{0} & \boldsymbol{A}_2 \end{pmatrix}$；

则 $\boldsymbol{A}_1=(4)$，$\boldsymbol{A}_1^{-1}=\left(\frac{1}{4}\right)$；$\boldsymbol{A}_2=\begin{pmatrix} 3 & 1 \\ 2 & 1 \end{pmatrix}$，$\boldsymbol{A}_2^{-1}=\begin{pmatrix} 1 & -1 \\ -2 & 3 \end{pmatrix}$.

所以 $\boldsymbol{A}^{-1}=\begin{pmatrix} \frac{1}{4} & 0 & 0 \\ 0 & 1 & -1 \\ 0 & -2 & 3 \end{pmatrix}$.

例 4.7　分块矩阵 $\boldsymbol{D}=\begin{pmatrix} \boldsymbol{A} & \boldsymbol{C} \\ \boldsymbol{0} & \boldsymbol{B} \end{pmatrix}$，其中 $\boldsymbol{A}$ 和 $\boldsymbol{B}$ 分别为 r 阶与 k 阶可逆方阵，$\boldsymbol{C}$ 是 $r\times k$ 矩阵，$\boldsymbol{0}$ 是 $k\times r$ 零矩阵. 证明 $\boldsymbol{D}$ 可逆，并求 $\boldsymbol{D}^{-1}$.

解　设 $\boldsymbol{D}^{-1}=\begin{pmatrix} \boldsymbol{X} & \boldsymbol{Z} \\ \boldsymbol{W} & \boldsymbol{Y} \end{pmatrix}$，其中 $\boldsymbol{X}$，$\boldsymbol{Y}$ 分别为与 $\boldsymbol{A}$，$\boldsymbol{B}$ 同阶的方阵，则应有

$$D^{-1}D=\begin{pmatrix}X & Z\\ W & Y\end{pmatrix}\begin{pmatrix}A & C\\ 0 & B\end{pmatrix}=E,$$

即
$$\begin{pmatrix}XA & XC+ZB\\ WA & WC+YB\end{pmatrix}=\begin{pmatrix}E_r & 0\\ 0 & E_k\end{pmatrix}.$$

于是得

$$XA=E_r, \tag{4.1}$$

$$WA=0, \tag{4.2}$$

$$XC+ZB=0, \tag{4.3}$$

$$WC+YB=E_k. \tag{4.4}$$

因为A可逆，用A^{-1}右乘式（4.1）与式（4.2），可得

$$XAA^{-1}=A^{-1},\ WAA^{-1}=0,$$

即
$$X=A^{-1},\ W=0.$$

将$X=A^{-1}$代入式（4.3），有

$$A^{-1}C=-ZB.$$

因为B可逆，用B^{-1}右乘上式，得

$$A^{-1}CB^{-1}=-Z\quad 即\quad Z=-A^{-1}CB^{-1}.$$

将$W=0$代入式（4.4），有$YB=E_k$. 再用B^{-1}右乘上式，得

$$Y=E_kB^{-1}=B^{-1},$$

于是求得

$$D^{-1}=\begin{pmatrix}A^{-1} & -A^{-1}CB^{-1}\\ 0 & B^{-1}\end{pmatrix}.$$

容易验证$DD^{-1}=D^{-1}D=E$.

§2.5 矩阵的初等变换

矩阵的初等变换是矩阵的一种最基本的运算之一，它分为初等行变换与初等列变换. 它在求解线性方程组、求矩阵的逆、判定向量组相关性及矩阵理论的研究中都起到非常重要的作用. 大家熟知，行列式中行变换与列变换的地位是一样的，但是对于矩阵来说，初等行变换与初等列变换有时对同一矩阵性质的影响却差别很大. 因此，在今后学习这些知识时，我们尤其要注意的是初等行变换与初等列变换的应用范围，千万不能混淆.

本节要求重点掌握矩阵初等变换、行阶梯形矩阵、行最简形矩阵等概念. 可以毫不夸张地说，本节将是解决很多线性代数问题的最基本的知识. 请大家要予以足够的重视.

一、矩阵的初等变换与矩阵等价

定义 5.1　下面三种变换称为矩阵的初等行变换：

(1) 换行　对调任意两行(对调第 i,j 两行，记作 $r_i \leftrightarrow r_j$)；

(2) 倍行　数 $k \neq 0$ 乘以某一行中的所有元素(第 i 行乘 k，记为 kr_i)；

(3) 倍行加　把某一行所有元素的 k 倍加到另一行对应的元素上去(第 j 行的 k 倍加到第 i 行上，记为 $r_i + kr_j$).

注　(1) 为了简洁表示矩阵的初等行变换，我们约定：

$r_i \leftrightarrow r_j$ 表示矩阵中第 i 行所有元素与第 j 行对应元素互换；

kr_i 表示矩阵中第 i 行所有元素的 k 倍，其中 $k \neq 0$；

$r_i + kr_j$ 表示矩阵中第 j 行所有元素的 k 倍加至第 i 行对应元素上.

(2) 把定义中的“行”换成“列”，即得矩阵的初等列变换的定义．相应地，需要把上述所有记号中的 r 换成 c 即可．矩阵的初等行变换和初等列变换，统称为初等变换.

(3) 三种初等变换都是可逆的，且其逆变换是同一类型的初等变换．变换 $r_i \leftrightarrow r_j$ 的逆变换就是其本身；变换 $r_i \times k$ 的逆变换为 $r_i \times \dfrac{1}{k}$；变换 $r_i + kr_j$ 的逆变换为 $r_i + (-k)r_j$ (或记作 $r_i - kr_j$).

(4) 注意矩阵的初等变换与行列式的性质运算从定义到记号虽然十分相似，但又根本不同，千万不能混淆．再次强调：经行列式运算得到的行列式与原行列式是相等的，但经初等变换得到的矩阵与变换前的矩阵千万不能用等号连接，它们是不相等的，我们称它们是等价．

定义 5.2　若矩阵 $\boldsymbol{A}$ 经过有限次初等变换化为矩阵 $\boldsymbol{B}$，则称矩阵 $\boldsymbol{A}$ 与 $\boldsymbol{B}$ 等价，记作 $\boldsymbol{A} \sim \boldsymbol{B}$.

矩阵之间的等价关系具有下列性质：

(1) 反身性：$\boldsymbol{A} \sim \boldsymbol{A}$；

(2) 对称性：若 $\boldsymbol{A} \sim \boldsymbol{B}$，则 $\boldsymbol{B} \sim \boldsymbol{A}$；

(3) 传递性：若 $\boldsymbol{A} \sim \boldsymbol{B}$，$\boldsymbol{B} \sim \boldsymbol{C}$，则 $\boldsymbol{A} \sim \boldsymbol{C}$.

二、行阶梯形矩阵与行最简形矩阵

定义 5.3　满足下面条件的矩阵称为行阶梯形矩阵：

(1) 零行（如果存在的话）位于所有非零行的下方；

(2) 从上至下，非零行的首位非零元（每行第一个不为零的元素）的列标依次严格递增；

(3) 首位非零元的下方元素全为零.

例如，矩阵

$$\boldsymbol{A} = \begin{pmatrix} 1 & 0 & 2 & 1 & 4 \\ 0 & 0 & -1 & 0 & 1 \\ 0 & 0 & 0 & 1 & -3 \\ 0 & 0 & 0 & 0 & 0 \end{pmatrix}$$，为一个行阶梯形矩阵．从上往下，每行的首位非零元

分别为 1,−1,1. 其对应的列标分别为 1,3,4，严格递增.

注　一般地，任何矩阵 $A_{m\times n}$ 总可以通过矩阵初等行变换化为行阶梯形矩阵.

具体步骤为：从第一列开始，在 $A_{m\times n}$ 中找到第一个非零列，利用初等行变换，选好第一行的首位非零元，利用该首位非零元把其以下元素全部化为零．接下来，除去这个首位非零元所在的行与列(包括其前面所有列)的元素，在剩余子块中这样依次做下去，直至处理完最后一个子块或剩下的子块元素全为零.

例 5.1　用矩阵初等行变换化矩阵

$$A=\begin{pmatrix}1&1&-2&1&-4\\4&4&-8&4&-16\\2&-3&1&-1&2\\2&-1&-1&1&2\end{pmatrix}$$

为行阶梯形矩阵.

解　$$A\xrightarrow[r_4-2r_1]{\substack{r_2-4r_1\\r_3-2r_1}}\begin{pmatrix}1&1&-2&1&-4\\0&0&0&0&0\\0&-5&5&-3&10\\0&-3&3&-1&10\end{pmatrix}\xrightarrow{r_2\leftrightarrow r_4}\begin{pmatrix}1&1&-2&1&-4\\0&-3&3&-1&10\\0&-5&5&-3&10\\0&0&0&0&0\end{pmatrix}$$

$$\xrightarrow{r_3-\frac{5}{3}r_2}\begin{pmatrix}1&1&-2&1&-4\\0&-3&3&-1&10\\0&0&0&-\frac{4}{3}&-\frac{20}{3}\\0&0&0&0&0\end{pmatrix}.$$

定义 5.4　满足下面条件的矩阵称为行最简（阶梯）形矩阵：

(1) 它为行阶梯形矩阵；

(2) 首位非零元为 1；

(3) 首位非零元所在列的其他元素全为零.

例如，矩阵

$$\begin{pmatrix}1&0&0&3\\0&1&0&-2\\0&0&1&-4\end{pmatrix},\begin{pmatrix}1&0&1&3\\0&1&-1&-2\\0&0&0&0\end{pmatrix},\begin{pmatrix}0&0&1&3&0\\0&0&0&0&1\\0&0&0&0&0\end{pmatrix}$$ 均为行最简形矩阵.

例 5.2　用矩阵初等行变换化下列矩阵为行阶梯形矩阵，并进一步地化为行最简形矩阵.

(1) $A=\begin{pmatrix}1&1&1&1&1\\3&2&1&1&-3\\0&1&3&2&5\\5&4&3&3&-1\end{pmatrix}$；　　(2) $A=\begin{pmatrix}1&3&1&2&4\\3&4&2&-3&6\\-1&-5&4&1&11\\2&7&1&-6&-5\end{pmatrix}$.

解　(1) $$A\xrightarrow[r_4-5r_1]{r_2-3r_1}\begin{pmatrix}1&1&1&1&1\\0&-1&-2&-2&-6\\0&1&3&2&5\\0&-1&-2&-2&-6\end{pmatrix}\xrightarrow[r_4-r_2]{r_3+r_2}\begin{pmatrix}1&1&1&1&1\\0&-1&-2&-2&-6\\0&0&1&0&-1\\0&0&0&0&0\end{pmatrix}.$$

接下来进一步地化为行最简形矩阵

$$A\to\begin{pmatrix}1&1&1&1&1\\0&-1&-2&-2&-6\\0&0&1&0&-1\\0&0&0&0&0\end{pmatrix}\xrightarrow[r_2+2r_3]{r_1-r_3}\begin{pmatrix}1&1&0&1&2\\0&-1&0&-2&-8\\0&0&1&0&-1\\0&0&0&0&0\end{pmatrix}$$

$$\xrightarrow[-r_2]{r_1+r_2}\begin{pmatrix}1&0&0&-1&-6\\0&1&0&2&8\\0&0&1&0&-1\\0&0&0&0&0\end{pmatrix}.$$

(2) $$A\xrightarrow[\substack{r_3+r_1\\r_4-2r_1}]{r_2-3r_1}\begin{pmatrix}1&3&1&2&4\\0&-5&-1&-9&-6\\0&-2&5&3&15\\0&1&-1&-10&-13\end{pmatrix}\xrightarrow{r_2\leftrightarrow r_4}\begin{pmatrix}1&3&1&2&4\\0&1&-1&-10&-13\\0&-2&5&3&15\\0&-5&-1&-9&-6\end{pmatrix}$$

$$\xrightarrow[r_4+5r_2]{r_3+2r_2}\begin{pmatrix}1&3&1&2&4\\0&1&-1&-10&-13\\0&0&3&-17&-11\\0&0&-6&-59&-71\end{pmatrix}\xrightarrow{r_4+2r_3}\begin{pmatrix}1&3&1&2&4\\0&1&-1&-10&-13\\0&0&3&-17&-11\\0&0&0&-93&-93\end{pmatrix}.$$

接下来进一步地化为行最简形矩阵

$$A\to\begin{pmatrix}1&3&1&2&4\\0&1&-1&-10&-13\\0&0&3&-17&-11\\0&0&0&-93&-93\end{pmatrix}\xrightarrow[\substack{r_2+10r_4\\r_3+17r_4}]{\substack{-\frac{1}{93}r_4\\r_1-2r_4}}\begin{pmatrix}1&3&1&0&2\\0&1&-1&0&-3\\0&0&3&0&6\\0&0&0&1&1\end{pmatrix}$$

$$\xrightarrow[r_2+r_3]{\substack{\frac{1}{3}r_3\\r_1-r_3}}\begin{pmatrix}1&3&0&0&0\\0&1&0&0&-1\\0&0&1&0&2\\0&0&0&1&1\end{pmatrix}\xrightarrow{r_1-3r_2}\begin{pmatrix}1&0&0&0&3\\0&1&0&0&-1\\0&0&1&0&2\\0&0&0&1&1\end{pmatrix}.$$

三、矩阵的标准形

有时候，根据需要，可以对行最简形矩阵施以初等列变换，可化为一种形式更简单的矩阵，常称其标准形矩阵.

例如对例题 5.2 中的（1）所得结果进一步施以初等列变换得

$$A\to\begin{pmatrix}1&0&0&-1&-6\\0&1&0&2&8\\0&0&1&0&-1\\0&0&0&0&0\end{pmatrix}\xrightarrow[c_5+6c_1-8c_2+c_3]{c_4+c_1-2c_2}\begin{pmatrix}1&0&0&0&0\\0&1&0&0&0\\0&0&1&0&0\\0&0&0&0&0\end{pmatrix}=F,$$

矩阵 F 称为矩阵 A 的等价标准形，其特点是：F 的左上角是一个单位矩阵，其余元素全为 0.

定理 5.1　对于 $m\times n$ 矩阵 A，总可经过初等变换(行变换和列变换)把它化为标准形

$$F=\begin{pmatrix}E_r&0\\0&0\end{pmatrix}_{m\times n},$$

此标准形由 m,n,r 三个数完全确定，其中 r 就是行阶梯形矩阵中非零行的行数.

证明 不失一般性设 $\boldsymbol{A}=\begin{pmatrix} a_{11} & a_{12} & \cdots & a_{1n} \\ a_{21} & a_{22} & \cdots & a_{2n} \\ \vdots & \vdots & \vdots & \vdots \\ a_{m1} & a_{m2} & \cdots & a_{mn} \end{pmatrix}$，则

如果所有的 a_{ij} 都等于零，则 $\boldsymbol{A}$ 已具有 $\boldsymbol{F}$ 的形式(此时，显然 $r=0$).

如果矩阵 $\boldsymbol{A}$ 至少有一个元素不等于零，不妨假设 $a_{11}\neq 0$（如 $a_{11}=0$，可以对矩阵进行第(1)种初等变换，使左上角元素不等于零). 用 $-\frac{a_{i1}}{a_{11}}$ 乘第一行加于第 i 行上($i=2,\cdots,m$)，用 $-\frac{a_{1j}}{a_{11}}$ 乘所得矩阵的第一列加至其第 j 列上($j=2,\cdots,n$)，然后以 $\frac{1}{a_{11}}$ 乘第一行，于是矩阵 $\boldsymbol{A}$ 最终可化为

$$\boldsymbol{B}=\begin{pmatrix} 1 & 0 & \cdots & 0 \\ 0 & a'_{22} & \cdots & a'_{2n} \\ \vdots & \vdots & \vdots & \vdots \\ 0 & a'_{m2} & \cdots & a'_{mn} \end{pmatrix}=\begin{pmatrix} 1 & \boldsymbol{0} \\ \boldsymbol{0} & \boldsymbol{C} \end{pmatrix}.$$

如果 $\boldsymbol{C}=\boldsymbol{0}$，则 $\boldsymbol{A}$ 已化为 $\boldsymbol{F}$ 的形式，如果 $\boldsymbol{C}\neq\boldsymbol{0}$，那么，按上面的方法继续下去，最后总可以化为 $\boldsymbol{F}$ 的形式.

证毕

注 由定理 5.1，任一个矩阵都有标准形，且若行阶梯形的非零行的行数 r 是唯一的话，其标准形是唯一的.

推论 5.1 如果 $\boldsymbol{A}$ 为 n 阶可逆矩阵，则矩阵 $\boldsymbol{A}$ 经过有限次初等变换可化为单位矩阵 E，即 $\boldsymbol{A}\sim\boldsymbol{E}$.

例 5.3 求矩阵

$$\boldsymbol{A}=\begin{pmatrix} 2 & 1 & 2 & 3 \\ 4 & 1 & 3 & 5 \\ 2 & 0 & 1 & 2 \end{pmatrix}$$

的标准形.

解 $\boldsymbol{A}\xrightarrow[r_3-r_1]{r_2-2r_1}\begin{pmatrix} 2 & 1 & 2 & 3 \\ 0 & -1 & -1 & -1 \\ 0 & -1 & -1 & -1 \end{pmatrix}\xrightarrow[c_4-\frac{3}{2}c_1]{c_2-\frac{1}{2}c_1,\ c_3-c_1}\begin{pmatrix} 2 & 0 & 0 & 0 \\ 0 & -1 & -1 & -1 \\ 0 & -1 & -1 & -1 \end{pmatrix}$

$\xrightarrow{r_3-r_2}\begin{pmatrix} 1 & 0 & 0 & 0 \\ 0 & -1 & -1 & -1 \\ 0 & 0 & 0 & 0 \end{pmatrix}\xrightarrow[c_4-c_2]{c_3-c_2}\begin{pmatrix} 1 & 0 & 0 & 0 \\ 0 & -1 & 0 & 0 \\ 0 & 0 & 0 & 0 \end{pmatrix}\xrightarrow{-r_2}\begin{pmatrix} 1 & 0 & 0 & 0 \\ 0 & 1 & 0 & 0 \\ 0 & 0 & 0 & 0 \end{pmatrix}.$

四、初等矩阵

定义 5.5 对单位矩阵 $\boldsymbol{E}$ 进行一次初等变换后得到的矩阵，称为初等矩阵.

结合矩阵的初等变换知识，可以得到初等矩阵有下列三类：

(1) 第一类初等矩阵

$\boldsymbol{E}$ 的第 i 行与第 j 行交换（即 $r_i\leftrightarrow r_j$）或者第 i 列与第 j 列交换（即 $c_i\leftrightarrow c_j$）得到的

矩阵：

$$\boldsymbol{E}(i,j)=\begin{pmatrix}1&&&&&&&\\&\ddots&&&&&&\\&&0&&\cdots&1&&\\&&&1&&&&\\&&\vdots&&\ddots&\vdots&&\\&&&&1&&&\\&&1&&\cdots&0&&\\&&&&&&\ddots&\\&&&&&&&1\end{pmatrix}\begin{matrix}\\\\i\text{ 行}\\\\\\\\j\text{ 行}\\\\\\\end{matrix}.$$

$\qquad\qquad\qquad\qquad i$ 列 $\qquad\qquad j$ 列

（2）第二类初等矩阵

$\boldsymbol{E}$ 的第 i 行元素的 $k\neq0$ 倍（即 kr_i）或者第 i 列元素的 $k\neq0$ 倍（即 kc_i）得到的矩阵：

$$\boldsymbol{E}(i(k))=\begin{pmatrix}1&&&&\\&\ddots&&&\\&&k&&\\&&&\ddots&\\&&&&1\end{pmatrix}i\text{ 行}.$$

$\qquad\qquad\qquad\qquad i$ 列

（3）第三类初等矩阵

$\boldsymbol{E}$ 的第 j 行元素的 k 倍加至第 i 行上（即 r_i+kr_j）或者第 i 列元素的 k 倍加至第 j 列上（即 c_j+kc_i）得到的矩阵：

$$\boldsymbol{E}(i,j(k))=\begin{pmatrix}1&&&&&&\\&\ddots&&&&&\\&&1&\cdots&k&&\\&&&\ddots&\vdots&&\\&&&&1&&\\&&&&&\ddots&\\&&&&&&1\end{pmatrix}\begin{matrix}\\\\i\text{ 行}\\\\j\text{ 行}\\\\\\\end{matrix}.$$

$\qquad\qquad\qquad\qquad i$ 列 $\qquad j$ 列

不难验证，初等矩阵具有下列性质：

性质 5.1　初等矩阵的行列式都不为零，并且

$$\det\boldsymbol{E}(i,j)=-1,\det\boldsymbol{E}(i(k))=k\neq0,\det\boldsymbol{E}(i,j(k))=1.$$

性质 5.2　初等矩阵均为可逆矩阵，并且其逆矩阵仍是与之同类型的初等矩阵.

$$\boldsymbol{E}(i,j)^{-1}=\boldsymbol{E}(i,j),\boldsymbol{E}(i(k))^{-1}=\boldsymbol{E}\left(i\left(\frac{1}{k}\right)\right),\boldsymbol{E}(i,j(k))^{-1}=\boldsymbol{E}(i,j(-k)).$$

性质 5.3　初等矩阵的转置仍为初等矩阵，并且

$$\boldsymbol{E}(i,j)^{\mathrm{T}}=\boldsymbol{E}(i,j),\boldsymbol{E}(i(k))^{\mathrm{T}}=\boldsymbol{E}(i(k)),\boldsymbol{E}(i,j(k))^{\mathrm{T}}=\boldsymbol{E}(j,i(k)).$$

定理 5.2 设 $\boldsymbol{A}_{m\times n}=(a_{ij})_{m\times n}$，则 $\boldsymbol{A}$ 经过一次初等行变换得到的矩阵，等于用相应的 m 阶初等矩阵左乘 $\boldsymbol{A}$；$\boldsymbol{A}$ 经过一次初等列变换得到的矩阵，等于用相应的 n 阶初等矩阵右乘 $\boldsymbol{A}$. 该定理简称"行左列右乘".

证明 现在证明交换 $\boldsymbol{A}$ 的第 i 行与第 j 行等于用 $\boldsymbol{E}_m(i,j)$ 左乘 $\boldsymbol{A}$. 将 $\boldsymbol{A}_{m\times n}$ 与 $\boldsymbol{E}_m$ 表示为

$$\boldsymbol{A}^{\mathrm{T}}=(\boldsymbol{A}_1\ \boldsymbol{A}_2\cdots\ \boldsymbol{A}_i\cdots\ \boldsymbol{A}_j\cdots\ \boldsymbol{A}_m),$$
$$\boldsymbol{E}^{\mathrm{T}}=(\boldsymbol{\varepsilon}_1\ \boldsymbol{\varepsilon}_2\cdots\ \boldsymbol{\varepsilon}_i\cdots\ \boldsymbol{\varepsilon}_j\cdots\ \boldsymbol{\varepsilon}_m),$$

其中

$$\boldsymbol{A}_k=(a_{k1}\ a_{k2}\cdots\ a_{kn})(k=1,2,\cdots,m),$$
$$\boldsymbol{\varepsilon}_k=(0\ 0\ \cdots\ \underset{k\text{列}}{1}\ \cdots\ 0)(k=1,2,\cdots,m).$$

$$\boldsymbol{E}_m(i,j)\cdot\boldsymbol{A}=\begin{pmatrix}\boldsymbol{\varepsilon}_1\\ \vdots\\ \boldsymbol{\varepsilon}_j\\ \vdots\\ \boldsymbol{\varepsilon}_i\\ \vdots\\ \boldsymbol{\varepsilon}_m\end{pmatrix}\boldsymbol{A}=\begin{pmatrix}\boldsymbol{\varepsilon}_1\boldsymbol{A}\\ \vdots\\ \boldsymbol{\varepsilon}_j\boldsymbol{A}\\ \vdots\\ \boldsymbol{\varepsilon}_i\boldsymbol{A}\\ \vdots\\ \boldsymbol{\varepsilon}_m\boldsymbol{A}\end{pmatrix}=\begin{pmatrix}\boldsymbol{A}_1\\ \vdots\\ \boldsymbol{A}_j\\ \vdots\\ \boldsymbol{A}_i\\ \vdots\\ \boldsymbol{A}_m\end{pmatrix}.$$

由此可见 $\boldsymbol{E}_m(i,j)\boldsymbol{A}$ 恰好等于矩阵第 i 行与第 j 行互相交换得到的矩阵.

用类似的方法可以证明其他各种初等变换为相应的初等矩阵左乘或右乘矩阵 A 的运算. 所以说矩阵的初等变换实际上是矩阵的一种乘法运算.

证毕

注 矩阵 $\boldsymbol{A}=\begin{pmatrix}3&0&1\\1&-1&2\\0&1&1\end{pmatrix}$，而 $\boldsymbol{E}_3(1,2)=\begin{pmatrix}0&1&0\\1&0&0\\0&0&1\end{pmatrix}$，

则 $\boldsymbol{E}_3(1,2)\boldsymbol{A}=\begin{pmatrix}0&1&0\\1&0&0\\0&0&1\end{pmatrix}\begin{pmatrix}3&0&1\\1&-1&2\\0&1&1\end{pmatrix}=\begin{pmatrix}1&-1&2\\3&0&1\\0&1&1\end{pmatrix}$.

推论 5.2 设 $\boldsymbol{A}$ 与 $\boldsymbol{B}$ 为 $m\times n$ 矩阵，则

(1) $\boldsymbol{A}\overset{r}{\sim}\boldsymbol{B}$ 的充分必要条件是存在 m 阶可逆矩阵 $\boldsymbol{P}$，使 $\boldsymbol{PA}=\boldsymbol{B}$.

(2) $\boldsymbol{A}\overset{c}{\sim}\boldsymbol{B}$ 的充分必要条件是存在 n 阶可逆矩阵 $\boldsymbol{Q}$，使 $\boldsymbol{AQ}=\boldsymbol{B}$.

(3) $\boldsymbol{A}\sim\boldsymbol{B}$ 的充分必要条件是存在 m 阶可逆矩阵 $\boldsymbol{P}$ 及 n 阶可逆矩阵 $\boldsymbol{Q}$，使 $\boldsymbol{PAQ}=\boldsymbol{B}$.

注 这个结论凸显初等阵的理论价值，我们用它可建立起来一个等价矩阵的等式表达式，这为今后许多理论问题的研究搭起了一座桥梁. 一些涉及初等变换的问题不容易说清楚，或说起来很啰嗦的，现在可以用等式的建立来进行推导了.

五、初等变换求逆矩阵

定理 5.3 n 阶矩阵 $\boldsymbol{A}$ 为可逆矩阵的充分必要条件是它可以表成一些初等矩阵的

乘积.

证明　先证必要性：

若 $\boldsymbol{A}$ 可逆，则经过若干次初等变换可化为 $\boldsymbol{E}$，那就是说，存在矩阵 $\boldsymbol{P}_1,\cdots,\boldsymbol{P}_s$，$\boldsymbol{Q}_1,\cdots,\boldsymbol{Q}_t$，使

$$\boldsymbol{E}=\boldsymbol{P}_1\cdots\boldsymbol{P}_s\boldsymbol{A}\boldsymbol{Q}_1\cdots\boldsymbol{Q}_t.$$

记 $\boldsymbol{P}=\boldsymbol{P}_1\cdots\boldsymbol{P}_s$，$\boldsymbol{Q}=\boldsymbol{Q}_1\cdots\boldsymbol{Q}_t$，则 $\boldsymbol{A}=\boldsymbol{P}^{-1}\boldsymbol{E}\boldsymbol{Q}^{-1}=\boldsymbol{P}_s^{-1}\cdots\boldsymbol{P}_1^{-1}\boldsymbol{Q}_t^{-1}\cdots\boldsymbol{Q}_1^{-1}$.
即矩阵 $\boldsymbol{A}$ 可以表成一些初等矩阵的乘积.

反之，因为初等矩阵可逆，由逆矩阵的性质知充分条件是显然的.　　证毕

推论 5.3　n 阶方阵 $\boldsymbol{A}$ 可逆的充分必要条件是 $\boldsymbol{A}$ 的标准形为单位矩阵 $\boldsymbol{E}$.

由定理 5.3 得到了矩阵求逆的一种简便有效的方法——初等变换求逆法.

若 $\boldsymbol{A}$ 可逆，则 $\boldsymbol{A}^{-1}$ 可表示为有限个初等矩阵乘积，即 $\boldsymbol{A}^{-1}=\boldsymbol{P}_1\boldsymbol{P}_2\cdots\boldsymbol{P}_k$，由 $\boldsymbol{A}^{-1}\boldsymbol{A}=\boldsymbol{E}$，就有

$$(\boldsymbol{P}_1\boldsymbol{P}_2\cdots\boldsymbol{P}_k)\boldsymbol{A}=\boldsymbol{E},$$

$$(\boldsymbol{P}_1\boldsymbol{P}_2\cdots\boldsymbol{P}_k)\boldsymbol{E}=\boldsymbol{A}^{-1}.$$

上面第一个式子表示 $\boldsymbol{A}$ 经若干次初等行变换化为 $\boldsymbol{E}$，第二个式子表示 $\boldsymbol{E}$ 经同样的初等行变换化为 $\boldsymbol{A}^{-1}$. 即

$$(\boldsymbol{P}_1\boldsymbol{P}_2\cdots\boldsymbol{P}_k)(\boldsymbol{A},\boldsymbol{E})=(\boldsymbol{E},\boldsymbol{A}^{-1}).$$

这表明，在求 $\boldsymbol{A}$ 的逆矩阵时，我们只要对 $n\times 2n$ 的矩阵 $(\boldsymbol{A},\boldsymbol{E})$ 进行初等行变换，当将 $\boldsymbol{A}$ 可以化为 $\boldsymbol{E}$ 时，则 $\boldsymbol{E}$ 同时亦化为 $\boldsymbol{A}^{-1}$. 结合推论 5.3 可知，只要 $\boldsymbol{A}$ 在作初等行变换的过程中出现一行（列）的元素为零，则 $\boldsymbol{A}$ 不可逆.

类似地，对 $2n\times n$ 矩阵 $\begin{pmatrix}\boldsymbol{A}\\\boldsymbol{E}\end{pmatrix}$ 进行初等列变换，化为 $\begin{pmatrix}\boldsymbol{E}\\\boldsymbol{A}^{-1}\end{pmatrix}$ 时，即将 $\boldsymbol{A}$ 化为 $\boldsymbol{E}$ 的同时也将 $\boldsymbol{E}$ 化为 $\boldsymbol{A}^{-1}$.

例 5.4　判断下列矩阵是否可逆，若可逆，求其逆矩阵.

(1) $\boldsymbol{A}=\begin{pmatrix}4&1&-2\\2&2&1\\3&1&-1\end{pmatrix}$；　　(2) $\boldsymbol{A}=\begin{pmatrix}1&-1&2\\2&-3&2\\-3&4&-3\end{pmatrix}$.

解　对矩阵 $(\boldsymbol{A},\boldsymbol{E})$ 施以初等行变换

$$(\boldsymbol{A},\boldsymbol{E})=\begin{pmatrix}4&1&-2&1&0&0\\2&2&1&0&1&0\\3&1&-1&0&0&1\end{pmatrix}\xrightarrow{r_1-r_3}\begin{pmatrix}1&0&-1&1&0&-1\\2&2&1&0&1&0\\3&1&-1&0&0&1\end{pmatrix}$$

$$\xrightarrow[r_3-3r_1]{r_2-2r_1}\begin{pmatrix}1&0&-1&1&0&-1\\0&2&3&-2&1&2\\0&1&2&-3&0&4\end{pmatrix}\xrightarrow[r_3-r_2]{r_2-r_3}\begin{pmatrix}1&0&-1&1&0&-1\\0&1&1&1&1&-2\\0&0&1&-4&-1&6\end{pmatrix}$$

$$\xrightarrow[r_1+r_3]{r_2-r_3}\begin{pmatrix}1&0&0&-3&-1&5\\0&1&0&5&2&-8\\0&0&1&-4&-1&6\end{pmatrix}.$$

从而A可逆，且 $A^{-1}=\begin{pmatrix}-3 & -1 & 5\\ 5 & 2 & -8\\ -4 & -1 & 6\end{pmatrix}$.

（2）对矩阵(A,E)施以初等行变换

$$(A,E)=\begin{pmatrix}1 & -1 & 2 & 1 & 0 & 0\\ 2 & -3 & 2 & 0 & 1 & 0\\ -3 & 4 & -3 & 0 & 0 & 1\end{pmatrix}\xrightarrow[r_3+3r_1]{r_2-2r_1}\begin{pmatrix}1 & -1 & 2 & 1 & 0 & 0\\ 0 & -1 & -2 & -2 & 1 & 0\\ 0 & 1 & 3 & 3 & 0 & 1\end{pmatrix}$$

$$\xrightarrow{r_3+r_2}\begin{pmatrix}1 & -1 & 2 & 1 & 0 & 0\\ 0 & -1 & -2 & -2 & 1 & 0\\ 0 & 0 & 1 & 1 & 1 & 1\end{pmatrix}\xrightarrow[r_1-2r_3]{r_2+2r_3}\begin{pmatrix}1 & -1 & 0 & -1 & -2 & -2\\ 0 & -1 & 0 & 0 & 3 & 2\\ 0 & 0 & 1 & 1 & 1 & 1\end{pmatrix}$$

$$\xrightarrow[r_1+r_2]{-r_2}\begin{pmatrix}1 & 0 & 0 & -1 & -5 & -4\\ 0 & 1 & 0 & 0 & -3 & -2\\ 0 & 0 & 1 & 1 & 1 & 1\end{pmatrix}.$$

从而A可逆，且$A^{-1}=\begin{pmatrix}-1 & -5 & -4\\ 0 & -3 & -2\\ 1 & 1 & 1\end{pmatrix}$.

例 5.5 把可逆矩阵$A=\begin{pmatrix}1 & 2 & 0\\ -1 & 1 & 1\\ 3 & -2 & 0\end{pmatrix}$分解为初等阵的乘积.

解 对A进行如下初等变换

$$\begin{pmatrix}1 & 2 & 0\\ -1 & 1 & 1\\ 3 & -2 & 0\end{pmatrix}\xrightarrow{c_2-2c_1}\begin{pmatrix}1 & 0 & 0\\ -1 & 3 & 1\\ 3 & -8 & 0\end{pmatrix}\xrightarrow{r_2+r_1}\begin{pmatrix}1 & 0 & 0\\ 0 & 3 & 1\\ 3 & -8 & 0\end{pmatrix}\xrightarrow{r_3-3r_1}\begin{pmatrix}1 & 0 & 0\\ 0 & 3 & 1\\ 0 & -8 & 0\end{pmatrix}$$

$$\xrightarrow{c_3\leftrightarrow c_2}\begin{pmatrix}1 & 0 & 0\\ 0 & 1 & 3\\ 0 & 0 & -8\end{pmatrix}\xrightarrow{c_3-3c_2}\begin{pmatrix}1 & 0 & 0\\ 0 & 1 & 0\\ 0 & 0 & -8\end{pmatrix}\xrightarrow{-\frac{1}{8}r_3}\begin{pmatrix}1 & 0 & 0\\ 0 & 1 & 0\\ 0 & 0 & 1\end{pmatrix}.$$

与每次初等变换对应的矩阵分别为

$$P_1=\begin{pmatrix}1 & 0 & 0\\ 1 & 1 & 0\\ 0 & 0 & 1\end{pmatrix},\ P_2=\begin{pmatrix}1 & 0 & 0\\ 0 & 1 & 0\\ -3 & 0 & 1\end{pmatrix},\ P_3=\begin{pmatrix}1 & 0 & 0\\ 0 & 1 & 0\\ 0 & 0 & -\frac{1}{8}\end{pmatrix};$$

$$Q_1=\begin{pmatrix}1 & -2 & 0\\ 0 & 1 & 0\\ 0 & 0 & 1\end{pmatrix},\ Q_2=\begin{pmatrix}1 & 0 & 0\\ 0 & 0 & 1\\ 0 & 1 & 0\end{pmatrix},\ Q_3=\begin{pmatrix}1 & 0 & 0\\ 0 & 1 & -3\\ 0 & 0 & 1\end{pmatrix}.$$

其中P_i（$i=1,2,3$）为行变换的初等矩阵，Q_i（$i=1,2,3$）为列变换的初等矩阵，其逆矩阵分别为

$$P_1^{-1}=\begin{pmatrix}1 & 0 & 0\\ -1 & 1 & 0\\ 0 & 0 & 1\end{pmatrix},\ P_2^{-1}=\begin{pmatrix}1 & 0 & 0\\ 0 & 1 & 0\\ 3 & 0 & 1\end{pmatrix},\ P_3^{-1}=\begin{pmatrix}1 & 0 & 0\\ 0 & 1 & 0\\ 0 & 0 & -8\end{pmatrix};$$

$$Q_1^{-1}=\begin{pmatrix}1&2&0\\0&1&0\\0&0&1\end{pmatrix},\ Q_2^{-1}=\begin{pmatrix}1&0&0\\0&0&1\\0&1&0\end{pmatrix},\ Q_3^{-1}=\begin{pmatrix}1&0&0\\0&1&3\\0&0&1\end{pmatrix}.$$

于是 $\boldsymbol{A}=\boldsymbol{P}_1^{-1}\boldsymbol{P}_2^{-1}\boldsymbol{P}_3^{-1}\boldsymbol{Q}_3^{-1}\boldsymbol{Q}_2^{-1}\boldsymbol{Q}_1^{-1}$

$$=\begin{pmatrix}1&0&0\\-1&1&0\\0&0&1\end{pmatrix}\begin{pmatrix}1&0&0\\0&1&0\\3&0&1\end{pmatrix}\begin{pmatrix}1&0&0\\0&1&0\\0&0&-8\end{pmatrix}\cdot\begin{pmatrix}1&0&0\\0&1&3\\0&0&1\end{pmatrix}\begin{pmatrix}1&0&0\\0&0&1\\0&1&0\end{pmatrix}\begin{pmatrix}1&2&0\\0&1&0\\0&0&1\end{pmatrix}.$$

六、初等变换求解矩阵方程

下面介绍利用矩阵求逆解简单的矩阵方程的方法.

设矩阵方程为

$$\boldsymbol{A}_{n\times n}\boldsymbol{X}_{n\times m}=\boldsymbol{B}_{n\times m},$$

其中 $\boldsymbol{X}_{n\times m}$是未知矩阵，即其元素为未知数.

方法 1　若 $\boldsymbol{A}_{n\times n}$可逆，则在方程两边左乘 $\boldsymbol{A}_{n\times n}^{-1}$就可求得未知矩阵，即

$$\boldsymbol{X}_{n\times m}=\boldsymbol{A}_{n\times n}^{-1}\boldsymbol{B}_{n\times m}.$$

利用这种方法就是先求出 $\boldsymbol{A}_{n\times n}^{-1}$后，再计算乘积 $\boldsymbol{A}_{n\times n}^{-1}\boldsymbol{B}_{n\times m}$.

方法 2　利用初等变换直接求出 $\boldsymbol{A}_{n\times n}^{-1}\boldsymbol{B}_{n\times m}$.

若 $\boldsymbol{A}$ 可逆，由推论 5.3，存在初等矩阵 $\boldsymbol{P}_1,\boldsymbol{P}_2,\cdots,\boldsymbol{P}_k$，使得

$$\boldsymbol{P}_k\cdots\boldsymbol{P}_2\boldsymbol{P}_1\boldsymbol{A}_{n\times n}=\boldsymbol{E},$$

在上式两边右乘 $\boldsymbol{A}_{n\times n}^{-1}\boldsymbol{B}_{n\times m}$，得

$$\boldsymbol{P}_k\cdots\boldsymbol{P}_2\boldsymbol{P}_1\boldsymbol{B}_{n\times m}=\boldsymbol{A}_{n\times n}^{-1}\boldsymbol{B}_{n\times m}.$$

上述两式表明，如果用一系列初等行变换把 $\boldsymbol{A}$ 化为单位矩阵，那么用同样的初等行变换就可把矩阵 $\boldsymbol{B}_{n\times m}$化成$\boldsymbol{A}_{n\times n}^{-1}\boldsymbol{B}_{n\times m}$，即可直接得到所求矩阵方程的解.

由此，我们得到了一个用初等行变换求矩阵方程的解 $\boldsymbol{A}_{n\times n}^{-1}\boldsymbol{B}_{n\times m}$的方法：

作矩阵（$\boldsymbol{A}$，$\boldsymbol{B}$），对此矩阵作初等行变换，使左边子块 $\boldsymbol{A}$ 化为 $\boldsymbol{E}$，这时右边的子块就化成了 $\boldsymbol{A}^{-1}\boldsymbol{B}$. 即

$$(\boldsymbol{A},\ \boldsymbol{B})\xrightarrow{\text{初等行变换}}(\boldsymbol{E},\ \boldsymbol{A}^{-1}\boldsymbol{B}).$$

注　类似地，当 $\boldsymbol{C}_{m\times m}$可逆时，可得利用矩阵初等列变换求矩阵方程 $\boldsymbol{X}_{n\times m}\boldsymbol{C}_{m\times m}=\boldsymbol{D}_{n\times m}$的解的方法．$\begin{pmatrix}\boldsymbol{C}\\\boldsymbol{D}\end{pmatrix}\xrightarrow{\text{初等列变换}}\begin{pmatrix}\boldsymbol{E}\\\boldsymbol{DC}^{-1}\end{pmatrix}$，此时 $\boldsymbol{X}=\boldsymbol{DC}^{-1}$就是矩阵方程 $\boldsymbol{X}_{n\times m}\boldsymbol{C}_{m\times m}=\boldsymbol{D}_{n\times m}$的解.

例 5.6　求矩阵方程 $\boldsymbol{AX}=\boldsymbol{B}$ 的解，其中 $\boldsymbol{A}=\begin{pmatrix}1&-3&-1\\2&-5&-5\\-1&2&3\end{pmatrix}$，$\boldsymbol{B}=\begin{pmatrix}2&4\\1&-1\\3&1\end{pmatrix}$.

解　方法 1　因为

$$(\boldsymbol{A},\ \boldsymbol{E})=\begin{pmatrix}1&-3&-1&1&0&0\\2&-5&-5&0&1&0\\-1&2&3&0&0&1\end{pmatrix}\xrightarrow[r_3+r_1]{r_2-2r_1}\begin{pmatrix}1&-3&-1&1&0&0\\0&1&-3&-2&1&0\\0&-1&2&1&0&1\end{pmatrix}$$

$$\xrightarrow{r_3+r_2}\begin{pmatrix}1&-3&-1&1&0&0\\0&1&-3&-2&1&0\\0&0&-1&-1&1&1\end{pmatrix}\xrightarrow[r_1+r_3]{\substack{-r_3\\r_2+3r_3}}\begin{pmatrix}1&-3&0&2&-1&-1\\0&1&0&1&-2&-3\\0&0&1&1&-1&-1\end{pmatrix}$$

$$\xrightarrow{r_1+3r_2}\begin{pmatrix}1&0&0&5&-7&-10\\0&1&0&1&-2&-3\\0&0&1&1&-1&-1\end{pmatrix},$$

故 A 可逆且 $A^{-1}=\begin{pmatrix}5&-7&-10\\1&-2&-3\\1&-1&-1\end{pmatrix}$.

所以
$$X=A^{-1}B=\begin{pmatrix}5&-7&-10\\1&-2&-3\\1&-1&-1\end{pmatrix}\begin{pmatrix}2&4\\1&-1\\3&1\end{pmatrix}=\begin{pmatrix}-27&17\\-9&3\\-2&4\end{pmatrix}.$$

方法 2

$$(A, B)=\begin{pmatrix}1&-3&-1&2&4\\2&-5&-5&1&-1\\-1&2&3&3&1\end{pmatrix}\xrightarrow[r_3+r_1]{r_2-2r_1}\begin{pmatrix}1&-3&-1&2&4\\0&1&-3&-3&-9\\0&-1&2&5&5\end{pmatrix}$$

$$\xrightarrow{r_3+r_2}\begin{pmatrix}1&-3&-1&2&4\\0&1&-3&-3&-9\\0&0&-1&2&-4\end{pmatrix}\xrightarrow[r_1+r_3]{\substack{-r_3\\r_2+3r_3}}\begin{pmatrix}1&-3&0&0&8\\0&1&0&-9&3\\0&0&1&-2&4\end{pmatrix}$$

$$\xrightarrow{r_1+3r_2}\begin{pmatrix}1&0&0&-27&17\\0&1&0&-9&3\\0&0&1&-2&4\end{pmatrix}.$$

得矩阵方程的解 $X=A^{-1}B=\begin{pmatrix}-27&17\\-9&3\\-2&4\end{pmatrix}$.

§ 2.6 矩阵的秩

矩阵的秩是线性代数中的又一个重要概念，它描述了矩阵的一个重要的数值特征. 它在探讨线性方程组的解与向量的线性相关性等方面都起着重要的应用.

本节要求重点掌握矩阵的秩的概念与性质，会求矩阵的秩.

对于给定的 $m\times n$ 矩阵 A，它的标准形

$$F=\begin{pmatrix}E_r&0\\0&0\end{pmatrix}_{m\times n}.$$

由数 r 完全确定. 这个数也就是 A 的行阶梯形中非零行的行数，这个数便是矩阵 A 的秩. 但由于这个数的唯一性尚未证明，因此下面用另一种说法给出矩阵秩的概念.

一、矩阵的秩的概念

定义 6.1　设 $\boldsymbol{A}$ 为 $m\times n$ 矩阵，在 $\boldsymbol{A}$ 中任取 k 行 k 列（$k\leqslant m$，$k\leqslant n$），位于这些行列交叉处的 k^2 个元素保持原来的相对位置次序而得的 k 阶行列式，称为矩阵 $\boldsymbol{A}$ 的一个 k 阶子式．其中 $k=\min\{m,n\}$ 称为矩阵 $\boldsymbol{A}$ 的最高阶子式的阶数.

注　(1) 例如

$$\boldsymbol{A}=\begin{pmatrix}1 & -1 & 2 & 4\\ -1 & 0 & 1 & -2\\ 0 & 1 & -1 & 5\end{pmatrix},$$

选取矩阵 $\boldsymbol{A}$ 的第一、三行，第二、四列相交处的元素所构成的二阶子式为 $\begin{vmatrix}-1 & 4\\ 1 & 5\end{vmatrix}$.

同时易知，矩阵 $\boldsymbol{A}$ 的最高阶子式的阶数为 3.

(2) $m\times n$ 矩阵 $\boldsymbol{A}$ 的 k 阶子式共有 $C_m^k\cdot C_n^k$ 个.

定义 6.2　矩阵 $\boldsymbol{A}_{m\times n}$ 中不为零子式的最高阶数 r 称为矩阵 $\boldsymbol{A}$ 的秩，记作 $R(\boldsymbol{A})=r$. 即存在某个 r 阶子式 D 不为零，且所有的 $r+1$ 阶以上的子式（如果存在的话）全等于零，则称 D 为矩阵 $\boldsymbol{A}$ 的最高阶非零子式.

注　(1) ① 规定零矩阵的秩等于 0.

② $0\leqslant R(\boldsymbol{A})\leqslant\min\{m,n\}$.

(2) 对于 n 阶方阵 $\boldsymbol{A}$，由于 $\boldsymbol{A}$ 的 n 阶子式只有一个 $|\boldsymbol{A}|$，故当 $|\boldsymbol{A}|\neq 0$ 时 $R(\boldsymbol{A})=n$，当 $|\boldsymbol{A}|=0$ 时 $R(\boldsymbol{A})<n$. 由此可见可逆矩阵的秩等于矩阵的阶数，不可逆矩阵的秩小于矩阵的阶数．因此，可逆矩阵又称满秩矩阵，不可逆矩阵又称降秩矩阵.

(3) 当矩阵的行、列数都较高时，用定义求秩是困难的，定义主要具有理论价值.

(4) 如 $\boldsymbol{A}=\begin{pmatrix}2 & -3 & 4 & 0\\ 0 & 0 & -3 & 1\\ 0 & 0 & 0 & 0\end{pmatrix}$，则 $R(\boldsymbol{A})=2$.

显然该矩阵秩较好求是因为它是一个行阶梯形阵．不难看出行阶梯形阵的最高阶非零子式就是其非零行的第一个非零数所在的行与列所构成的子式．即行阶梯形阵的秩就等于其非零的行数.

二、初等变换求矩阵的秩

当矩阵的行数和列数较高时，按定义求秩是不明智的．但是由于行阶梯形矩阵的秩就等于其非零行的行数，而任何一个矩阵都可以通过矩阵初等变换化为行阶梯形矩阵．因此用初等变换求矩阵的秩是否可行？下面的定理对此作出了肯定的回答.

定理 6.1　矩阵的初等变换不改变矩阵的秩.

即：若 $\boldsymbol{A}\sim\boldsymbol{B}$，则 $R(\boldsymbol{A})=R(\boldsymbol{B})$.

证明　即证矩阵 $\boldsymbol{A}$ 经有限次初等变换化为矩阵 $\boldsymbol{B}$，有 $R(\boldsymbol{A})=R(\boldsymbol{B})$. 我们只须证明：$\boldsymbol{A}$ 经一次初等变换化为 $\boldsymbol{B}$，有 $R(\boldsymbol{A})=R(\boldsymbol{B})$.

接下来以矩阵初等行变换为例，矩阵初等列变换类似可以证明.

设 $R(\boldsymbol{A})=r$，且 $\boldsymbol{A}$ 的某个 r 阶子式 $D\neq 0$.

当 $\boldsymbol{A}\xrightarrow{r_i\leftrightarrow r_j}\boldsymbol{B}$ 或 $\boldsymbol{A}\xrightarrow{kr_i}\boldsymbol{B}$ 时，在 $\boldsymbol{B}$ 中总能找到与 D 相对应的 r 阶子式 D_1，由于 $D_1=D$ 或 $D_1=-D$ 或 $D_1=kD$，因此 $D_1\neq 0$，从而 $R(\boldsymbol{B})\geqslant r$.

当 $\boldsymbol{A}\xrightarrow{r_i+kr_j}\boldsymbol{B}$ 时，因为对于作变换 $r_i\leftrightarrow r_j$ 时结论成立，所以只需考虑 $\boldsymbol{A}\xrightarrow{r_1+kr_2}\boldsymbol{B}$ 这一特殊情形. 分两种情形讨论：

(1) $\boldsymbol{A}$ 的 r 阶非零子式 D 不包含 $\boldsymbol{A}$ 的第 1 行，这时 D 也是 $\boldsymbol{B}$ 的 r 阶非零子式，故$R(\boldsymbol{B})\geqslant r$；

(2) D 包含 $\boldsymbol{A}$ 的第 1 行，这时把 $\boldsymbol{B}$ 中与 D 对应的 r 阶子式 D_1 记作

$$D_1=\begin{vmatrix} r_1+kr_2 \\ \vdots \\ r_p \\ \vdots \\ r_q \end{vmatrix}=\begin{vmatrix} r_1 \\ \vdots \\ r_p \\ \vdots \\ r_q \end{vmatrix}+k\begin{vmatrix} r_2 \\ \vdots \\ r_p \\ \vdots \\ r_q \end{vmatrix}=D+kD_2.$$

若 $p=2$，则 $D_1=D\neq 0$；若 $p\neq 2$，则 D_2 也是 $\boldsymbol{B}$ 的 r 阶子式，由 $D_1-kD_2=D\neq 0$，知 D_1 与 D_2 不同时为 0. 总之，$\boldsymbol{B}$ 中存在 r 阶非零子式 $D_1\neq 0$ 或 $D_2\neq 0$，故 $R(\boldsymbol{B})\geqslant r$.

因此，$\boldsymbol{A}$ 经一次初等行变换化为 $\boldsymbol{B}$，有 $R(\boldsymbol{A})\leqslant R(\boldsymbol{B})$. 由于 $\boldsymbol{B}$ 亦可经一次初等行变换化为 $\boldsymbol{A}$，故也有 $R(\boldsymbol{A})\geqslant R(\boldsymbol{B})$. 因此 $R(\boldsymbol{A})=R(\boldsymbol{B})$.

设 $\boldsymbol{A}$ 经初等列变换化为 $\boldsymbol{B}$，则 $\boldsymbol{A}^{\mathrm{T}}$ 经初等行变换化为 $\boldsymbol{B}^{\mathrm{T}}$，同理可知 $R(\boldsymbol{A}^{\mathrm{T}})=R(\boldsymbol{B}^{\mathrm{T}})$，又 $R(\boldsymbol{A})=R(\boldsymbol{A}^{\mathrm{T}})$，$R(\boldsymbol{B})=R(\boldsymbol{B}^{\mathrm{T}})$，因此 $R(\boldsymbol{A})=R(\boldsymbol{B})$.

上述过程证明了 $\boldsymbol{A}$ 经一次初等变换化为 $\boldsymbol{B}$，有 $R(\boldsymbol{A})=R(\boldsymbol{B})$，即经过一次初等变换矩阵的秩不变，故经过有限次初等变换矩阵的秩仍不变，即若 $\boldsymbol{A}$ 经有限次初等变换化为 $\boldsymbol{B}$，则 $R(\boldsymbol{A})=R(\boldsymbol{B})$.

证毕

推论 6.1 若 $\boldsymbol{A}$ 是 $m\times n$ 矩阵，$\boldsymbol{P}$ 是 m 阶可逆矩阵，$\boldsymbol{Q}$ 是 n 阶可逆矩阵，则 $R(\boldsymbol{A})=R(\boldsymbol{PA})=R(\boldsymbol{AQ})=R(\boldsymbol{PAQ})$.

根据定理 6.1，求矩阵的秩的问题就转化为用初等行变换化矩阵为行阶梯形矩阵的问题，得到的行阶梯形矩阵中非零行的行数即是该矩阵的秩.

例 6.1 设$\boldsymbol{A}=\begin{pmatrix} 1 & 6 & -4 & -1 & 4 \\ 3 & 14 & -9 & -2 & 11 \\ 2 & 0 & 1 & 5 & -3 \\ 3 & 2 & 0 & 5 & 0 \end{pmatrix}$，求 $\boldsymbol{A}$ 的秩，并求 $\boldsymbol{A}$ 的一个最高阶非零子式.

解 由于

$$\boldsymbol{A}\xrightarrow[r_4-3r_1]{\substack{r_2-3r_1\\ r_3-2r_1}}\begin{pmatrix} 1 & 6 & -4 & -1 & 4 \\ 0 & -4 & 3 & 1 & -1 \\ 0 & -12 & 9 & 7 & -11 \\ 0 & -16 & 12 & 8 & -12 \end{pmatrix}\xrightarrow[r_4-4r_2]{r_3-3r_2}\begin{pmatrix} 1 & 6 & -4 & -1 & 4 \\ 0 & -4 & 3 & 1 & -1 \\ 0 & 0 & 0 & 4 & -8 \\ 0 & 0 & 0 & 4 & -8 \end{pmatrix}$$

$$\xrightarrow{r_4-r_3}\begin{pmatrix} 1 & 6 & -4 & -1 & 4 \\ 0 & -4 & 3 & 1 & -1 \\ 0 & 0 & 0 & 4 & -8 \\ 0 & 0 & 0 & 0 & 0 \end{pmatrix},$$

所以 $R(\boldsymbol{A})=3$. $\boldsymbol{A}$ 的一个最高阶非零子式可以取为

$$\begin{vmatrix}1&6&-1\\3&14&-2\\2&0&5\end{vmatrix}=\begin{vmatrix}1&6&-1\\0&-4&1\\0&-12&7\end{vmatrix}=\begin{vmatrix}-4&1\\-12&7\end{vmatrix}=-16\neq0.$$

例 6.2　设 $\boldsymbol{A}=\begin{pmatrix}1&-2&2&-1\\2&-4&8&0\\-2&4&-2&3\\3&-6&0&-6\end{pmatrix}$，$\boldsymbol{B}=\begin{pmatrix}1\\2\\3\\3\end{pmatrix}$，求矩阵 $\boldsymbol{A}$ 及 $(\boldsymbol{A},\boldsymbol{B})$ 的秩.

解　由于 $(\boldsymbol{A},\boldsymbol{B})\xrightarrow[r_4-3r_1]{\substack{r_2-2r_1\\r_3+2r_1}}\begin{pmatrix}1&-2&2&-1&1\\0&0&4&2&0\\0&0&2&1&5\\0&0&-6&-3&0\end{pmatrix}\xrightarrow{\substack{r_3-\frac{1}{2}r_2\\r_4+\frac{3}{2}r_2}}\begin{pmatrix}1&-2&2&-1&1\\0&0&4&2&0\\0&0&0&0&5\\0&0&0&0&0\end{pmatrix}$，

所以 $R(\boldsymbol{A})=2$，$R(\boldsymbol{A},\boldsymbol{B})=3$.

例 6.3　设 $\boldsymbol{A}=\begin{pmatrix}1&2&-2&1\\3&2&a&-1\\5&6&3&b\end{pmatrix}$，已知 $R(\boldsymbol{A})=2$，求 a 与 b 的值.

解　$\boldsymbol{A}\xrightarrow{\substack{r_2-3r_1\\r_3-5r_1}}\begin{pmatrix}1&2&-1&1\\0&-4&a+6&-4\\0&-4&13&b-5\end{pmatrix}\xrightarrow{r_3-r_2}\begin{pmatrix}1&2&-1&1\\0&-4&a+6&-4\\0&0&7-a&b-1\end{pmatrix}$，

因 $R(\boldsymbol{A})=2$，故 $\begin{cases}7-a=0\\b-1=0\end{cases}$

解得 $\begin{cases}a=7\\b=1.\end{cases}$

例 6.4　设 n 阶方阵 $\boldsymbol{A}=\begin{pmatrix}a&1&1&\cdots&1\\1&a&1&\cdots&1\\\vdots&\vdots&\vdots&\vdots&\vdots\\1&1&1&\cdots&a\end{pmatrix}$，求 $R(\boldsymbol{A})$.

解　**方法 1**

$$\boldsymbol{A}\xrightarrow[\substack{r_{n-1}-r_1\\r_n-ar_1}]{\substack{r_1\leftrightarrow r_n\\r_2-r_1\\\cdots}}\begin{pmatrix}1&1&1&\cdots&1&a\\0&a-1&0&\cdots&0&1-a\\0&0&a-1&\cdots&0&1-a\\\vdots&\vdots&\vdots&\vdots&\vdots&\vdots\\0&0&0&\cdots&a-1&1-a\\0&1-a&1-a&\cdots&1-a&1-a^2\end{pmatrix}$$

$$\xrightarrow{r_n+(r_2+\cdots+r_{n-1})}\begin{pmatrix}1&1&1&\cdots&1&a\\0&a-1&0&\cdots&0&1-a\\0&0&a-1&\cdots&0&1-a\\\vdots&\vdots&\vdots&\vdots&\vdots&\vdots\\0&0&0&\cdots&a-1&1-a\\0&0&0&\cdots&0&(1-a)(a+n-1)\end{pmatrix}.$$

(1) 当 $a\neq1$，且 $a\neq1-n$ 时，$|\boldsymbol{A}|\neq0$，$R(\boldsymbol{A})=n$；

(2) 当 $a=1$ 时，$\boldsymbol{A}\to\begin{pmatrix}1&1&1&\cdots&1\\0&0&0&\cdots&0\\\vdots&\vdots&\vdots&\vdots&\vdots\\0&0&0&\cdots&0\end{pmatrix}$，$R(\boldsymbol{A})=1$；

(3) 当 $a=1-n$ 时，有 $1-a=1-(1-n)=n\neq0$，所以 $R(\boldsymbol{A})=n-1$.

方法 2

由于

$$|\boldsymbol{A}|\xlongequal[\substack{\cdots\\ r_{n-1}-r_1\\ r_n-ar_1}]{\substack{r_1\leftrightarrow r_n\\ r_2-r_1}}-\begin{vmatrix}1&1&1&\cdots&1&a\\0&a-1&0&\cdots&0&1-a\\0&0&a-1&\cdots&0&1-a\\\vdots&\vdots&\vdots&\vdots&\vdots&\vdots\\0&0&0&\cdots&a-1&1-a\\0&1-a&1-a&\cdots&1-a&1-a^2\end{vmatrix}$$

$$\xlongequal{r_n+(r_2+\cdots+r_{n-1})}-\begin{vmatrix}1&1&1&\cdots&1&a\\0&a-1&0&\cdots&0&1-a\\0&0&a-1&\cdots&0&1-a\\\vdots&\vdots&\vdots&\vdots&\vdots&\vdots\\0&0&0&\cdots&a-1&1-a\\0&0&0&\cdots&0&(1-a)(a+n-1)\end{vmatrix}$$

$=(a+n-1)(a-1)^{n-1}$.

(1) 当 $a\neq1$，且 $a\neq1-n$ 时，$|\boldsymbol{A}|\neq0$，$R(\boldsymbol{A})=n$；

(2) 当 $a=1$ 时，$\boldsymbol{A}\to\begin{pmatrix}1&1&1&\cdots&1\\0&0&0&\cdots&0\\\vdots&\vdots&\vdots&\vdots&\vdots\\0&0&0&\cdots&0\end{pmatrix}$，$R(\boldsymbol{A})=1$；

(3) 当 $a=1-n$ 时，$|\boldsymbol{A}|=0$，而 $\boldsymbol{A}$ 存在一个 $n-1$ 阶子式

$$\begin{vmatrix} 1 & 1 & 1 & \cdots & 1 \\ 0 & a-1 & 0 & \cdots & 0 \\ 0 & 0 & a-1 & \cdots & 0 \\ \vdots & \vdots & \vdots & \vdots & \vdots \\ 0 & 0 & 0 & \cdots & a-1 \end{vmatrix} = (a-1)^{n-2} \neq 0，所以 R(\boldsymbol{A}) = n-1.$$

注　讨论含参数矩阵的相关问题，如在本例中，切忌作初等行变换$\frac{1}{a}r_i$、和 $r_i \pm \frac{1}{a} r_j$ 等，因为 a 可能为零．如必须作这种变换，则应分别对 $a \neq 0$ 和 $a = 0$ 两种情形进行讨论.

例 6.5　设$\boldsymbol{A} = \begin{pmatrix} 1+\lambda & 1 & 1 & 0 \\ 1 & 1+\lambda & 1 & 3 \\ 1 & 1 & 1+\lambda & \lambda \end{pmatrix}$，求 $R(\boldsymbol{A})$.

解

$$\boldsymbol{A} \xrightarrow{r_1 \leftrightarrow r_3} \begin{pmatrix} 1 & 1 & 1+\lambda & \lambda \\ 1 & 1+\lambda & 1 & 3 \\ 1+\lambda & 1 & 1 & 0 \end{pmatrix} \xrightarrow[r_3-(1+\lambda)r_1]{r_2-r_1} \begin{pmatrix} 1 & 1 & 1+\lambda & \lambda \\ 0 & \lambda & -\lambda & 3-\lambda \\ 0 & -\lambda & -\lambda(2+\lambda) & -\lambda(1+\lambda) \end{pmatrix}$$

$$\xrightarrow{r_3+r_2} \begin{pmatrix} 1 & 1 & 1+\lambda & \lambda \\ 0 & \lambda & -\lambda & 3-\lambda \\ 0 & 0 & -\lambda(3+\lambda) & (1-\lambda)(3+\lambda) \end{pmatrix}.$$

（1）当 $\lambda \neq 0$ 且 $\lambda \neq -3$ 时，则 $R(\boldsymbol{A}) = 3$；

（2）当 $\lambda = 0$ 时，

$$\boldsymbol{A} \xrightarrow{r_1 \leftrightarrow r_3} \begin{pmatrix} 1 & 1 & 1 & 0 \\ 0 & 0 & 0 & 3 \\ 0 & 0 & 0 & 3 \end{pmatrix} \xrightarrow{r_3-r_2} \begin{pmatrix} 1 & 1 & 1 & 0 \\ 0 & 0 & 0 & 3 \\ 0 & 0 & 0 & 0 \end{pmatrix},$$

则 $R(\boldsymbol{A}) = 2$；

（3）当 $\lambda = -3$ 时，

$$\boldsymbol{A} \longrightarrow \begin{pmatrix} 1 & 1 & 1 & 0 \\ 0 & -3 & 3 & 6 \\ 0 & 0 & 0 & 0 \end{pmatrix},$$

则 $R(\boldsymbol{A}) = 2$.

三、矩阵秩的性质

首先归纳一下我们已经研究过的矩阵秩的一些性质：

（1）$0 \leqslant R(\boldsymbol{A}_{m\times n}) \leqslant \min\{m,n\}$；

（2）$R(\boldsymbol{A}_{m\times n}^{\mathrm{T}}) = R(\boldsymbol{A}_{m\times n})$；

（3）若矩阵 $\boldsymbol{A}_{m\times n}$ 与 $\boldsymbol{B}_{m\times n}$ 等价，则 $R(\boldsymbol{A}_{m\times n}) = R(\boldsymbol{B}_{m\times n})$；

（4）若 $\boldsymbol{P}_{m\times m}$，$\boldsymbol{Q}_{n\times n}$ 是可逆矩阵，则

$$R(\boldsymbol{A}_{m\times n}) = R(\boldsymbol{P}_{m\times n}\boldsymbol{A}_{m\times n}) = R(\boldsymbol{A}_{m\times n}\boldsymbol{Q}_{m\times n}) = R(\boldsymbol{P}_{m\times n}\boldsymbol{A}_{m\times n}\boldsymbol{Q}_{m\times n}).$$

接下来再介绍几个常用的矩阵秩的性质：

(5) $\max\{R(\boldsymbol{A}),R(\boldsymbol{B})\}\leqslant R(\boldsymbol{A},\boldsymbol{B})\leqslant R(\boldsymbol{A})+R(\boldsymbol{B})$.

证明 因为$\boldsymbol{A}$的最高阶非零子式总是$(\boldsymbol{A},\boldsymbol{B})$的非零子式，所以$R(\boldsymbol{A})\leqslant R(\boldsymbol{A},\boldsymbol{B})$.

同理有$R(\boldsymbol{B})\leqslant R(\boldsymbol{A},\boldsymbol{B})$. 两式合起来，即为

$$\max\{R(\boldsymbol{A}),R(\boldsymbol{B})\}\leqslant R(\boldsymbol{A},\boldsymbol{B}).$$

设$R(\boldsymbol{A})=s$，$R(\boldsymbol{B})=t$. 把$\boldsymbol{A}$和$\boldsymbol{B}$分别作列变换化为列阶梯形$\boldsymbol{C}$和$\boldsymbol{D}$，则$\boldsymbol{C}$和$\boldsymbol{D}$中分别含s个和t个非零列，故可设

$$\boldsymbol{A}\xrightarrow{c}\boldsymbol{C}=(c_1,\cdots,c_s,0,\cdots,0),\ \boldsymbol{B}\xrightarrow{c}\boldsymbol{D}=(d_1,\cdots,d_t,0,\cdots,0),$$

从而

$$(\boldsymbol{A},\boldsymbol{B})\xrightarrow{c}(\boldsymbol{C},\boldsymbol{D}),$$

由于$(\boldsymbol{C},\boldsymbol{D})$中只含$s+t$个非零列，因此$R(\boldsymbol{C},\boldsymbol{D})\leqslant s+t$，而$R(\boldsymbol{A},\boldsymbol{B})=R(\boldsymbol{C},\boldsymbol{D})$，故$R(\boldsymbol{A},\boldsymbol{B})\leqslant s+t$，即

$$R(\boldsymbol{A},\boldsymbol{B})\leqslant R(\boldsymbol{A})+R(\boldsymbol{B}).$$

证毕

注 特别地，当$\boldsymbol{B}$为非零列矩阵时，有

$$R(\boldsymbol{A})\leqslant R(\boldsymbol{A},\boldsymbol{B})\leqslant R(\boldsymbol{A})+1$$

(6) $R(\boldsymbol{A}+\boldsymbol{B})\leqslant R(\boldsymbol{A})+R(\boldsymbol{B})$.

(7) $R(\boldsymbol{AB})\leqslant\min\{R(\boldsymbol{A}),R(\boldsymbol{B})\}$.

(8) 若$\boldsymbol{A}_{m\times n}\boldsymbol{B}_{n\times s}=\boldsymbol{0}$，则$R(\boldsymbol{A})+R(\boldsymbol{B})\leqslant n$.

(9) n阶矩阵$\boldsymbol{A}$可逆的充分必要条件是$R(\boldsymbol{A})=n$.

证明 $\boldsymbol{A}$可逆$\Leftrightarrow|\boldsymbol{A}|\neq0\Leftrightarrow\boldsymbol{A}$的$n$阶子式$\neq0\Leftrightarrow R(\boldsymbol{A})=n$. 证毕

注 至此，我们可以归纳出矩阵$\boldsymbol{A}$可逆的一些充要条件：

$\boldsymbol{A}$可逆$\Leftrightarrow$存在矩阵$\boldsymbol{B}$，使得$\boldsymbol{AB}=\boldsymbol{E}$(或$\boldsymbol{BA}=\boldsymbol{E}$)$\Leftrightarrow|\boldsymbol{A}|\neq0\Leftrightarrow R(\boldsymbol{A})=n\Leftrightarrow\boldsymbol{A}$是非奇异矩阵$\Leftrightarrow\boldsymbol{A}$是满秩矩阵.

例 6.6 设$\boldsymbol{A}$为n阶矩阵，证明$R(\boldsymbol{A}+\boldsymbol{E})+R(\boldsymbol{A}-\boldsymbol{E})\geqslant n$.

证明 因$(\boldsymbol{A}+\boldsymbol{E})+(\boldsymbol{E}-\boldsymbol{A})=2\boldsymbol{E}$，有

$$R(\boldsymbol{A}+\boldsymbol{E})+R(\boldsymbol{E}-\boldsymbol{A})\geqslant R(2\boldsymbol{E})=n$$

而$R(\boldsymbol{E}-\boldsymbol{A})=R(\boldsymbol{A}-\boldsymbol{E})$，所以 $R(\boldsymbol{A}+\boldsymbol{E})+R(\boldsymbol{A}-\boldsymbol{E})\geqslant n$. 证毕

习 题 2

1. 设 $\boldsymbol{A}=\begin{pmatrix}3&1&2\\-1&4&0\\1&-2&1\end{pmatrix}$，$\boldsymbol{B}=\begin{pmatrix}1&-1&0\\2&1&3\\-1&2&1\end{pmatrix}$.

求：(1) $3\boldsymbol{A}-2\boldsymbol{B}$；$2\boldsymbol{A}+3\boldsymbol{B}$；

(2) 若矩阵 $\boldsymbol{X}$ 满足 $3\boldsymbol{A}+2\boldsymbol{X}=\boldsymbol{B}$，求矩阵 $\boldsymbol{X}$.

2. 计算下列矩阵的乘积结果.

(1) $(1\quad 2\quad 3)\begin{pmatrix}1\\0\\-1\end{pmatrix}$；$\begin{pmatrix}1\\0\\-1\end{pmatrix}(1\quad 2\quad 3)$；

(2) $\begin{pmatrix}1&-2\\3&-4\end{pmatrix}\begin{pmatrix}-5&4\\1&2\end{pmatrix}$；

(3) $\begin{pmatrix}1&-3&2\\-1&-2&3\\2&1&0\end{pmatrix}\begin{pmatrix}-1\\2\\1\end{pmatrix}$；

(4) $\begin{pmatrix}-1&3&-2\\2&-2&1\end{pmatrix}\begin{pmatrix}-1&2&0\\3&0&-2\\2&-1&1\end{pmatrix}$；

(5) $(1\quad -2\quad 1)\begin{pmatrix}1&0&4\\2&-2&-2\\3&1&3\end{pmatrix}$.

3. 已知 $\boldsymbol{A}=\begin{pmatrix}1&0&3\\0&2&1\\0&0&1\end{pmatrix}$，$\boldsymbol{B}=\begin{pmatrix}1&0&0\\0&2&1\\3&0&1\end{pmatrix}$. 求：

(1) $\boldsymbol{AB}$；$\boldsymbol{BA}$；$\boldsymbol{A}^{\mathrm{T}}\boldsymbol{B}$；$3\boldsymbol{AB}-2\boldsymbol{A}$.

(2) $(\boldsymbol{A}+\boldsymbol{B})(\boldsymbol{A}-\boldsymbol{B})$；$\boldsymbol{A}^2-\boldsymbol{B}^2$；

(3) 比较 (2) 的两个结果，可得出什么结论.

4. 请举出反例，说明下列命题是错误的：

(1) 若 $\boldsymbol{A}^2=\boldsymbol{0}$，则 $\boldsymbol{A}=\boldsymbol{0}$；

(2) 若 $\boldsymbol{A}^2=\boldsymbol{A}$，则 $\boldsymbol{A}=\boldsymbol{0}$ 或 $\boldsymbol{A}=\boldsymbol{E}$；

(3) 若 $\boldsymbol{AB}=\boldsymbol{AC}$ 且 $\boldsymbol{A}\neq\boldsymbol{0}$，则 $\boldsymbol{B}=\boldsymbol{C}$.

5. 设由变量 x_1,x_2,x_3 到变量 y_1,y_2,y_3 的线性变换为 $\begin{cases}x_1=2y_1+y_3\\x_2=y_1+2y_2+2y_3\\x_3=-y_1+y_2+y_3\end{cases}$，由变量 y_1,y_2,y_3 到变量 z_1,z_2,z_3 的线性变换为 $\begin{cases}y_1=z_1+2z_2-z_3\\y_2=2z_1+z_3\\y_3=3z_1-z_2+z_3\end{cases}$，试求：

(1) 把上述两个线性变换分别用矩阵的乘积形式表示出来；

(2) 由变量 x_1,x_2,x_3 到变量 z_1,z_2,z_3 的线性变换的矩阵乘积形式.

6. 设 $\boldsymbol{A}$ 与 $\boldsymbol{B}$ 可交换，且 $\boldsymbol{A}=\begin{pmatrix}0&1&0\\0&0&1\\0&0&0\end{pmatrix}$，求矩阵 $\boldsymbol{B}$.

7. 计算下列矩阵的运算结果：

(1) $\begin{pmatrix} -1 & 2 \\ 2 & 3 \end{pmatrix}^2$；　(2) $\begin{pmatrix} 1 & 1 & 1 \\ 0 & 1 & 1 \\ 0 & 0 & 1 \end{pmatrix}^3$；　(3) $\begin{pmatrix} k & 1 & 0 \\ 0 & k & 1 \\ 0 & 0 & k \end{pmatrix}^3$（$k$ 为常数）；

(4) $\begin{pmatrix} 1 & 0 \\ k & 1 \end{pmatrix}^n$（$k$ 为常数，n 为正整数）；　(5) $\begin{pmatrix} -1 & 0 & 0 \\ 0 & 2 & 0 \\ 0 & 0 & 3 \end{pmatrix}^n$（$n$ 为正整数）．

8. 设一元多项式 $f(x)=x^2-3x+4$，且 $\boldsymbol{A}=\begin{pmatrix} 1 & 0 \\ 2 & 1 \end{pmatrix}$，求 $f(\boldsymbol{A})$.

9. 设 $\boldsymbol{A}$ 为对称矩阵，$\boldsymbol{B}$ 为任意的 n 阶矩阵，证明 $\boldsymbol{B}^{\mathrm{T}}\boldsymbol{A}\boldsymbol{B}$ 是对称矩阵.

10. 设 $\boldsymbol{A},\boldsymbol{B}$ 都是 n 阶对称矩阵，证明 $\boldsymbol{AB}$ 是对称矩阵的充分必要条件是 $\boldsymbol{AB}=\boldsymbol{BA}$.

11. 判断下列矩阵是否可逆，若可逆，并求其逆矩阵：

(1) $\begin{pmatrix} \cos\theta & -\sin\theta \\ \sin\theta & \cos\theta \end{pmatrix}$；　(2) $\begin{pmatrix} 1 & 2 & -1 \\ 3 & 4 & -2 \\ 5 & -4 & 1 \end{pmatrix}$；

(3) $\begin{pmatrix} 1 & 1 & 2 \\ 0 & 2 & -1 \\ -1 & -1 & -1 \end{pmatrix}$；　(4) $\begin{pmatrix} 2 & -1 & 1 \\ 4 & -2 & 1 \\ -3 & 2 & -1 \end{pmatrix}$；

(5) $\begin{pmatrix} 1 & 0 & -1 & 0 \\ 0 & 1 & 0 & 0 \\ 0 & 0 & -1 & 1 \\ 0 & 0 & 0 & -1 \end{pmatrix}$.

12. 设 $\boldsymbol{A}=\begin{pmatrix} 4 & 1 & -2 \\ 2 & 2 & 1 \\ 3 & 1 & -1 \end{pmatrix}$，$\boldsymbol{B}=\begin{pmatrix} 1 & -3 \\ 2 & 2 \\ 3 & -1 \end{pmatrix}$，求矩阵 $\boldsymbol{X}$ 使得 $\boldsymbol{AX}=\boldsymbol{B}$.

13. 求解下列矩阵方程．

(1) $\boldsymbol{AXC}=\boldsymbol{B}$,其中

$$\boldsymbol{A}=\begin{pmatrix} 0 & 1 & 0 \\ 1 & 0 & 0 \\ 0 & 0 & 1 \end{pmatrix},\ \boldsymbol{B}=\begin{pmatrix} 1 & 0 & 0 \\ 0 & 0 & 1 \\ 0 & 1 & 0 \end{pmatrix},\ \boldsymbol{C}=\begin{pmatrix} 1 & -4 & 3 \\ 2 & 0 & -1 \\ 1 & -2 & 0 \end{pmatrix}.$$

(2) $\boldsymbol{AX}+\boldsymbol{B}=\boldsymbol{X}$,其中

$$\boldsymbol{A}=\begin{pmatrix} 0 & 1 & 0 \\ -1 & 1 & 1 \\ -1 & 0 & -1 \end{pmatrix},\ \boldsymbol{B}=\begin{pmatrix} 1 & -1 \\ 2 & 0 \\ 5 & -3 \end{pmatrix}.$$

14. 设 $\boldsymbol{A}=\begin{pmatrix} a & 0 & 0 \\ b & a & 0 \\ c & b & a \end{pmatrix}$，请写出 $\boldsymbol{A}$ 可逆的充分必要条件，并在 $\boldsymbol{A}$ 可逆时求其逆矩阵.

15. 设 $\boldsymbol{A}$ 为可逆矩阵，证明 $\boldsymbol{A}$ 的伴随矩阵 $\boldsymbol{A}^*$ 亦可逆且 $(\boldsymbol{A}^*)^{-1}=(\boldsymbol{A}^{-1})^*=\frac{1}{|\boldsymbol{A}|}\boldsymbol{A}$.

16. 设 $\boldsymbol{A}$ 为 3 阶矩阵，$|\boldsymbol{A}|=-\frac{1}{3}$，求 $\left|\left(-\frac{1}{4}\boldsymbol{A}\right)^{-1}+\boldsymbol{A}^{-1}-3\boldsymbol{A}^*\right|$.

17. 设 $\boldsymbol{A}=\begin{pmatrix}-1&1&1\\1&2&-3\\1&0&1\end{pmatrix}$，且 $\boldsymbol{AB}+\boldsymbol{E}=\boldsymbol{A}^2+\boldsymbol{B}$，求 $\boldsymbol{B}$.

18. 设矩阵 $\boldsymbol{A},\boldsymbol{X}$ 满足 $\boldsymbol{A}^*\boldsymbol{XA}=2\boldsymbol{XA}-8\boldsymbol{E}$，其中 $\boldsymbol{A}=\begin{pmatrix}1&0&0\\0&-2&0\\0&0&1\end{pmatrix}$，求矩阵 $\boldsymbol{X}$.

19. 设 $\boldsymbol{A}^3=2\boldsymbol{E}$，试证明 $\boldsymbol{A}+2\boldsymbol{E}$ 可逆，并求 $(\boldsymbol{A}+2\boldsymbol{E})^{-1}$.

20. 已知 n 阶方阵 $\boldsymbol{A}$ 满足 $\boldsymbol{A}^2-\boldsymbol{A}-3\boldsymbol{E}=\boldsymbol{0}$，试证明 $\boldsymbol{A}$ 和 $\boldsymbol{A}-3\boldsymbol{E}$ 都可逆，并求它们的逆.

21. 证明任一 n 阶方阵都可以表示为一个对称矩阵与一个反对称矩阵之和.

22. 设 $\boldsymbol{P}^{-1}\boldsymbol{AP}=\boldsymbol{\Lambda}$，其中 $\boldsymbol{P}=\begin{pmatrix}1&2\\1&1\end{pmatrix}$，$\boldsymbol{\Lambda}=\begin{pmatrix}-1&0\\0&1\end{pmatrix}$，求 $\boldsymbol{A}^{11}$.

23. 设 $\boldsymbol{A}$ 为 n 阶方阵，$\boldsymbol{A}^*$ 为 $\boldsymbol{A}$ 的伴随矩阵，证明

(1) 若 $|\boldsymbol{A}|\neq0$，则 $|\boldsymbol{A}^*|=|\boldsymbol{A}|^{n-1}$；　(2) 若 $|\boldsymbol{A}|=0$，则 $|\boldsymbol{A}^*|=0$.

24. 用矩阵的初等行变换把下列矩阵化为行最简形矩阵.

(1) $\begin{pmatrix}1&0&2&-1\\2&0&3&1\\3&0&4&3\end{pmatrix}$；　(2) $\begin{pmatrix}2&3&1&-3&-7\\1&2&0&-2&-4\\3&-2&8&3&0\\2&-3&7&4&3\end{pmatrix}$.

25. 设 $\boldsymbol{A}=\begin{pmatrix}1&2&3&4\\2&3&4&5\\5&4&3&2\end{pmatrix}$，求一个可逆矩阵 $\boldsymbol{P}$，使 $\boldsymbol{PA}$ 为行最简形矩阵.

26. 用初等变换判定下列矩阵是否可逆，若可逆，求其逆矩阵：

(1) $\begin{pmatrix}2&2&1\\1&-2&-4\\5&-8&-17\end{pmatrix}$；　(2) $\begin{pmatrix}1&2&3\\2&2&1\\3&4&3\end{pmatrix}$；

(3) $\begin{pmatrix}3&-2&0&-1\\0&2&2&1\\1&-2&-3&-2\\0&1&2&1\end{pmatrix}$.

27. 求下列矩阵的秩，并求它们的一个最高阶非零子式：

(1) $\begin{pmatrix}1&1&2&-3\\2&1&-3&-5\\1&0&-1&-2\end{pmatrix}$；　(2) $\begin{pmatrix}2&1&8&3&7\\2&-3&0&7&-5\\3&-2&5&8&0\\1&0&3&2&0\end{pmatrix}$；

28. 设$\boldsymbol{A}=\begin{pmatrix} 1 & -2 & 3a \\ -1 & 2a & -3 \\ a & -2 & 3 \end{pmatrix}$，当$a$为何值时，可使得：

(1) $R(\boldsymbol{A})=1$；(2) $R(\boldsymbol{A})=2$；(3) $R(\boldsymbol{A})=3$.

第 2 章　总复习题

一、填空题

1. 已知 $\boldsymbol{A}=(1\quad 2\quad 3)$，则 $\boldsymbol{A}\boldsymbol{A}^{\mathrm{T}}=$________，$\boldsymbol{A}^{\mathrm{T}}\boldsymbol{A}=$________.

2. 设 $\boldsymbol{A}=\begin{pmatrix}1 & 2\\ -1 & 3\end{pmatrix}$，则伴随矩阵 $\boldsymbol{A}^*=$________.

3. 已知 $\boldsymbol{A}=\begin{pmatrix}1 & 0 & 0\\ 0 & 2 & 0\\ 0 & 0 & -1\end{pmatrix}$，则其逆矩阵 $\boldsymbol{A}^{-1}=$________.

4. 已知 3 阶矩阵 $\boldsymbol{A}$ 的行列式为 2，则 $\left|\left(\frac{1}{4}\boldsymbol{A}\right)^{-1}-3\boldsymbol{A}^*\right|=$________.

5. 设 $\boldsymbol{A}$，$\boldsymbol{B}$ 都是 4 阶矩阵，且 $|\boldsymbol{A}^{-1}|=-3$，$|\boldsymbol{B}|=2$，则 $\big||\boldsymbol{B}|\boldsymbol{A}\big|=$________.

6. 设 $\boldsymbol{A}=\begin{pmatrix}-1 & 1 & -3 & 1\\ 0 & 2 & 0 & 0\\ 0 & 2 & 3 & 0\\ 0 & 1 & 1 & 3\end{pmatrix}$，若 $R(\boldsymbol{AB})=3$，则 $R(\boldsymbol{B})=$________.

二、选择题

1. 设 $\boldsymbol{A}=\begin{pmatrix}1 & 2\\ 4 & 3\end{pmatrix}$，$\boldsymbol{B}=\begin{pmatrix}x & 1\\ 2 & y\end{pmatrix}$，且 $\boldsymbol{AB}=\boldsymbol{BA}$，则（　　）.

(A) $2x=y$　　(B) $x=2y$　　(C) $y=x+1$　　(D) $y=x-1$

2. 设 $\boldsymbol{A},\boldsymbol{B}$ 均为 n 阶方阵，则 $(\boldsymbol{AB})^{\mathrm{T}}=$（　　）.

(A) $\boldsymbol{A}^{\mathrm{T}}\boldsymbol{B}^{\mathrm{T}}$　　(B) $\boldsymbol{B}^{\mathrm{T}}\boldsymbol{A}^{\mathrm{T}}$　　(C) $\boldsymbol{AB}$　　(D) $\boldsymbol{BA}$

3. 设 $\boldsymbol{A},\boldsymbol{B}$ 均为 n 阶方阵，下列命题不正确的是（　　）.

(A) $(\boldsymbol{AB})^{-1}=\boldsymbol{B}^{-1}\boldsymbol{A}^{-1}$　　(B) $|\boldsymbol{AB}|=|\boldsymbol{A}|\,|\boldsymbol{B}|$

(C) $|\boldsymbol{A}+\boldsymbol{B}|\,|\boldsymbol{A}-\boldsymbol{B}|=|\boldsymbol{A}-\boldsymbol{B}|\,|\boldsymbol{A}+\boldsymbol{B}|$　　(D) $|\boldsymbol{A}+\boldsymbol{B}|=|\boldsymbol{A}|+|\boldsymbol{B}|$

4. 设 $\boldsymbol{A}_{3\times 2},\boldsymbol{B}_{4\times 3},\boldsymbol{C}_{2\times 3}$，则下列运算有意义的是（　　）.

(A) $(\boldsymbol{A}+\boldsymbol{B})\boldsymbol{C}$　　(B) $\boldsymbol{B}(\boldsymbol{C}^{\mathrm{T}}+\boldsymbol{A})$　　(C) $\boldsymbol{CBA}$　　(D) $(\boldsymbol{ABC})^{\mathrm{T}}$

5. 设 $\boldsymbol{A}$ 是 n 阶可逆矩阵，$\boldsymbol{A}^*$ 是 $\boldsymbol{A}$ 的伴随矩阵，则（　　）.

(A) $|\boldsymbol{A}^*|=|\boldsymbol{A}|^{n-1}$　　(B) $|\boldsymbol{A}^*|=|\boldsymbol{A}|$

(C) $|\boldsymbol{A}^*|=|\boldsymbol{A}|^{n}$　　(D) $|\boldsymbol{A}^*|=|\boldsymbol{A}^{-1}|$

6. $\boldsymbol{A}$，$\boldsymbol{B}$ 为 n 阶方阵，则（　　）.

(A) $\boldsymbol{A}$ 或 $\boldsymbol{B}$ 可逆，则 $\boldsymbol{AB}$ 可逆

(B) $\boldsymbol{A}$ 或 $\boldsymbol{B}$ 不可逆，则 $\boldsymbol{AB}$ 必不可逆

(C) $\boldsymbol{A}$ 与 $\boldsymbol{B}$ 都可逆，则 $\boldsymbol{A}-\boldsymbol{B}$ 可逆

(D) $\boldsymbol{A}$ 与 $\boldsymbol{B}$ 均不可逆，则 $\boldsymbol{A}+\boldsymbol{B}$ 为不可逆

7. 下列命题中错误的是（　　）.

(A) 若 $R(\boldsymbol{A})=r$，则 $\boldsymbol{A}$ 中至少有一个 r 阶非零子式.

(B) 若 $R(\boldsymbol{A})=r$，则 $\boldsymbol{A}$ 的 $r-1$ 阶子式（如果存在）不能全为零.

(C) 若 $R(\boldsymbol{A})=r$，则 $\boldsymbol{A}$ 的 $r+1$ 阶子式（如果存在）全为零.

(D) 若 $R(\boldsymbol{A})=r$，则 $\boldsymbol{A}$ 的所有 r 阶子式全不为零.

8. 下列矩阵（　　）不是初等矩阵.

(A) $\begin{pmatrix}0&0&1\\0&1&0\\1&0&0\end{pmatrix}$　　(B) $\begin{pmatrix}1&0&0\\0&1&0\\20&0&1\end{pmatrix}$

(C) $\begin{pmatrix}0&0&1\\0&6&0\\1&0&0\end{pmatrix}$　　(D) $\begin{pmatrix}1&0&0\\0&-6&0\\0&0&1\end{pmatrix}$

9. 设 $\boldsymbol{A}=\begin{pmatrix}a_{11}&a_{12}&a_{13}\\a_{21}&a_{22}&a_{23}\\a_{31}&a_{32}&a_{33}\end{pmatrix}$，$\boldsymbol{B}=\begin{pmatrix}a_{21}&a_{22}&a_{23}\\a_{11}&a_{12}&a_{13}\\a_{31}+a_{11}&a_{32}+a_{12}&a_{33}+a_{13}\end{pmatrix}$，$\boldsymbol{P}_1=\begin{pmatrix}0&1&0\\1&0&0\\0&0&1\end{pmatrix}$，

$\boldsymbol{P}_2=\begin{pmatrix}1&0&0\\0&1&0\\1&0&1\end{pmatrix}$，则必有（　　）.

(A) $\boldsymbol{AP}_1\boldsymbol{P}_2=\boldsymbol{B}$　　(B) $\boldsymbol{AP}_2\boldsymbol{P}_1=\boldsymbol{B}$　　(C) $\boldsymbol{P}_1\boldsymbol{P}_2\boldsymbol{A}=\boldsymbol{B}$　　(D) $\boldsymbol{P}_2\boldsymbol{P}_1\boldsymbol{A}=\boldsymbol{B}$

10. 设 $\boldsymbol{A}$ 是 3 阶矩阵，且满足 $\boldsymbol{A}^2-\boldsymbol{A}-2\boldsymbol{E}=\boldsymbol{0}$，则必有（　　）.

(A) $\boldsymbol{A}=2\boldsymbol{E}$　　(B) $\boldsymbol{A}=-\boldsymbol{E}$　　(C) $\boldsymbol{A}+\boldsymbol{E}$ 可逆　　(D) $\boldsymbol{A}-\boldsymbol{E}$ 可逆

11. 设 $\boldsymbol{A},\boldsymbol{B},\boldsymbol{A}+\boldsymbol{B}$ 均是 n 阶可逆矩阵，则 $(\boldsymbol{A}^{-1}+\boldsymbol{B}^{-1})^{-1}=$（　　）.

(A) $\boldsymbol{A}^{-1}+\boldsymbol{B}^{-1}$　　(B) $\boldsymbol{A}+\boldsymbol{B}$　　(C) $\boldsymbol{A}(\boldsymbol{A}+\boldsymbol{B})^{-1}\boldsymbol{B}$　　(D) $(\boldsymbol{A}+\boldsymbol{B})^{-1}$

12. 设 $\boldsymbol{A}^*$ 为 n 阶方阵 $\boldsymbol{A}$ 的伴随阵，则 $\left|\,|\boldsymbol{A}|\boldsymbol{A}^*\right|=$（　　）.

(A) $|\boldsymbol{A}|^2$　　(B) $|\boldsymbol{A}|^n$　　(C) $|\boldsymbol{A}|^{2n-1}$　　(D) $|\boldsymbol{A}|^{2n}$

三、解答题

1. 已知矩阵 $\boldsymbol{A}=\begin{pmatrix}1&-1\\3&2\\-2&1\end{pmatrix}$，$\boldsymbol{B}=\begin{pmatrix}1&1\\3&0\\0&-1\end{pmatrix}$，若矩阵 $\boldsymbol{X}$ 满足 $3\boldsymbol{A}-2\boldsymbol{X}-\boldsymbol{B}=\boldsymbol{0}$，求 $\boldsymbol{X}$.

2. 求矩阵 $\boldsymbol{A}=\begin{pmatrix}1&-1&2&1&0\\2&-2&4&-2&0\\3&0&6&-1&1\\2&1&4&2&1\end{pmatrix}$ 的秩，并求出它的一个最高阶非零子式.

3. 设 $\boldsymbol{A}=\begin{pmatrix}1&3&2&k\\-1&1&k&1\\1&7&5&3\\2&14&10&6\end{pmatrix}$，若 $R(\boldsymbol{A})=2$，求 k.

4. 判断矩阵$\begin{pmatrix} 2 & 1 & 1 \\ 3 & 1 & 2 \\ 1 & -1 & 0 \end{pmatrix}$是否可逆，若可逆，求其逆矩阵.

5. 设$\boldsymbol{A}=\begin{pmatrix} 1 & -1 & 0 \\ 0 & 1 & -1 \\ -1 & 0 & 1 \end{pmatrix}$，解矩阵方程$\boldsymbol{AX}=\boldsymbol{A}+2\boldsymbol{X}$.

6. 设$\boldsymbol{B}=\begin{pmatrix} 1 & -1 & 0 \\ 0 & 1 & -1 \\ 0 & 0 & 1 \end{pmatrix}$，$\boldsymbol{C}=\begin{pmatrix} 2 & 1 & 3 \\ 0 & 2 & 1 \\ 0 & 0 & 2 \end{pmatrix}$，且$\boldsymbol{X}(\boldsymbol{E}-\boldsymbol{C}^{-1}\boldsymbol{B})^{\mathrm{T}}\boldsymbol{C}^{\mathrm{T}}=\boldsymbol{E}$，求矩阵$\boldsymbol{X}$.

7. 设$\boldsymbol{A},\boldsymbol{B}$是$n$阶矩阵，如果$\boldsymbol{AB}=\boldsymbol{A}+\boldsymbol{B}$：

（1）证明：$\boldsymbol{A}-\boldsymbol{E}$可逆，并求逆矩阵；

（2）证明：$\boldsymbol{AB}=\boldsymbol{BA}$.

第 3 章　线性方程组

线性方程组相关理论在经济领域、工程技术中都有着广泛的应用. 前面章节已经研究了矩阵的一些基本运算和性质. 本章我们将借助矩阵这个工具对一般线性方程组解的相容性问题及解的结构问题进行讨论，同时介绍向量的概念、性质及向量组的线性相关性问题.

§ 3.1　求解线性方程组

本节重点掌握线性方程组一些基本概念与线性方程组解的判别定理，学会求线性方程组的解.

一、线性方程组的概念

一般的线性方程组是指形如含有 n 个未知量 m 个方程的线性方程组

$$\begin{cases} a_{11}x_1+a_{12}x_2+\cdots+a_{1n}x_n=b_1 \\ a_{21}x_1+a_{22}x_2+\cdots+a_{2n}x_n=b_2 \\ \qquad\vdots \\ a_{m1}x_1+a_{m2}x_2+\cdots+a_{mn}x_n=b_m \end{cases}, \tag{1.1}$$

若记

$$\boldsymbol{A}=\begin{pmatrix} a_{11} & a_{12} & \cdots & a_{1n} \\ a_{21} & a_{22} & \cdots & a_{2n} \\ \vdots & \vdots & \vdots & \vdots \\ a_{m1} & a_{m2} & \cdots & a_{mn} \end{pmatrix},\ \boldsymbol{X}=\begin{pmatrix} x_1 \\ x_2 \\ \vdots \\ x_n \end{pmatrix},\ \boldsymbol{b}=\begin{pmatrix} b_1 \\ b_2 \\ \vdots \\ b_m \end{pmatrix},$$

则利用矩阵的乘法，方程组(1.1)可写成矩阵形式方程

$$\boldsymbol{AX}=\boldsymbol{b}.$$

其中矩阵 $\boldsymbol{A}$ 称为方程组(1.1)的系数矩阵，$\overline{\boldsymbol{A}}=(\boldsymbol{A},\boldsymbol{b})$ 称为方程组(1.1)的增广矩阵. 当 $\boldsymbol{b}\neq\boldsymbol{0}$ 时称该方程组为非齐次线性方程组. 当 $\boldsymbol{b}\equiv\boldsymbol{0}$ 时，即 $\boldsymbol{AX}=\boldsymbol{0}$，称为齐次线性方程组.

若取 $x_1=c_1,x_2=c_2,\cdots,x_n=c_n$（其中 $c_1,c_2,\cdots,c_n$ 为已知常数）代入方程组(1.1)，能使得每一个方程都成为恒等式，则称 $x_1=c_1,x_2=c_2,\cdots,x_n=c_n$ 为方程组(1.1)的解. 同时也称 $X=\begin{pmatrix} c_1 \\ c_2 \\ \vdots \\ c_n \end{pmatrix}$ 为矩阵方程 $\boldsymbol{AX}=\boldsymbol{b}$ 的解. 或者 $\boldsymbol{X}=\begin{pmatrix} c_1 \\ c_2 \\ \vdots \\ c_n \end{pmatrix}$ 亦称为方程组(1.1)的解向量.

如果一个线性方程组它存在解，则称方程组是相容的，否则就称方程组是不相容或

矛盾方程组.

接下来，我们首先研究一类特殊的方程组：含有 n 个未知量 n 个方程的线性方程组的解的情况.

二、克莱姆法则（Cramer′s Rule）

瑞士数学家克莱姆于 1750 年，在他的《线性代数分析导言》中给出了关于含有 n 个未知量 n 个方程的线性方程组的解可由线性方程组的系数确定的方法. 即著名的“克莱姆法则”.

定理 1.1(克莱姆法则)　如果含有 n 个未知量 n 个方程的线性方程组

$$\begin{cases} a_{11}x_1+a_{12}x_2+\cdots+a_{1n}x_n=b_1 \\ a_{21}x_1+a_{22}x_2+\cdots+a_{2n}x_n=b_2 \\ \qquad\qquad\vdots \\ a_{n1}x_1+a_{n2}x_2+\cdots+a_{nn}x_n=b_n \end{cases} \tag{1.2}$$

的系数行列式 $|\boldsymbol{A}|\neq 0$，则方程组(1.2)有唯一解：

$$x_1=\frac{D_1}{|\boldsymbol{A}|},x_2=\frac{D_2}{|\boldsymbol{A}|},\cdots,x_n=\frac{D_n}{|\boldsymbol{A}|},$$

其中 $D_j(j=1,2,\cdots,n)$是将 $|\boldsymbol{A}|$ 中第 j 列换成常数项 $b_1,b_2,\cdots,b_n$，其余各列不变而得到的行列式.

证明　方程组(1.2)可写成矩阵形式方程

$$\boldsymbol{AX}=\boldsymbol{b},$$

其中

$$\boldsymbol{A}=\begin{pmatrix} a_{11} & a_{12} & \cdots & a_{1n} \\ a_{21} & a_{22} & \cdots & a_{2n} \\ \vdots & \vdots & \vdots & \vdots \\ a_{n1} & a_{n2} & \cdots & a_{nn} \end{pmatrix},\boldsymbol{X}=\begin{pmatrix} x_1 \\ x_2 \\ \vdots \\ x_n \end{pmatrix},\boldsymbol{b}=\begin{pmatrix} b_1 \\ b_2 \\ \vdots \\ b_n \end{pmatrix}.$$

由于 $|\boldsymbol{A}|\neq 0$，故矩阵 $\boldsymbol{A}$ 可逆. 从而可求得矩阵方程的解为 $\boldsymbol{X}=\boldsymbol{A}^{-1}\boldsymbol{b}$. 又由于系数矩阵 $\boldsymbol{A}$ 的逆矩阵是唯一的，故矩阵方程的解是唯一的. 即此时原方程组有解且有唯一解.

接下来直接计算就得

$$\boldsymbol{X}=\begin{pmatrix} x_1 \\ x_2 \\ \vdots \\ x_n \end{pmatrix}=\boldsymbol{A}^{-1}\boldsymbol{b}=\frac{1}{|\boldsymbol{A}|}\boldsymbol{A}^*\boldsymbol{b}=\frac{1}{|\boldsymbol{A}|}\begin{pmatrix} A_{11} & A_{21} & \cdots & A_{n1} \\ A_{12} & A_{22} & \cdots & A_{n2} \\ \vdots & \vdots & \vdots & \vdots \\ A_{1n} & A_{2n} & \cdots & A_{nn} \end{pmatrix}\begin{pmatrix} b_1 \\ b_2 \\ \vdots \\ b_n \end{pmatrix}$$

$$=\frac{1}{|\boldsymbol{A}|}\begin{pmatrix} b_1A_{11}+b_2A_{21}+\cdots+b_nA_{n1} \\ b_1A_{12}+b_2A_{22}+\cdots+b_nA_{n2} \\ \vdots \\ b_1A_{1n}+b_2A_{2n}+\cdots+b_nA_{nn} \end{pmatrix}=\begin{pmatrix} \dfrac{D_1}{|\boldsymbol{A}|} \\ \dfrac{D_2}{|\boldsymbol{A}|} \\ \vdots \\ \dfrac{D_n}{|\boldsymbol{A}|} \end{pmatrix}.$$

从而 $x_1=\frac{D_1}{|\mathbf{A}|}, x_2=\frac{D_2}{|\mathbf{A}|}, \cdots, x_n=\frac{D_n}{|\mathbf{A}|}$. 证毕

注 用克莱姆法则解线性方程组时，方程组必须满足两个条件：一是方程的个数与未知量的个数相等；二是系数行列式 $|\mathbf{A}|\neq 0$.

例 1.1 解线性方程组

$$\begin{cases} x_1+3x_2-2x_3+x_4=1 \\ 2x_1+5x_2-3x_3+2x_4=3 \\ -3x_1+4x_2+8x_3-2x_4=4 \\ 6x_1-x_2-6x_3+4x_4=2 \end{cases}.$$

解 因为

$$|\mathbf{A}|=\begin{vmatrix} 1 & 3 & -2 & 1 \\ 2 & 5 & -3 & 2 \\ -3 & 4 & 8 & -2 \\ 6 & -1 & -6 & 4 \end{vmatrix}=\begin{vmatrix} 1 & 3 & -2 & 1 \\ 0 & -1 & 1 & 0 \\ 0 & 13 & 2 & 1 \\ 0 & -19 & 6 & -2 \end{vmatrix}=\begin{vmatrix} 1 & 3 & -2 & 1 \\ 0 & -1 & 1 & 0 \\ 0 & 0 & 15 & 1 \\ 0 & 0 & -13 & -2 \end{vmatrix}=17\neq 0,$$

所以方程组有唯一解，又

$$D_1=\begin{vmatrix} 1 & 3 & -2 & 1 \\ 3 & 5 & -3 & 2 \\ 4 & 4 & 8 & -2 \\ 2 & -1 & -6 & 4 \end{vmatrix}=-34,\quad D_2=\begin{vmatrix} 1 & 1 & -2 & 1 \\ 2 & 3 & -3 & 2 \\ -3 & 4 & 8 & -2 \\ 6 & 2 & -6 & 4 \end{vmatrix}=0,$$

$$D_3=\begin{vmatrix} 1 & 3 & 1 & 1 \\ 2 & 5 & 3 & 2 \\ -3 & 4 & 4 & -2 \\ 6 & -1 & 2 & 4 \end{vmatrix}=17,\quad D_4=\begin{vmatrix} 1 & 3 & -2 & 1 \\ 2 & 5 & -3 & 3 \\ -3 & 4 & 8 & 4 \\ 6 & -1 & -6 & 2 \end{vmatrix}=85.$$

即得唯一解：$x_1=-\frac{34}{17}=-2, x_2=\frac{0}{17}=0, x_3=\frac{17}{17}=1, x_4=\frac{85}{17}=5$.

定理 1.1 的逆否命题为

定理 1.1′ 如果线性方程组(1.2)无解或有两个及以上不同的解，则它的系数行列式必为零.

对于含有 n 个未知量 n 个方程的齐次线性方程组

$$\begin{cases} a_{11}x_1+a_{12}x_2+\cdots+a_{1n}x_n=0 \\ a_{21}x_1+a_{22}x_2+\cdots+a_{2n}x_n=0 \\ \qquad\vdots \\ a_{n1}x_1+a_{n2}x_2+\cdots+a_{nn}x_n=0 \end{cases}. \tag{1.3}$$

显然，它总是有解的，因为 $x_1=0, x_2=0, \cdots, x_n=0$ 必定满足方程组，这组解称为零解，当齐次线性方程组的解 $x_1=c_1, x_2=c_2, \cdots, x_n=c_n$ 不全为零时，称这组解为该齐次线性方程组的非零解.

定理 1.2 如果齐次线性方程组(1.3)的系数行列式 $|\mathbf{A}|\neq 0$，则它只有零解.

证 由于 $|\mathbf{A}|\neq 0$，故方程组(1.3)有唯一解，又因为该方程组已有零解，所以方程组(1.3)只有零解. 证毕

定理 1.2 的逆否命题如下：

定理 1.2′　如果齐次线性方程组(1.3)有非零解，那么它的系数行列式 $|\boldsymbol{A}|=0$.

例 1.2　若方程组 $\begin{cases} ax_1+x_2+x_3=0 \\ x_1+bx_2+x_3=0 \\ x_1+2bx_2+x_3=0 \end{cases}$ 只有零解，则 a,b 应取何值？

解　由定理 1.2 知，当系数行列式 $|\boldsymbol{A}|\neq 0$ 时，方程组只有零解，即

$$|\boldsymbol{A}|=\begin{vmatrix} a & 1 & 1 \\ 1 & b & 1 \\ 1 & 2b & 1 \end{vmatrix} \xlongequal{r_2\leftrightarrow r_1} -\begin{vmatrix} 1 & b & 1 \\ a & 1 & 1 \\ 1 & 2b & 1 \end{vmatrix} \xlongequal[r_3-r_1]{r_2-ar_1} -\begin{vmatrix} 1 & b & 1 \\ 0 & 1-ab & 1-a \\ 0 & b & 0 \end{vmatrix}=b(1-a).$$

所以，当 $a\neq 1$ 且 $b\neq 0$ 时，方程组只有零解.

例 1.3　当 λ 取何值时，齐次方程组

$$\begin{cases} (5-\lambda)x_1+2x_2+2x_3=0 \\ 2x_1+(6-\lambda)x_2=0 \\ 2x_1+(4-\lambda)x_3=0 \end{cases}$$

有非零解？

解　由于齐次线性方程组有非零解，则其系数行列式 $|\boldsymbol{A}|=0$. 即

$$|\boldsymbol{A}|=\begin{vmatrix} 5-\lambda & 2 & 2 \\ 2 & 6-\lambda & 0 \\ 2 & 0 & 4-\lambda \end{vmatrix}=(5-\lambda)(6-\lambda)(4-\lambda)-4(4-\lambda)-4(6-\lambda)$$

$$=(5-\lambda)(2-\lambda)(8-\lambda)=0.$$

解得 $\lambda=2$、$\lambda=5$ 或 $\lambda=8$.

故当 $\lambda=2$、5 或 8 时，原方程组有非零解.

三、线性方程组的消元法

通过前面知识的学习，我们知道用克莱姆法则解线性方程组时，方程组必须满足两个条件：一是方程的个数与未知量的个数相等；二是系数行列式 $|\boldsymbol{A}|\neq 0$. 也就是说克莱姆法则只能部分地解决线性方程组的求解问题. 其次当我们想求解含有 n 个未知量 $m(n\neq m)$ 个方程的线性方程组时，克莱姆法则显然无能为力了. 所以我们需要寻求线性方程组的更一般求解方法. 对于一个给定的含有 n 个未知量 m 个方程的线性方程组，其增广矩阵是唯一被确定的；反之，若知晓方程组的增广矩阵，则方程组就被唯一确定. 这样，我们就可以借用矩阵这个工具来研究线性方程组的解，即高斯消元法.

定理 1.3　对于含有 n 个未知量的非齐次线性方程组(1.1)

$$\boldsymbol{AX}=\boldsymbol{b}$$

(1) 无解的充要条件是 $R(\boldsymbol{A})<R(\boldsymbol{A},\boldsymbol{b})$；

(2) 有唯一解的充要条件是 $R(\boldsymbol{A})=R(\boldsymbol{A},\boldsymbol{b})=n$；

(3) 有无穷多解的充要条件是 $R(\boldsymbol{A})=R(\boldsymbol{A},\boldsymbol{b})<n$.

证明　只需证明条件的充分性，因为 (1)、(2)、(3) 中条件的必要性依次是 (2)(3)，(1) (3)，(1) (2) 中条件的充分性的逆否命题.

设 $R(\mathbf{A})=r$，为了叙述上的方便，不妨设增广矩阵 $\overline{\mathbf{A}}$ 经过有限次矩阵初等行变换化为行最简形矩阵：

$$\begin{pmatrix} 1 & 0 & \cdots & 0 & b_{1(r+1)} & \cdots & b_{1n} & d_1 \\ 0 & 1 & \cdots & 0 & b_{2(r+1)} & \cdots & b_{2n} & d_2 \\ \vdots & \vdots & \vdots & \vdots & \vdots & \vdots & \vdots & \vdots \\ 0 & 0 & \cdots & 1 & b_{r(r+1)} & \cdots & b_{rn} & d_r \\ 0 & 0 & \cdots & 0 & 0 & \cdots & 0 & d_{r+1} \\ 0 & 0 & 0 & 0 & 0 & \cdots & 0 & 0 \\ \vdots & \vdots & \vdots & \vdots & \vdots & \vdots & \vdots & \vdots \\ 0 & 0 & \cdots & 0 & 0 & \cdots & 0 & 0 \end{pmatrix}.$$

故此时可以得到与原方程组同解的方程组（即以上述行最简形矩阵为增广矩阵的方程组）为

$$\begin{cases} x_1+b_{1(r+1)}x_{r+1}+\cdots+b_{1n}x_n=d_1 \\ x_2+b_{2(r+1)}x_{r+1}+\cdots+b_{2n}x_n=d_2 \\ \vdots \\ x_r+b_{r(r+1)}x_{r+1}\cdots+b_{rn}x_n=d_r \\ 0=d_{r+1} \\ 0=0 \\ \vdots \\ 0=0 \end{cases}. \tag{1.4}$$

下面只需要讨论这个方程组的解的情况即可.

(1) 若 $R(\mathbf{A})<R(\mathbf{A},\boldsymbol{b})$，则 $d_{r+1}\neq 0$，此时方程组(1.4)中有矛盾方程，故原方程组(1.1)无解.

(2) 若 $R(\mathbf{A})=R(\mathbf{A},\boldsymbol{b})=r=n$，则 $d_{r+1}=0$，则在原方程组(1.1)对应的同解方程组为

$$\begin{cases} x_1=d_1 \\ x_2=d_2 \\ \vdots \\ x_n=d_n \end{cases}.$$

显然此时方程组有唯一解，且可直接写出该唯一解.

(3) 若 $R(\mathbf{A})=R(\mathbf{A},\boldsymbol{b})=r<n$，则 $d_{r+1}=0$，此时原方程组同解的方程组(1.4)可以改写为

$$\begin{cases} x_1=d_1-b_{1(r+1)}x_{r+1}-\cdots-b_{1n}x_n \\ x_2=d_2-b_{2(r+1)}x_{r+1}-\cdots-b_{2n}x_n \\ \vdots \\ x_r=d_r-b_{r(r+1)}x_{r+1}-\cdots-b_{rn}x_n \end{cases}. \tag{1.5}$$

显然，未知量 $x_{r+1},x_{r+2},\cdots,x_n$ 可以取任何的值，故不妨令 $x_{r+1}=c_1,x_{r+2}=c_2,\cdots,x_n=c_{n-r}$（其中 $c_1,c_2,\cdots,c_{n-r}$ 为任意常数），则可得到方程组(1.4)含有 $n-r$ 个参数的解

$$\begin{pmatrix} x_1 \\ \vdots \\ x_r \\ x_{r+1} \\ \vdots \\ x_n \end{pmatrix} = \begin{pmatrix} d_1 - b_{1(r+1)}c_1 - \cdots - b_{1n}c_{n-r} \\ \vdots \\ d_r - b_{r(r+1)}c_1 - \cdots - b_{rn}c_{n-r} \\ c_1 \\ \vdots \\ c_{n-r} \end{pmatrix},$$

或常改写为

$$\begin{pmatrix} x_1 \\ \vdots \\ x_r \\ x_{r+1} \\ \vdots \\ x_n \end{pmatrix} = c_1 \begin{pmatrix} -b_{1(r+1)} \\ \vdots \\ -b_{r(r+1)} \\ 1 \\ \vdots \\ 0 \end{pmatrix} + \cdots + c_{n-r} \begin{pmatrix} -b_{1n} \\ \vdots \\ -b_{rn} \\ 0 \\ \vdots \\ 1 \end{pmatrix} + \begin{pmatrix} d_1 \\ \vdots \\ d_r \\ 0 \\ \vdots \\ 0 \end{pmatrix}. \qquad (1.6)$$

证毕

由定理的证明过程，我们不难发现：当 $R(\boldsymbol{A})=R(\boldsymbol{A},\boldsymbol{b})=r<n$ 时，对于 $x_{r+1},x_{r+2},\cdots,x_n$ 任意取定的一组数值，代入方程组(1.5)，就唯一确定出了 $x_1,x_2,\cdots,x_r$ 值，也就是定出原方程组(1.1)的一个解．

一般地，由于 $x_{r+1},x_{r+2},\cdots,x_n$ 的值可以为任意数，所有方程组(1.1)就有无穷多解．即可以把 $x_1,x_2,\cdots,x_r$ 的值由 $x_{r+1},x_{r+2},\cdots,x_n$ 这些量表示出来．这样表示出来的解(1.6)称为方程组(1.1)的通解（或一般解），因 $x_{r+1},x_{r+2},\cdots,x_n$ 可以任意取值，故称它们为自由未知量.

推论 1.1　n 元齐次线性方程组 $\boldsymbol{AX}=0$ 有非零解（或无穷多解）的充分必要条件是 $R(\boldsymbol{A})<n$，只有零解的充分必要条件是 $R(\boldsymbol{A})=n$.

推论 1.2　含有 n 个未知量 m 个方程的齐次线性方程组 $\boldsymbol{AX}=\boldsymbol{0}$，若 $m<n$，则该方程组有无穷多解.

注　结合定理 1.1 的证明过程，求解线性方程组的解题步骤可归纳如下，这种方法常称为高斯消元法.

(1) 写出 n 元非齐次线性方程组的增广矩阵，并利用矩阵初等行变换化其为行阶梯形矩阵，即可直接得到 $R(\boldsymbol{A})$与 $R(\boldsymbol{A},\boldsymbol{b})$的秩.

(2) 利用线性方程组解的判别定理给出解的情况.

若 $R(\boldsymbol{A})\neq R(\boldsymbol{A},\boldsymbol{b})$，则方程组无解.

若 $R(\boldsymbol{A})=R(\boldsymbol{A},\boldsymbol{b})$，则方程组有解．此时需要把行阶梯形矩阵进一步化为行最简形矩阵.

情形 1　若 $R(\boldsymbol{A})=R(\boldsymbol{A},\boldsymbol{b})=n$，此时方程组只有唯一解，我们可以直接从行最简形矩阵中写出其解.

情形 2　若 $R(\boldsymbol{A})=R(\boldsymbol{A},\boldsymbol{b})<n$，此时方程组有无穷多个解．此时，可以根据行最简形矩阵得到原方程组同解的方程组．接下来，选择行最简形矩阵中 r 个非零行的首位非零元对应的未知量为非自由未知量，那么剩下的 $n-r$ 个未知量为自由未知量，得方程组的解．再把自由未知量分别取为任意常数 $c_1,c_2,\cdots,c_{n-r}$可得方程组的通解.

对于 n 元齐次线性方程组的求解，我们只需要从一开始写出其系数矩阵，其他步骤与非齐次方程组类似，这里就不再赘述.

例 1.4 求解下列线性方程组

(1) $\begin{cases} x_1-2x_2+3x_3+2x_4=1 \\ 3x_1-x_2+5x_3-x_4=-1 \\ 2x_1+x_2+2x_3-3x_4=3 \end{cases}$；　(2) $\begin{cases} x_1-x_2+2x_3=1 \\ 3x_1+x_2+2x_3=3 \\ x_1-2x_2+x_3=-1 \\ 2x_1-2x_2+5x_3=3 \end{cases}$.

解 (1) 由于

$$\overline{\mathbf{A}}=\begin{pmatrix} 1 & -2 & 3 & 2 & 1 \\ 3 & -1 & 5 & -1 & -1 \\ 2 & 1 & 2 & -3 & 3 \end{pmatrix} \xrightarrow[r_3-2r_1]{r_2-3r_1} \begin{pmatrix} 1 & -2 & 3 & 2 & 1 \\ 0 & 5 & -4 & -7 & -4 \\ 0 & 5 & -4 & -7 & 1 \end{pmatrix}$$

$$\xrightarrow{r_3-r_2} \begin{pmatrix} 1 & -2 & 3 & 2 & 1 \\ 0 & 5 & -4 & -7 & -4 \\ 0 & 0 & 0 & 0 & 5 \end{pmatrix}.$$

由于 $R(\mathbf{A})=2$，但 $R(\overline{\mathbf{A}})=3$，故原方程组无解.

(2) 由于 $\overline{\mathbf{A}}=\begin{pmatrix} 1 & -1 & 2 & 1 \\ 3 & 1 & 2 & 3 \\ 1 & -2 & 1 & -1 \\ 2 & -2 & 5 & 3 \end{pmatrix} \xrightarrow[\substack{r_3-r_1 \\ r_4-2r_1}]{r_2-3r_1} \begin{pmatrix} 1 & -1 & 2 & 1 \\ 0 & 4 & -4 & 0 \\ 0 & -1 & -1 & -2 \\ 0 & 0 & 1 & 1 \end{pmatrix}$

$$\xrightarrow[r_3+r_2]{\frac{1}{4}r_2} \begin{pmatrix} 1 & -1 & 2 & 1 \\ 0 & 1 & -1 & 0 \\ 0 & 0 & -2 & -2 \\ 0 & 0 & 1 & 1 \end{pmatrix} \xrightarrow[r_4+r_3]{-\frac{1}{2}r_3} \begin{pmatrix} 1 & -1 & 2 & 1 \\ 0 & 1 & -1 & 0 \\ 0 & 0 & 1 & 1 \\ 0 & 0 & 0 & 0 \end{pmatrix}$$

$$\xrightarrow[r_2+r_3]{r_1-2r_3} \begin{pmatrix} 1 & -1 & 0 & -1 \\ 0 & 1 & 0 & 1 \\ 0 & 0 & 1 & 1 \\ 0 & 0 & 0 & 0 \end{pmatrix} \xrightarrow{r_1+r_2} \begin{pmatrix} 1 & 0 & 0 & 0 \\ 0 & 1 & 0 & 1 \\ 0 & 0 & 1 & 1 \\ 0 & 0 & 0 & 0 \end{pmatrix}.$$

由于 $R(\mathbf{A})=R(\overline{\mathbf{A}})=3$，故原方程组有唯一解，其解为 $x_1=0, x_2=1, x_3=1$.

例 1.5 求线性方程组的解

(1) $\begin{cases} x_1-x_2+x_3-x_4=0 \\ 2x_1-x_2+3x_3-2x_4=-1 \\ 3x_1-2x_2-x_3+2x_4=4 \end{cases}$；　(2) $\begin{cases} x_1-x_2+x_3-2x_4=0 \\ -4x_1+2x_2-2x_3+3x_4=0 \\ -x_1-3x_2+3x_3-8x_4=0 \\ 2x_1+4x_2-4x_3+11x_4=0 \end{cases}$.

解 (1) 方程组的增广矩阵

$$\overline{\mathbf{A}}=\begin{pmatrix} 1 & -1 & 1 & -1 & 0 \\ 2 & -1 & 3 & -2 & -1 \\ 3 & -2 & -1 & 2 & 4 \end{pmatrix} \xrightarrow[r_3-3r_1]{r_2-2r_1} \begin{pmatrix} 1 & -1 & 1 & -1 & 0 \\ 0 & 1 & 1 & 0 & -1 \\ 0 & 1 & -4 & 5 & 4 \end{pmatrix}$$

$$\xrightarrow{r_3-r_2}\begin{pmatrix}1&-1&1&-1&0\\0&1&1&0&-1\\0&0&-5&5&5\end{pmatrix}\xrightarrow{-\frac{1}{5}r_3}\begin{pmatrix}1&-1&1&-1&0\\0&1&1&0&-1\\0&0&1&-1&-1\end{pmatrix}$$

$$\xrightarrow[r_2-r_3]{r_1-r_3}\begin{pmatrix}1&-1&0&0&1\\0&1&0&1&0\\0&0&1&-1&-1\end{pmatrix}\xrightarrow{r_1+r_2}\begin{pmatrix}1&0&0&1&1\\0&1&0&1&0\\0&0&1&-1&-1\end{pmatrix}.$$

由于 $R(\boldsymbol{A})=R(\overline{\boldsymbol{A}})=3<4$，故原方程组有无穷多解.

与原方程同解的方程组为

$$\begin{cases}x_1+x_4=1\\x_2+x_4=0\\x_3-x_4=-1\end{cases},$$

即
$$\begin{cases}x_1=1-x_4\\x_2=-x_4\\x_3=-1+x_4\end{cases}\quad(x_4\text{ 为自由未知量}).$$

故原方程的通解为

$$\begin{pmatrix}x_1\\x_2\\x_3\\x_4\end{pmatrix}=c\begin{pmatrix}-1\\-1\\1\\1\end{pmatrix}+\begin{pmatrix}1\\0\\-1\\0\end{pmatrix}，\text{其中 } c \text{ 为任意常数.}$$

(2) $$\boldsymbol{A}=\begin{pmatrix}1&-1&1&-2\\-4&2&-2&3\\-1&-3&3&-8\\2&4&-4&11\end{pmatrix}\xrightarrow[\substack{r_3+r_1\\r_4-2r_1}]{r_2+4r_1}\begin{pmatrix}1&-1&1&-2\\0&-2&2&-5\\0&-4&4&-10\\0&6&-6&15\end{pmatrix}$$

$$\xrightarrow[r_4+3r_2]{r_3-2r_2}\begin{pmatrix}1&-1&1&-2\\0&-2&2&-5\\0&0&0&0\\0&0&0&0\end{pmatrix}\xrightarrow[r_1+r_2]{-\frac{1}{2}r_2}\begin{pmatrix}1&0&0&\frac{1}{2}\\0&1&-1&\frac{5}{2}\\0&0&0&0\\0&0&0&0\end{pmatrix}.$$

由于 $R(\boldsymbol{A})=2<4$，故原方程组有无穷多解.

与原方程同解的方程组为

$$\begin{cases}x_1+\frac{1}{2}x_4=0\\x_2-x_3+\frac{5}{2}x_4=0\end{cases},$$

即
$$\begin{cases}x_1=-\frac{1}{2}x_4\\x_2=x_3-\frac{5}{2}x_4\end{cases}\quad(\text{其中 } x_3,x_4\text{ 为自由未知量}).$$

故方程组的通解为

$$\begin{pmatrix}x_1\\x_2\\x_3\\x_4\end{pmatrix}=c_1\begin{pmatrix}0\\1\\1\\0\end{pmatrix}+c_2\begin{pmatrix}-\frac{1}{2}\\-\frac{5}{2}\\0\\1\end{pmatrix}，其中 c_1,c_2 为任意常数.$$

例 1.6 设有线性方程组

$$\begin{cases}\lambda x_1+x_2+x_3=\lambda-2\\x_1+\lambda x_2+x_3=-1\\x_1+x_2+\lambda x_3=-1\end{cases},$$

问 λ 取何值时方程组无解？有唯一解？无穷多解？并在有无穷多解时求出其通解.

解　方法 1

$$\overline{\mathbf{A}}=\begin{pmatrix}\lambda&1&1&\lambda-2\\1&\lambda&1&-1\\1&1&\lambda&-1\end{pmatrix}\xrightarrow{r_1\leftrightarrow r_3}\begin{pmatrix}1&1&\lambda&-1\\1&\lambda&1&-1\\\lambda&1&1&\lambda-2\end{pmatrix}$$

$$\xrightarrow[r_3-\lambda r_1]{r_2-r_1}\begin{pmatrix}1&1&\lambda&-1\\0&\lambda-1&1-\lambda&0\\0&1-\lambda&1-\lambda^2&2\lambda-2\end{pmatrix}\xrightarrow{r_3+r_2}\begin{pmatrix}1&1&\lambda&-1\\0&\lambda-1&1-\lambda&0\\0&0&-(\lambda-1)(\lambda+2)&2\lambda-2\end{pmatrix}.$$

(1) 当 $\lambda\neq1$ 且 $\lambda\neq-2$ 时，$R(\mathbf{A})=R(\overline{\mathbf{A}})=3$，方程组有唯一解.

(2) 当 $\lambda=-2$ 时，$R(\mathbf{A})=2$，$R(\overline{\mathbf{A}})=3$，故原方程组无解.

(3) 当 $\lambda=1$ 时，有

$$\overline{\mathbf{A}}\rightarrow\begin{pmatrix}1&1&1&-1\\0&0&0&0\\0&0&0&0\end{pmatrix}.$$

显然 $R(\mathbf{A})=R(\overline{\mathbf{A}})=1<3$，故方程组有无穷多解，其同解的方程组为

$$x_1+x_2+x_3=-1,$$

即 $$x_1=-1-x_2-x_3\ (x_2,x_3\ 为自由未知量),$$

故此时原方程组的通解为 $\begin{pmatrix}x_1\\x_2\\x_3\end{pmatrix}=c_1\begin{pmatrix}-1\\1\\0\end{pmatrix}+c_2\begin{pmatrix}-1\\0\\1\end{pmatrix}+\begin{pmatrix}-1\\0\\0\end{pmatrix}$，其中 c_1,c_2 为任意常数.

方法 2

由于原方程组的系数矩阵为方阵，故方程组有唯一解的充要条件是系数行列式 $|\mathbf{A}|\neq0$，即

$$|\mathbf{A}|=\begin{vmatrix}\lambda&1&1\\1&\lambda&1\\1&1&\lambda\end{vmatrix}\xlongequal{r_1\leftrightarrow r_3}-\begin{vmatrix}1&1&\lambda\\1&\lambda&1\\\lambda&1&1\end{vmatrix}\xlongequal[r_3-\lambda r_1]{r_2-r_1}-\begin{vmatrix}1&1&\lambda\\0&\lambda-1&1-\lambda\\0&1-\lambda&1-\lambda^2\end{vmatrix}\xlongequal[\text{展开}]{\text{第 1 列}}(\lambda-1)^2(\lambda+2),$$

所以，(1) 当 $(\lambda-1)^2(\lambda+2)\neq0$，即 $\lambda\neq1$ 或 $\lambda\neq-2$ 时，原方程组有唯一解.

(2) 当 $\lambda=-2$ 时，原方程组的增广矩阵

$$\overline{\boldsymbol{A}}=\begin{pmatrix}-2&1&1&-4\\1&-2&1&-1\\1&1&-2&-1\end{pmatrix}\xrightarrow[r_3+2r_1]{\substack{r_1\leftrightarrow r_3\\r_2-r_1}}\begin{pmatrix}1&1&-2&-1\\0&-3&3&0\\0&3&-3&-6\end{pmatrix}\xrightarrow{r_3+2r_2}\begin{pmatrix}1&1&-2&-1\\0&-3&3&0\\0&0&0&-6\end{pmatrix}.$$

从而 $R(\boldsymbol{A})=2,R(\overline{\boldsymbol{A}})=3$，故原方程组无解.

(3) 当 $\lambda=1$ 时，有

$$\overline{\boldsymbol{A}}=\begin{pmatrix}1&1&1&-1\\1&1&1&-1\\1&1&1&-1\end{pmatrix}\xrightarrow[r_3-r_1]{r_2-r_1}\begin{pmatrix}1&1&1&-1\\0&0&0&0\\0&0&0&0\end{pmatrix},$$

显然 $R(\boldsymbol{A})=R(\overline{\boldsymbol{A}})=1<3$，故方程组有无穷多解，其同解的方程组为

$$x_1+x_2+x_3=-1,$$

即

$$x_1=-1-x_2-x_3\ （x_2,x_3\ 为自由未知量）.$$

故此时原方程组的通解为 $\begin{pmatrix}x_1\\x_2\\x_3\end{pmatrix}=c_1\begin{pmatrix}-2\\1\\0\end{pmatrix}+c_2\begin{pmatrix}-2\\0\\1\end{pmatrix}+\begin{pmatrix}-1\\0\\0\end{pmatrix}$，其中 c_1,c_2 为任意常数.

§ 3.2　*n* 维向量及其线性相关性

为从数学上描写速度、位移、力等物理量，在高等数学中曾介绍了二、三维向量的概念，即用二、三元数组描述了一系列物理现象. 但要更广泛地应用向量这个工具只考虑二三维空间就不够了. 因此有必要拓广向量的概念，引入由 n 元数组构成的 n 维向量的概念. 本节首先从 n 维向量研究起.

本节重点掌握 n 维向量、向量组的线性表示、向量组线性相关与线性无关等概念，会判断一个向量能否由一个向量组来线性表示，并在能表示时会求出相应的表达式；会判别向量组的线性相关性.

一、*n* 维向量的概念

定义 2.1　由 n 个数 $a_1,a_2,\cdots,a_n$ 组成的一个有序数组 $\boldsymbol{\alpha}=(a_1,a_2,\cdots,a_n)$ 称为 n 维行向量，$\boldsymbol{\alpha}=(a_1,a_2,\cdots,a_n)^{\mathrm{T}}$ 称为 n 维列向量，它们统称为 n 维向量. 其中 $a_i(i=1,2,\cdots,n)$ 称为 n 维向量的第 i 个分量（或坐标）.

注　(1) 习惯上，通常用小写黑体希腊字母 $\boldsymbol{\alpha},\boldsymbol{\beta},\boldsymbol{\gamma},\cdots$ 表示列向量，而用 $\boldsymbol{\alpha}^{\mathrm{T}},\boldsymbol{\beta}^{\mathrm{T}},\boldsymbol{\gamma}^{\mathrm{T}},\cdots$ 表示行向量. 用小写英文字母 $a,b,c,\cdots$ 表示其分量. 分量全为零的向量称作零向量，记作 $\mathbf{0}$.

(2) 分量全为实数（复数）的向量称为实（复）向量，本教材只研究实向量，除非特别指出.

(3) 所有 n 维实向量的全体组成的集合 $\boldsymbol{R}^n=\{\boldsymbol{\alpha}=(a_1,a_2,\cdots,a_n)^{\mathrm{T}},a_1,a_2,\cdots,a_n\in\boldsymbol{R}\}$ 称

为 n 维实向量空间. 类似地，数域 P 上 n 维向量的全体组成的集合记为 P^n.

(4) 若干个同维数的行向量（或同维数的列向量）所组成的集合称为一个向量组.

(5) 不难发现，n 维行向量就是一个 $1\times n$ 的矩阵，n 维列向量就是一个 $n\times 1$ 的矩阵. 从而，一方面：对于任意的矩阵

$$\boldsymbol{A}_{m\times n}=\begin{pmatrix} a_{11} & a_{12} & \cdots & a_{1n} \\ a_{21} & a_{22} & \cdots & a_{2n} \\ \vdots & \vdots & \vdots & \vdots \\ a_{m1} & a_{m2} & \cdots & a_{mn} \end{pmatrix}$$

中每一行都可以看成是一个 n 维行向量，每一列都可以看做是一个 m 维列向量.

即 $\boldsymbol{A}_{m\times n}$ 可以看成是由 m 个 n 维行向量组构成的，也可以看成是由 n 个 m 维列向量组构成的. 反之亦然. 这就启发我们，向量的问题和矩阵的问题是可以互相转化的.

另一方面，按照矩阵相等、加法和数与矩阵的乘法运算法则我们不难定义向量的相关性质和运算.

为叙述方便，本书中出现的向量默认都是指列向量，除非特别指出.

向量作为特殊的矩阵，我们当然可以按照矩阵的线性运算来定义 n 维向量之间的线性运算.

定义 2.2 设 n 维向量 $\boldsymbol{\alpha}=(a_1,a_2,\cdots,a_n)^{\mathrm{T}}$ 与 $\boldsymbol{\beta}=(b_1,b_2,\cdots,b_n)^{\mathrm{T}}$,

(1) 若向量 $\boldsymbol{\alpha}$ 与 $\boldsymbol{\beta}$ 的对应分量都相等，即 $a_i=b_i(i=1,2,\cdots,n)$，则称向量 $\boldsymbol{\alpha}$ 等于向量 $\boldsymbol{\beta}$，记为 $\boldsymbol{\alpha}=\boldsymbol{\beta}$;

(2) 向量 $\boldsymbol{\alpha}$ 与 $\boldsymbol{\beta}$ 的和（差）为 $\boldsymbol{\alpha}\pm\boldsymbol{\beta}=(a_1\pm b_1,a_2\pm b_2,\cdots,a_n\pm b_n)^{\mathrm{T}}$;

(3) 设 k 是一个常数，则向量 $k\boldsymbol{\alpha}=(ka_1,ka_2,\cdots,ka_n)^{\mathrm{T}}$，称为数 k 与向量 $\boldsymbol{\alpha}$ 的乘积.

向量加法和数与向量的乘法两种运算，统称为向量的线性运算.

例 2.1 设 $\boldsymbol{\alpha}_1=(2,-4,1,-1)^{\mathrm{T}},\boldsymbol{\alpha}_2=\left(-3,-1,2,-\frac{5}{2}\right)^{\mathrm{T}}$，如果向量满足 $3\boldsymbol{\alpha}_1-2(\boldsymbol{\beta}+\boldsymbol{\alpha}_2)=\boldsymbol{0}$，求 $\boldsymbol{\beta}$.

解 由题设条件，有 $3\boldsymbol{\alpha}_1-2\boldsymbol{\beta}-2\boldsymbol{\alpha}_2=\boldsymbol{0}$,

故 $\boldsymbol{\beta}=-\frac{1}{2}(2\boldsymbol{\alpha}_2-3\boldsymbol{\alpha}_1)=-\boldsymbol{\alpha}_2+\frac{3}{2}\boldsymbol{\alpha}_1$

$$=-\left(-3,-1,2,-\frac{5}{2}\right)^{\mathrm{T}}+\frac{3}{2}(2,-4,1,-1)^{\mathrm{T}}=\left(6,-5,-\frac{1}{2},1\right)^{\mathrm{T}}.$$

二、向量组的线性表示

定义 2.3 对于向量组 $\boldsymbol{\alpha}_1,\boldsymbol{\alpha}_2,\cdots,\boldsymbol{\alpha}_m$，任取一组数 $k_1,k_2,\cdots,k_m$，称表达式

$$k_1\boldsymbol{\alpha}_1+k_2\boldsymbol{\alpha}_2+\cdots+k_m\boldsymbol{\alpha}_m$$

是这 m 个向量 $\boldsymbol{\alpha}_1,\boldsymbol{\alpha}_2,\cdots,\boldsymbol{\alpha}_m$ 的一个线性组合，其中 $k_1,k_2,\cdots,k_m$ 称为这个线性组合的系数.

对于一个给定向量组 $\boldsymbol{\alpha}_1,\boldsymbol{\alpha}_2,\cdots,\boldsymbol{\alpha}_m$ 及向量 $\boldsymbol{\beta}$，若存在一组数 $k_1,k_2,\cdots,k_m$，使得

$$\boldsymbol{\beta}=k_1\boldsymbol{\alpha}_1+k_2\boldsymbol{\alpha}_2+\cdots+k_m\boldsymbol{\alpha}_m,$$

则称向量 $\boldsymbol{\beta}$ 可由 $\boldsymbol{\alpha}_1,\boldsymbol{\alpha}_2,\cdots,\boldsymbol{\alpha}_m$ 线性表示，或称向量 $\boldsymbol{\beta}$ 可表示为 $\boldsymbol{\alpha}_1,\boldsymbol{\alpha}_2,\cdots,\boldsymbol{\alpha}_m$ 的一个线性

组合，其中 $k_1,k_2,\cdots,k_m$ 称为表示系数．否则，则称 $\boldsymbol{\beta}$ 不可由 $\boldsymbol{\alpha}_1,\boldsymbol{\alpha}_2,\cdots,\boldsymbol{\alpha}_m$ 线性表示．

例如　任何一个 n 维向量 $\boldsymbol{\alpha}=(a_1,a_2,\cdots,a_n)^{\mathrm{T}}$ 都可由 n 维向量组

$$\boldsymbol{\varepsilon}_1=(1,0,\cdots,0)^{\mathrm{T}},\boldsymbol{\varepsilon}_2=(0,1,\cdots,0)^{\mathrm{T}},\cdots,\boldsymbol{\varepsilon}_n=(0,0,\cdots,1)^{\mathrm{T}}.$$

线性表示为 $\boldsymbol{\alpha}=a_1\boldsymbol{\varepsilon}_1+a_2\boldsymbol{\varepsilon}_2+\cdots+a_n\boldsymbol{\varepsilon}_n$．常把向量组 $\boldsymbol{\varepsilon}_1,\boldsymbol{\varepsilon}_2,\cdots,\boldsymbol{\varepsilon}_n$ 称为 n 维单位坐标向量组．

再如　向量组 $\boldsymbol{\alpha}_1,\boldsymbol{\alpha}_2,\cdots,\boldsymbol{\alpha}_m$ 中的每一个向量都可由该向量组自身线性表出．

事实上，$\boldsymbol{\alpha}_i=0\cdot\boldsymbol{\alpha}_1+0\cdot\boldsymbol{\alpha}_2+\cdots+1\cdot\boldsymbol{\alpha}_i+\cdots+0\cdot\boldsymbol{\alpha}_m(i=1,2,\cdots,m)$．

对于任意给定的向量 $\boldsymbol{\beta}$ 以及向量组 $\boldsymbol{\alpha}_1,\boldsymbol{\alpha}_2,\cdots,\boldsymbol{\alpha}_m$，如何判断 $\boldsymbol{\beta}$ 能否由 $\boldsymbol{\alpha}_1,\boldsymbol{\alpha}_2,\cdots,\boldsymbol{\alpha}_m$ 线性表出呢？不妨设

$$\boldsymbol{\beta}=\begin{pmatrix}b_1\\b_2\\\vdots\\b_n\end{pmatrix},\boldsymbol{\alpha}_1=\begin{pmatrix}a_{11}\\a_{21}\\\vdots\\a_{n1}\end{pmatrix},\boldsymbol{\alpha}_2=\begin{pmatrix}a_{12}\\a_{22}\\\vdots\\a_{n2}\end{pmatrix},\cdots,\boldsymbol{\alpha}_m=\begin{pmatrix}a_{1m}\\a_{2m}\\\vdots\\a_{nm}\end{pmatrix}.$$

若 $\boldsymbol{\beta}$ 可由 $\boldsymbol{\alpha}_1,\boldsymbol{\alpha}_2,\cdots,\boldsymbol{\alpha}_m$ 线性表示，则必存在一组数 $k_1,k_2,\cdots,k_m$，使

$$\boldsymbol{\beta}=k_1\boldsymbol{\alpha}_1+k_2\boldsymbol{\alpha}_2+\cdots+k_m\boldsymbol{\alpha}_m$$

成立，它等价于方程组

$$\begin{cases}a_{11}k_1+a_{12}k_2+\cdots+a_{1m}k_m=b_1\\a_{21}k_1+a_{22}k_2+\cdots+a_{2m}k_m=b_2\\\qquad\vdots\\a_{n1}k_1+a_{n2}k_2+\cdots+a_{nm}k_m=b_n\end{cases}\tag{2.1}$$

有解．而在求方程组(2.1)的解时，我们常研究其增广矩阵

$$\overline{\boldsymbol{A}}=\begin{pmatrix}a_{11}&a_{12}&\cdots&a_{1m}&b_1\\a_{21}&a_{22}&\cdots&a_{2m}&b_2\\\vdots&\vdots&\vdots&\vdots&\vdots\\a_{n1}&a_{n2}&\cdots&a_{nm}&b_n\end{pmatrix}=(\boldsymbol{\alpha}_1,\boldsymbol{\alpha}_2,\cdots,\boldsymbol{\alpha}_m;\boldsymbol{\beta})$$ 与系数矩阵 $\boldsymbol{A}=(\boldsymbol{\alpha}_1,\boldsymbol{\alpha}_2,\cdots,\boldsymbol{\alpha}_m)$ 秩的关系．由此，可以直接得到下面定理．

定理 2.1　向量 $\boldsymbol{\beta}$ 可由向量组 $\boldsymbol{\alpha}_1,\boldsymbol{\alpha}_2,\cdots,\boldsymbol{\alpha}_m$ 线性表出充要条件是方程组(2.1)有解，且方程组的解就是线性组合的表示系数，即矩阵$(\boldsymbol{\alpha}_1,\boldsymbol{\alpha}_2,\cdots,\boldsymbol{\alpha}_m)$与$(\boldsymbol{\alpha}_1,\boldsymbol{\alpha}_2,\cdots,\boldsymbol{\alpha}_m;\boldsymbol{\beta})$的秩相等．

例 2.2　判断向量 $\boldsymbol{\beta}=(-3,\ -1,\ 0,\ -6)^{\mathrm{T}}$ 可否由向量组 $\boldsymbol{\alpha}_1=(1,\ 2,\ -1,\ 5)^{\mathrm{T}}$，$\boldsymbol{\alpha}_2=(2,\ -1,\ 1,\ 1)^{\mathrm{T}},\boldsymbol{\alpha}_3=(4,\ 3,\ -1,\ 11)^{\mathrm{T}}$ 线性表示？

解　由于

$$\boldsymbol{A}=(\boldsymbol{\alpha}_1,\boldsymbol{\alpha}_2,\boldsymbol{\alpha}_3,\boldsymbol{\beta})=\begin{pmatrix}1&2&4&-3\\2&-1&3&-1\\-1&1&-1&6\\5&1&11&-6\end{pmatrix}\xrightarrow[r_4-5r_1]{\substack{r_2-2r_1\\r_3+r_1}}\begin{pmatrix}1&2&4&-3\\0&-5&-5&5\\0&3&3&-3\\0&-9&-9&9\end{pmatrix}$$

$$\xrightarrow{-\frac{1}{5}r_2}\begin{pmatrix}1&2&4&-3\\0&1&1&-1\\0&3&3&3\\0&-9&-9&9\end{pmatrix}\xrightarrow[r_4+9r_2]{r_3-3r_2}\begin{pmatrix}1&2&4&-3\\0&1&1&-1\\0&0&0&0\\0&0&0&0\end{pmatrix}.$$

易见，$R(\boldsymbol{\alpha}_1,\boldsymbol{\alpha}_2,\boldsymbol{\alpha}_3,\boldsymbol{\beta})=R(\boldsymbol{\alpha}_1,\boldsymbol{\alpha}_2,\boldsymbol{\alpha}_3)=2$. 故 $\boldsymbol{\beta}$ 可由 $\boldsymbol{\alpha}_1,\boldsymbol{\alpha}_2,\boldsymbol{\alpha}_3$ 线性表示.

例 2.3 设 $\boldsymbol{\alpha}_1=(1,-1,2,4)^{\mathrm{T}},\boldsymbol{\alpha}_2=(1,0,4,4)^{\mathrm{T}},\boldsymbol{\alpha}_3=(0,2,3,0)^{\mathrm{T}},\boldsymbol{\alpha}_4=(2,-3,3,5)^{\mathrm{T}}$, $\boldsymbol{\beta}=(1,0,4,7)^{\mathrm{T}}$. 试问向量 $\boldsymbol{\beta}$ 能否由向量组 $\boldsymbol{\alpha}_1,\boldsymbol{\alpha}_2,\boldsymbol{\alpha}_3,\boldsymbol{\alpha}_4$ 线性表出？若能表示，并求出表示系数.

解 由于

$$\boldsymbol{A}=(\boldsymbol{\alpha}_1,\boldsymbol{\alpha}_2,\boldsymbol{\alpha}_3,\boldsymbol{\alpha}_4,\boldsymbol{\beta})=\begin{pmatrix}1&1&0&2&1\\-1&0&2&-3&0\\2&4&3&3&4\\4&4&0&5&7\end{pmatrix}\xrightarrow[\substack{r_3-2r_1\\r_4-4r_1}]{r_2+r_1}\begin{pmatrix}1&1&0&2&1\\0&1&2&-1&1\\0&2&3&-1&2\\0&0&0&-3&3\end{pmatrix}$$

$$\xrightarrow{r_3-2r_2}\begin{pmatrix}1&1&0&2&1\\0&1&2&-1&1\\0&0&-1&1&0\\0&0&0&-3&3\end{pmatrix}\xrightarrow[\substack{r_3-r_4\\r_2+r_4\\r_1-2r_4}]{-\frac{1}{3}r_4}\begin{pmatrix}1&1&0&0&3\\0&1&2&0&0\\0&0&-1&0&1\\0&0&0&1&-1\end{pmatrix}$$

$$\xrightarrow[r_2-2r_3]{-r_3}\begin{pmatrix}1&1&0&0&3\\0&1&0&0&2\\0&0&1&0&-1\\0&0&0&1&-1\end{pmatrix}\xrightarrow{r_1-r_2}\begin{pmatrix}1&0&0&0&1\\0&1&0&0&2\\0&0&1&0&-1\\0&0&0&1&-1\end{pmatrix},$$

故 $R(\boldsymbol{\alpha}_1,\boldsymbol{\alpha}_2,\boldsymbol{\alpha}_3,\boldsymbol{\alpha}_4)=R(\boldsymbol{\alpha}_1,\boldsymbol{\alpha}_2,\boldsymbol{\alpha}_3,\boldsymbol{\alpha}_4,\boldsymbol{\beta})=4$,
从而 $\boldsymbol{\beta}$ 能由向量组 $\boldsymbol{\alpha}_1,\boldsymbol{\alpha}_2,\boldsymbol{\alpha}_3,\boldsymbol{\alpha}_4$ 线性表出，同时可得表示系数为

$$k_1=1,k_2=2,k_3=-1,k_4=-1,$$

即有

$$\boldsymbol{\beta}=\boldsymbol{\alpha}_1+2\boldsymbol{\alpha}_2-\boldsymbol{\alpha}_3-\boldsymbol{\alpha}_4.$$

三、向量组的线性相关与线性无关

定义 2.4 对于向量组 $\boldsymbol{\alpha}_1,\boldsymbol{\alpha}_2,\cdots,\boldsymbol{\alpha}_m$，若存在 m 个不全为零的数 $k_1,k_2,\cdots,k_m$，使得

$$k_1\boldsymbol{\alpha}_1+k_2\boldsymbol{\alpha}_2+\cdots+k_m\boldsymbol{\alpha}_m=\boldsymbol{0},$$

则称向量组 $\boldsymbol{\alpha}_1,\boldsymbol{\alpha}_2,\cdots,\boldsymbol{\alpha}_m$ 线性相关，否则当且仅当 $k_1=k_2=\cdots=k_m=0$ 时，才有 $k_1\boldsymbol{\alpha}_1+k_2\boldsymbol{\alpha}_2+\cdots+k_m\boldsymbol{\alpha}_m=\boldsymbol{0}$ 成立，称向量组 $\boldsymbol{\alpha}_1,\boldsymbol{\alpha}_2,\cdots,\boldsymbol{\alpha}_m$ 线性无关.

注 由定义判别一个向量组 $\boldsymbol{\alpha}_1,\boldsymbol{\alpha}_2,\cdots,\boldsymbol{\alpha}_m$ 的线性相关性，我们可以先假设

$$k_1\boldsymbol{\alpha}_1+k_2\boldsymbol{\alpha}_2+\cdots+k_m\boldsymbol{\alpha}_m=\boldsymbol{0},$$

若能推导出 $k_1=k_2=\cdots=k_m=0$，则向量组 $\boldsymbol{\alpha}_1,\boldsymbol{\alpha}_2,\cdots,\boldsymbol{\alpha}_m$ 线性无关；
若能推导出 $k_1,k_2,\cdots,k_m$ 中至少有一个不为零，则向量组 $\boldsymbol{\alpha}_1,\boldsymbol{\alpha}_2,\cdots,\boldsymbol{\alpha}_m$ 线性相关.

结合向量组线性相关与线性无关的定义可以得出下列常用结论：

性质 2.1 零向量必线性相关，而一个非零向量必线性无关.

性质 2.2 含有零向量的任意一个向量组必线性相关.

性质 2.3　两个非零向量线性相关的充分必要条件是它们的对应分量成比例.

性质 2.4　如果向量组 $\boldsymbol{\alpha}_1,\boldsymbol{\alpha}_2,\cdots,\boldsymbol{\alpha}_m$ 中有一个部分组线性相关，则向量组 $\boldsymbol{\alpha}_1,\boldsymbol{\alpha}_2,\cdots,\boldsymbol{\alpha}_m$ 必线性相关.

证明　设向量组 $\boldsymbol{\alpha}_1,\boldsymbol{\alpha}_2,\cdots,\boldsymbol{\alpha}_m$ 中有 r 个 $(r\leqslant m)$ 向量的部分组线性相关，不妨设 $\boldsymbol{\alpha}_1,\boldsymbol{\alpha}_2,\cdots,\boldsymbol{\alpha}_r$ 线性相关，则存在一组不全为零的数 $k_1,k_2,\cdots,k_r$ 使得

$$k_1\boldsymbol{\alpha}_1+k_2\boldsymbol{\alpha}_2+\cdots+k_r\boldsymbol{\alpha}_r=\mathbf{0}$$

成立，因而存在一组不全为零的数 $k_1,k_2,\cdots,k_r,0,0,\cdots,0$ 使

$$k_1\boldsymbol{\alpha}_1+k_2\boldsymbol{\alpha}_2+\cdots+k_r\boldsymbol{\alpha}_r+0\cdot\boldsymbol{\alpha}_{r+1}+\cdots+0\cdot\boldsymbol{\alpha}_m=\mathbf{0}$$

成立. 即 $\boldsymbol{\alpha}_1,\boldsymbol{\alpha}_2,\cdots,\boldsymbol{\alpha}_m$ 线性相关.　　证毕

性质 2.4 的逆否命题为：

性质 2.5　如果向量组 $\boldsymbol{\alpha}_1,\boldsymbol{\alpha}_2,\cdots,\boldsymbol{\alpha}_m$ 线性无关，则其任何部分组必线性无关.

性质 2.6　如果向量组 $\boldsymbol{\alpha}_1,\boldsymbol{\alpha}_2,\cdots,\boldsymbol{\alpha}_m$ 线性无关，而向量组 $\boldsymbol{\alpha}_1,\boldsymbol{\alpha}_2,\cdots,\boldsymbol{\alpha}_m,\boldsymbol{\beta}$ 线性相关，则 $\boldsymbol{\beta}$ 可由向量组 $\boldsymbol{\alpha}_1,\boldsymbol{\alpha}_2,\cdots,\boldsymbol{\alpha}_m$ 线性表出，且表达式唯一.

证明　因为 $\boldsymbol{\alpha}_1,\boldsymbol{\alpha}_2,\cdots,\boldsymbol{\alpha}_m,\boldsymbol{\beta}$ 线性相关，所以存在一组不全为零的数 $k_1,k_2,\cdots,k_m,k_{m+1}$，使得

$$k_1\boldsymbol{\alpha}_1+k_2\boldsymbol{\alpha}_2+\cdots+k_m\boldsymbol{\alpha}_m+k_{m+1}\boldsymbol{\beta}=\mathbf{0}$$

成立. 则必有 $k_{m+1}\neq0$. 否则，若 $k_{m+1}=0$，上式成为

$$k_1\boldsymbol{\alpha}_1+k_2\boldsymbol{\alpha}_2+\cdots+k_m\boldsymbol{\alpha}_m=\mathbf{0},$$

且 $k_1,k_2,\cdots,k_m$ 不全为零，从而 $\boldsymbol{\alpha}_1,\boldsymbol{\alpha}_2,\cdots,\boldsymbol{\alpha}_m$ 线性相关，这与 $\boldsymbol{\alpha}_1,\boldsymbol{\alpha}_2,\cdots,\boldsymbol{\alpha}_m$ 线性无关矛盾. 因此 $k_{m+1}\neq0$，故

$$\boldsymbol{\beta}=-\frac{k_1}{k_{m+1}}\boldsymbol{\alpha}_1-\frac{k_2}{k_{m+1}}\boldsymbol{\alpha}_2-\cdots-\frac{k_m}{k_{m+1}}\boldsymbol{\alpha}_m,$$

即 $\boldsymbol{\beta}$ 可由向量组 $\boldsymbol{\alpha}_1,\boldsymbol{\alpha}_2,\cdots,\boldsymbol{\alpha}_m$ 线性表出.

下证表示法唯一.

假设 $\boldsymbol{\beta}$ 由向量组 $\boldsymbol{\alpha}_1,\boldsymbol{\alpha}_2,\cdots,\boldsymbol{\alpha}_m$ 线性表出的表达式不唯一，不妨设

$$\boldsymbol{\beta}=k_1\boldsymbol{\alpha}_1+k_2\boldsymbol{\alpha}_2+\cdots+k_m\boldsymbol{\alpha}_m,\quad \boldsymbol{\beta}=l_1\boldsymbol{\alpha}_1+l_2\boldsymbol{\alpha}_2+\cdots+l_m\boldsymbol{\alpha}_m,$$

则有

$$(k_1-l_1)\boldsymbol{\alpha}_1+(k_2-l_2)\boldsymbol{\alpha}_2+\cdots+(k_m-l_m)\boldsymbol{\alpha}_m=\mathbf{0}$$

成立. 由 $\boldsymbol{\alpha}_1,\boldsymbol{\alpha}_2,\cdots,\boldsymbol{\alpha}_m$ 线性无关可知

$$\begin{cases}k_1-l_1=0\\k_2-l_2=0\\\quad\vdots\\k_m-l_m=0\end{cases},$$

故　$k_1=l_1,k_2=l_2,\cdots,k_m=l_m$.

所以表示法是唯一的.　　证毕

定理 2.2　向量组 $\boldsymbol{\alpha}_1,\boldsymbol{\alpha}_2,\cdots,\boldsymbol{\alpha}_m$ $(m\geqslant2)$ 线性相关的充分必要条件是其中至少有一个向量可被其余向量线性表出.

证明　必要性　已知向量组 $\boldsymbol{\alpha}_1,\boldsymbol{\alpha}_2,\cdots,\boldsymbol{\alpha}_m$ $(m\geqslant2)$ 线性相关，由定义 2.4 知，有一组不全为零的数 $k_1,k_2,\cdots,k_m$，使得

$$k_1\boldsymbol{\alpha}_1+k_2\boldsymbol{\alpha}_2+\cdots+k_m\boldsymbol{\alpha}_m=\mathbf{0}.$$

不妨设 $k_m\neq 0$，则有

$$k_m\boldsymbol{\alpha}_m=-k_1\boldsymbol{\alpha}_1-k_2\boldsymbol{\alpha}_2-\cdots-k_{m-1}\boldsymbol{\alpha}_{m-1},$$

即

$$\boldsymbol{\alpha}_m=-\frac{k_1}{k_m}\boldsymbol{\alpha}_1-\frac{k_2}{k_m}\boldsymbol{\alpha}_2-\cdots-\frac{k_{m-1}}{k_m}\boldsymbol{\alpha}_{m-1}.$$

这说明 $\boldsymbol{\alpha}_m$ 可以由其余向量线性表出.

充分性　已知向量组 $\boldsymbol{\alpha}_1,\boldsymbol{\alpha}_2,\cdots,\boldsymbol{\alpha}_m$（$m\geqslant 2$）中至少有一个向量可被其余向量线性表出，不妨设为 $\boldsymbol{\alpha}_m$，即

$$\boldsymbol{\alpha}_m=l_1\boldsymbol{\alpha}_1+l_2\boldsymbol{\alpha}_2+\cdots+l_{m-1}\boldsymbol{\alpha}_{m-1},$$

移项得

$$l_1\boldsymbol{\alpha}_1+l_2\boldsymbol{\alpha}_2+\cdots+l_{m-1}\boldsymbol{\alpha}_{m-1}+(-1)\boldsymbol{\alpha}_m=\mathbf{0}.$$

因 $l_1,l_2,\cdots,l_{m-1},-1$ 中至少有 -1 不为零，所以 $\boldsymbol{\alpha}_1,\boldsymbol{\alpha}_2,\cdots,\boldsymbol{\alpha}_m$ 线性相关.　证毕

推论 2.1　向量组 $\boldsymbol{\alpha}_1,\boldsymbol{\alpha}_2,\cdots,\boldsymbol{\alpha}_m$（$m\geqslant 2$）线性无关的充分必要条件是其中任何一个向量都不能被其余向量线性表出.

对于给定的向量组 $\boldsymbol{\alpha}_1,\boldsymbol{\alpha}_2,\cdots,\boldsymbol{\alpha}_m$，我们除了用定义可以判别其线性相关性，还有没有更简洁的方法呢？

定理 2.3　对于向量组 $\boldsymbol{\alpha}_1,\boldsymbol{\alpha}_2,\cdots,\boldsymbol{\alpha}_m$，令 $\boldsymbol{A}=(\boldsymbol{\alpha}_1,\boldsymbol{\alpha}_2,\cdots,\boldsymbol{\alpha}_m),\boldsymbol{X}=(x_1,x_2,\cdots,x_m)^{\mathrm{T}}$，则向量组 $\boldsymbol{\alpha}_1,\boldsymbol{\alpha}_2,\cdots,\boldsymbol{\alpha}_m$ 线性相关（无关）的充分必要条件是 m 元齐次线性方程组 $\boldsymbol{AX}=\mathbf{0}$ 有非零解（只有零解）.

证明　必要性　不妨设 $\boldsymbol{\alpha}_1=\begin{pmatrix}a_{11}\\a_{21}\\\vdots\\a_{n1}\end{pmatrix},\boldsymbol{\alpha}_2=\begin{pmatrix}a_{12}\\a_{22}\\\vdots\\a_{n2}\end{pmatrix},\cdots,\boldsymbol{\alpha}_m=\begin{pmatrix}a_{1m}\\a_{2m}\\\vdots\\a_{nm}\end{pmatrix}$ 线性相关.

则由定义 2.4，存在一组不全为零的数 $k_1,k_2,\cdots,k_m$ 使得

$$k_1\boldsymbol{\alpha}_1+k_2\boldsymbol{\alpha}_2+\cdots+k_m\boldsymbol{\alpha}_m=\mathbf{0},$$

即

$$k_1\begin{pmatrix}a_{11}\\a_{21}\\\vdots\\a_{n1}\end{pmatrix}+k_2\begin{pmatrix}a_{12}\\a_{22}\\\vdots\\a_{n2}\end{pmatrix}+\cdots+k_m\begin{pmatrix}a_{1m}\\a_{2m}\\\vdots\\a_{nm}\end{pmatrix}=\begin{pmatrix}0\\0\\\vdots\\0\end{pmatrix},$$

按分量写即

$$\begin{cases}a_{11}k_1+a_{12}k_2+\cdots+a_{1m}k_m=0\\a_{21}k_1+a_{22}k_2+\cdots+a_{2m}k_m=0\\\qquad\vdots\\a_{n1}k_1+a_{n2}k_2+\cdots+a_{nm}k_m=0\end{cases}.$$

这说明 $k_1,k_2,\cdots,k_m$ 是方程组 $\boldsymbol{AX}=\mathbf{0}$ 的一个非零解.

充分性　如果齐次线性方程组 $\boldsymbol{AX}=\mathbf{0}$ 有非零解，不妨设 $k_1,k_2,\cdots,k_m$ 是它的一个非零解，将其代入 $\boldsymbol{AX}=\mathbf{0}$，有

$$\begin{cases} a_{11}k_1+a_{12}k_2+\cdots+a_{1m}k_m=0 \\ a_{21}k_1+a_{22}k_2+\cdots+a_{2m}k_m=0 \\ \quad\vdots \\ a_{n1}k_1+a_{n2}k_2+\cdots+a_{nm}k_m=0 \end{cases}.$$

将此方程组写成向量形式，就是 $k_1\boldsymbol{\alpha}_1+k_2\boldsymbol{\alpha}_2+\cdots+k_m\boldsymbol{\alpha}_m=\mathbf{0}$.

由定义 2.4 可知 $\boldsymbol{\alpha}_1,\boldsymbol{\alpha}_2,\cdots,\boldsymbol{\alpha}_m$ 线性相关. 证毕

我们沟通了向量组的线性相关性、矩阵的秩、方程组有解判别定理三者之间的关系，可用矩阵的秩判定向量组的相关性，叙述如下：

推论 2.2　含有 m 个向量 $\boldsymbol{\alpha}_1,\boldsymbol{\alpha}_2,\cdots,\boldsymbol{\alpha}_m$ 的向量组线性相关（无关）的充分必要条件是矩阵 $\boldsymbol{A}=(\boldsymbol{\alpha}_1,\boldsymbol{\alpha}_2,\cdots,\boldsymbol{\alpha}_m)$的秩小于（等于）向量组 $\boldsymbol{\alpha}_1,\boldsymbol{\alpha}_2,\cdots,\boldsymbol{\alpha}_m$ 中向量的个数m. 即

$$R(\boldsymbol{\alpha}_1,\boldsymbol{\alpha}_2,\cdots,\boldsymbol{\alpha}_m)<m(R(\boldsymbol{\alpha}_1,\boldsymbol{\alpha}_2,\cdots,\boldsymbol{\alpha}_m)=m).$$

注　该结论表明我们可利用矩阵的初等行变换的方法来判别向量组的相关性.

因为一个矩阵的秩不会大于矩阵的行数，因此可得下面的结论：

推论 2.3　若 n 维向量组中向量的个数大于 n，则该向量组必线性相关.

特别地　$n+1$ 个 n 维向量组必线性相关.

推论 2.4　对于 n 个 n 维向量

$$\boldsymbol{\alpha}_1=(a_{11},a_{21},\cdots,a_{n1})^{\mathrm{T}},\boldsymbol{\alpha}_2=(a_{12},a_{22},\cdots,a_{n2})^{\mathrm{T}},\cdots,\boldsymbol{\alpha}_n=(a_{1n},a_{2n},\cdots,a_{nn})^{\mathrm{T}},$$

线性相关（无关）的充要条件是行列式 $\begin{vmatrix} a_{11} & a_{12} & \cdots & a_{1n} \\ a_{21} & a_{22} & \cdots & a_{2n} \\ \vdots & \vdots & \vdots & \vdots \\ a_{n1} & a_{n2} & \cdots & a_{nn} \end{vmatrix}=0(\neq 0)$.

例 2.4　判断下列向量组的线性相关性.

（1）$\boldsymbol{\alpha}_1=(1,-2,-1,1)^{\mathrm{T}},\boldsymbol{\alpha}_2=(2,-3,3,-1)^{\mathrm{T}},\boldsymbol{\alpha}_3=(-1,4,5,-2)^{\mathrm{T}}$；

（2）$\boldsymbol{\alpha}_1=(1,-1,2,3)^{\mathrm{T}},\boldsymbol{\alpha}_2=(1,2,-1,4)^{\mathrm{T}},\boldsymbol{\alpha}_3=(2,2,0,8)^{\mathrm{T}},\boldsymbol{\alpha}_4=(-1,-5,4,-4)^{\mathrm{T}}$.

解　（1）由于 $\boldsymbol{A}=(\boldsymbol{\alpha}_1,\boldsymbol{\alpha}_2,\boldsymbol{\alpha}_3)=\begin{pmatrix} 1 & 2 & -1 \\ -2 & -3 & 4 \\ -1 & 3 & 5 \\ 1 & -1 & -2 \end{pmatrix} \xrightarrow[r_4-r_1]{\substack{r_2+2r_1 \\ r_3+r_1}} \begin{pmatrix} 1 & 2 & -1 \\ 0 & 1 & 2 \\ 0 & 5 & 4 \\ 0 & -3 & -1 \end{pmatrix}$

$$\xrightarrow[r_4+3r_2]{r_3-5r_2} \begin{pmatrix} 1 & 2 & -1 \\ 0 & 1 & 2 \\ 0 & 0 & -6 \\ 0 & 0 & 5 \end{pmatrix} \xrightarrow{r_4+\frac{5}{6}r_3} \begin{pmatrix} 1 & 2 & -1 \\ 0 & 1 & 2 \\ 0 & 0 & -6 \\ 0 & 0 & 0 \end{pmatrix},$$

故 $R(\boldsymbol{A})=3$，所以向量组 $\boldsymbol{\alpha}_1,\boldsymbol{\alpha}_2,\boldsymbol{\alpha}_3$ 线性无关.

（2）**方法 1**

由于 $\boldsymbol{A}=(\boldsymbol{\alpha}_1,\boldsymbol{\alpha}_2,\boldsymbol{\alpha}_3,\boldsymbol{\alpha}_4)=\begin{pmatrix} 1 & 1 & 2 & -1 \\ -1 & 2 & 2 & -5 \\ 2 & -1 & 0 & 4 \\ 3 & 4 & 8 & -4 \end{pmatrix} \xrightarrow[r_4-3r_1]{\substack{r_2+r_1 \\ r_3-2r_1}} \begin{pmatrix} 1 & 1 & 2 & -1 \\ 0 & 3 & 4 & -6 \\ 0 & -3 & -4 & 6 \\ 0 & 1 & 2 & -1 \end{pmatrix}$

$$\xrightarrow{r_2 \leftrightarrow r_4}\begin{pmatrix}1&0&3&1\\0&1&2&-1\\0&-3&-4&6\\0&3&4&-6\end{pmatrix}\xrightarrow[r_4-3r_2]{r_3+3r_2}\begin{pmatrix}1&0&3&1\\0&1&2&-1\\0&0&2&3\\0&0&-2&-3\end{pmatrix}\xrightarrow{r_4+r_3}\begin{pmatrix}1&0&3&1\\0&1&2&-1\\0&0&2&3\\0&0&0&0\end{pmatrix},$$

因为 $R(\boldsymbol{A})=3<4$，因此 $\boldsymbol{\alpha}_1,\boldsymbol{\alpha}_2,\boldsymbol{\alpha}_3,\boldsymbol{\alpha}_4$ 线性相关.

方法 2

由于 $|\boldsymbol{A}|=|\boldsymbol{\alpha}_1,\boldsymbol{\alpha}_2,\boldsymbol{\alpha}_3,\boldsymbol{\alpha}_4|=\begin{vmatrix}1&1&2&-1\\-1&2&2&-5\\2&-1&0&4\\3&4&8&-4\end{vmatrix}\overset{r_1-r_2}{\underset{r_3-4r_1}{=\!=\!=}}\begin{vmatrix}1&1&2&-1\\-2&1&0&-4\\2&-1&0&4\\-1&0&0&0\end{vmatrix}$

$$=2\begin{vmatrix}-2&1&-4\\2&-1&4\\-1&0&0\end{vmatrix}=-2\begin{vmatrix}1&-4\\-1&4\end{vmatrix}=0,$$

因此 $\boldsymbol{\alpha}_1,\boldsymbol{\alpha}_2,\boldsymbol{\alpha}_3,\boldsymbol{\alpha}_4$ 线性相关.

例 2.5 证明如果向量组 $\boldsymbol{\alpha}_1,\boldsymbol{\alpha}_2,\boldsymbol{\alpha}_3$ 线性无关，则向量组 $\boldsymbol{\alpha}_1+\boldsymbol{\alpha}_2,\boldsymbol{\alpha}_2+2\boldsymbol{\alpha}_3,\boldsymbol{\alpha}_3+3\boldsymbol{\alpha}_1$ 亦线性无关.

证明　方法 1

设有数组 k_1,k_2,k_3 使得

$$k_1(\boldsymbol{\alpha}_1+\boldsymbol{\alpha}_2)+k_2(\boldsymbol{\alpha}_2+2\boldsymbol{\alpha}_3)+k_3(\boldsymbol{\alpha}_3+3\boldsymbol{\alpha}_1)=\boldsymbol{0},$$

整理得

$$(k_1+3k_3)\boldsymbol{\alpha}_1+(k_1+k_2)\boldsymbol{\alpha}_2+(2k_2+k_3)\boldsymbol{\alpha}_3=\boldsymbol{0}.$$

因为 $\boldsymbol{\alpha}_1,\boldsymbol{\alpha}_2,\boldsymbol{\alpha}_3$ 线性无关，所以必有

$$\begin{cases}k_1+3k_3=0\\k_1+k_2=0\\2k_2+k_3=0\end{cases},$$

解得 $k_1=k_2=k_3=0$，所以向量组 $\boldsymbol{\alpha}_1+\boldsymbol{\alpha}_2$，$\boldsymbol{\alpha}_2+2\boldsymbol{\alpha}_3,\boldsymbol{\alpha}_3+3\boldsymbol{\alpha}_1$ 线性无关.

方法 2

由于 $(\boldsymbol{\alpha}_1+\boldsymbol{\alpha}_2,\boldsymbol{\alpha}_2+2\boldsymbol{\alpha}_3,\boldsymbol{\alpha}_3+3\boldsymbol{\alpha}_1)=(\boldsymbol{\alpha}_1,\boldsymbol{\alpha}_2,\boldsymbol{\alpha}_3)\begin{pmatrix}1&0&3\\1&1&0\\0&2&1\end{pmatrix}$，记为 $\boldsymbol{A}=\boldsymbol{B}\boldsymbol{C}$.

由于 $|\boldsymbol{C}|=\begin{vmatrix}1&0&3\\1&1&0\\0&2&1\end{vmatrix}\overset{r_2-r_1}{=\!=\!=}\begin{vmatrix}1&0&3\\0&1&-3\\0&2&1\end{vmatrix}=7\neq0$，从而矩阵 $\boldsymbol{C}$ 可逆.

故 $R(\boldsymbol{A})=R(\boldsymbol{B})$.

又 $\boldsymbol{\alpha}_1,\boldsymbol{\alpha}_2,\boldsymbol{\alpha}_3$ 线性无关，故由推论 2.2 可知.

从而 $R(\boldsymbol{A})=3$，这表明 $\boldsymbol{\alpha}_1+\boldsymbol{\alpha}_2,\boldsymbol{\alpha}_2+2\boldsymbol{\alpha}_3,\boldsymbol{\alpha}_3+3\boldsymbol{\alpha}_1$ 线性无关.

方法 3

由于 $(\boldsymbol{\alpha}_1+\boldsymbol{\alpha}_2,\boldsymbol{\alpha}_2+2\boldsymbol{\alpha}_3,\boldsymbol{\alpha}_3+3\boldsymbol{\alpha}_1)=(\boldsymbol{\alpha}_1,\boldsymbol{\alpha}_2,\boldsymbol{\alpha}_3)\begin{pmatrix}1&0&3\\1&1&0\\0&2&1\end{pmatrix}$，记为 $\boldsymbol{A}=\boldsymbol{B}\boldsymbol{C}$.

设 $\boldsymbol{AX}=(\boldsymbol{BC})\boldsymbol{X}=\boldsymbol{B}(\boldsymbol{CX})=\boldsymbol{0}$，因为矩阵 $\boldsymbol{B}$ 的列向量组线性无关，从而 $\boldsymbol{CX}=\boldsymbol{0}$.

又 $|\boldsymbol{C}|=\begin{vmatrix}1&0&3\\1&1&0\\0&2&1\end{vmatrix}\xlongequal{r_2-r_1}\begin{vmatrix}1&0&3\\0&1&-3\\0&2&1\end{vmatrix}=7\neq0$，这表明方程组 $\boldsymbol{CX}=\boldsymbol{0}$ 只有零解 $\boldsymbol{X}=\boldsymbol{0}$.

即方程组 $\boldsymbol{AX}=0$ 只有零解 $\boldsymbol{X}=0$. 从而 $R(\boldsymbol{A})=3$.

这表明 $\boldsymbol{\alpha}_1+\boldsymbol{\alpha}_2,\boldsymbol{\alpha}_2+2\boldsymbol{\alpha}_3,\boldsymbol{\alpha}_3+3\boldsymbol{\alpha}_1$ 线性无关.

例 2.6　设向量组 $\boldsymbol{\alpha}_1,\boldsymbol{\alpha}_2,\boldsymbol{\alpha}_3$ 线性相关，向量组 $\boldsymbol{\alpha}_2,\boldsymbol{\alpha}_3,\boldsymbol{\alpha}_4$ 线性无关，证明

(1) $\boldsymbol{\alpha}_1$ 能由 $\boldsymbol{\alpha}_2,\boldsymbol{\alpha}_3$ 线性表示；

(2) $\boldsymbol{\alpha}_4$ 不能由 $\boldsymbol{\alpha}_1,\boldsymbol{\alpha}_2,\boldsymbol{\alpha}_3$ 线性表示.

证明　(1) 因 $\boldsymbol{\alpha}_2,\boldsymbol{\alpha}_3,\boldsymbol{\alpha}_4$ 线性无关，故 $\boldsymbol{\alpha}_2,\boldsymbol{\alpha}_3$ 线性无关，而 $\boldsymbol{\alpha}_1,\boldsymbol{\alpha}_2,\boldsymbol{\alpha}_3$ 线性相关，从而 $\boldsymbol{\alpha}_1$ 能由 $\boldsymbol{\alpha}_2,\boldsymbol{\alpha}_3$ 线性表示；

(2) 用反证法. 假设 $\boldsymbol{\alpha}_4$ 能由 $\boldsymbol{\alpha}_1,\boldsymbol{\alpha}_2,\boldsymbol{\alpha}_3$ 线性表示，而由(1)知 $\boldsymbol{\alpha}_1$ 能由 $\boldsymbol{\alpha}_2,\boldsymbol{\alpha}_3$ 线性表示，因此 $\boldsymbol{\alpha}_4$ 能由 $\boldsymbol{\alpha}_2,\boldsymbol{\alpha}_3$ 表示，这与 $\boldsymbol{\alpha}_2,\boldsymbol{\alpha}_3,\boldsymbol{\alpha}_4$ 线性无关矛盾.

定理 2.4　若 n 维向量组 $\boldsymbol{\alpha}_1,\boldsymbol{\alpha}_2,\cdots,\boldsymbol{\alpha}_s$ 线性无关，则在每个向量中添加 m 个分量，得到的 $n+m$ 维“加长”向量组 $\boldsymbol{\beta}_1,\boldsymbol{\beta}_2,\cdots,\boldsymbol{\beta}_s$ 也线性无关.

证明　用反证法.

令 $\boldsymbol{\alpha}_i=(a_{1i},a_{2i},\cdots,a_{ni})^{\mathrm{T}},\boldsymbol{\beta}_i=(a_{1i},a_{2i},\cdots,a_{ni},a_{(n+1)i},\cdots,a_{(n+m)i})^{\mathrm{T}},i=1,2,\cdots,s.$

假设 $\boldsymbol{\beta}_1,\boldsymbol{\beta}_2,\cdots,\boldsymbol{\beta}_s$ 线性相关，即存在不全为零的数 $k_1,k_2,\cdots,k_s$，使得

$$k_1\boldsymbol{\beta}_1+k_2\boldsymbol{\beta}_2+\cdots+k_s\boldsymbol{\beta}_s=\boldsymbol{0}$$

即

$$\begin{cases}a_{11}k_1+a_{12}k_2+\cdots+a_{1s}k_s=0\\a_{21}k_1+a_{22}k_2+\cdots+a_{2s}k_s=0\\\qquad\vdots\\a_{n1}k_1+a_{n2}k_2+\cdots+a_{ns}k_s=0\\\qquad\vdots\\a_{n+m,1}k_1+a_{n+m,2}k_2+\cdots+a_{n+m,s}k_s=0\end{cases}.$$

显然，由于向量组 $\boldsymbol{\beta}_1,\boldsymbol{\beta}_2,\cdots,\boldsymbol{\beta}_s$ 线性相关，故上述线性方程组中前 n 个方程构成的方程组有非零解 $k_1,k_2,\cdots,k_s$. 这表明上述方程组必有非零解. 于是 $\boldsymbol{\alpha}_1,\boldsymbol{\alpha}_2,\cdots,\boldsymbol{\alpha}_s$ 线性相关，这与已知矛盾，所以 $\boldsymbol{\beta}_1,\boldsymbol{\beta}_2,\cdots,\boldsymbol{\beta}_s$ 线性无关.
证毕

由定理 2.4 的逆否命题可得：

推论 2.5　如果 n 维向量组 $\boldsymbol{\alpha}_1,\boldsymbol{\alpha}_2,\cdots,\boldsymbol{\alpha}_s$ 线性相关，则在每一个向量上都去掉 $m(m<n)$ 个分量，所得的 $n-m$ 维向量组 $\boldsymbol{\beta}_1,\boldsymbol{\beta}_2,\cdots,\boldsymbol{\beta}_s$ 也线性相关.

§3.3　向量组的秩

我们在上一节讨论向量组的相关问题时，经常将向量组问题转化为矩阵问题，然后通过矩阵秩的性质来解决问题. 那么我们自然会想：既然向量组、方程组和矩阵之间关系密切，联系紧密，那么矩阵秩的概念在向量组中是如何体现的呢？它们本质上到底存

在什么样的联系呢？这就是本节要讨论的主要内容——向量组的秩.

向量组的秩是一个向量组所具有的一种属性，它揭示了向量组中各向量之间内在关系．它在线性方程组解的理论研究中起着重要的作用.

本节要求重点掌握向量组的秩、最大线性无关组的概念与性质，会求向量组的秩与最大线性无关组.

一、向量组等价

定义 3.1 设两个向量组

$$A：\boldsymbol{\alpha}_1,\boldsymbol{\alpha}_2,\cdots,\boldsymbol{\alpha}_s; \qquad B：\boldsymbol{\beta}_1,\boldsymbol{\beta}_2,\cdots,\boldsymbol{\beta}_t.$$

若组 A 中每一个向量 $\boldsymbol{\alpha}_i(i=1,2,\cdots,s)$ 都可由组 B：$\boldsymbol{\beta}_1,\boldsymbol{\beta}_2,\cdots,\boldsymbol{\beta}_t$ 线性表示，则称向量组 A 可由向量组 B 线性表示．若向量组 A 与 B 可以互相线性表示，则称向量组 A 与向量组 B 等价.

向量组的等价具有以下性质：

(1) 反身性　每一个向量组都与自身等价.

(2) 对称性　若向量组 A 与向量组 B 等价，则向量组 B 与向量组 A 也等价.

(3) 传递性　若向量组 A 与向量组 B 等价，又向量组 B 与向量组 C 等价，则向量组 A 与向量组 C 等价.

注 (1) 如 n 维单位坐标向量组 $\boldsymbol{\varepsilon}_1,\boldsymbol{\varepsilon}_2,\cdots,\boldsymbol{\varepsilon}_n$ 可由某个 n 维向量组 $\boldsymbol{\alpha}_1,\boldsymbol{\alpha}_2,\cdots,\boldsymbol{\alpha}_n$ 线性表示，则这两个向量组等价.

(2) 按定义，若向量组 $\boldsymbol{B}$ 能由向量组 $\boldsymbol{A}$ 线性表示，则存在

$$k_{1j},k_{2j},\cdots,k_{sj}(j=1,2,\cdots,t).$$

使

$$\boldsymbol{\beta}_j=k_{1j}\boldsymbol{\alpha}_1+k_{2j}\boldsymbol{\alpha}_2+\cdots+k_{sj}\boldsymbol{\alpha}_s=(\boldsymbol{\alpha}_1,\boldsymbol{\alpha}_2,\cdots,\boldsymbol{\alpha}_s)\begin{pmatrix}k_{1j}\\k_{2j}\\\vdots\\k_{sj}\end{pmatrix},$$

所以

$$(\boldsymbol{\beta}_1,\boldsymbol{\beta}_2,\cdots,\boldsymbol{\beta}_t)=(\boldsymbol{\alpha}_1,\boldsymbol{\alpha}_2,\cdots,\boldsymbol{\alpha}_s)\begin{pmatrix}k_{11}&k_{12}&\cdots&k_{1t}\\k_{21}&k_{22}&\cdots&k_{2t}\\\vdots&\vdots&&\vdots\\k_{s1}&k_{s2}&\cdots&k_{st}\end{pmatrix},$$

其中矩阵 $K_{s\times t}=(k_{ij})_{s\times t}$ 称为这一线性表示的系数矩阵.

定理 3.1 若向量组 $\boldsymbol{\alpha}_1,\boldsymbol{\alpha}_2,\cdots,\boldsymbol{\alpha}_s$ 中每一个向量都可由向量组 $\boldsymbol{\beta}_1,\boldsymbol{\beta}_2,\cdots,\boldsymbol{\beta}_t$ 线性表出，且 $s>t$，则向量组 $\boldsymbol{\alpha}_1,\boldsymbol{\alpha}_2,\cdots,\boldsymbol{\alpha}_s$ 线性相关.

证明 由题意，假设 $\boldsymbol{\alpha}_i=a_{1i}\boldsymbol{\beta}_1+a_{2i}\boldsymbol{\beta}_2+\cdots+a_{ti}\boldsymbol{\beta}_t \quad (i=1,2,\cdots,s)$，

于是

$$\begin{aligned}&k_1\boldsymbol{\alpha}_1+k_2\boldsymbol{\alpha}_2+\cdots+k_s\boldsymbol{\alpha}_s\\&=k_1(a_{11}\boldsymbol{\beta}_1+a_{21}\boldsymbol{\beta}_2+\cdots+a_{t1}\boldsymbol{\beta}_t)+k_2(a_{12}\boldsymbol{\beta}_1+a_{22}\boldsymbol{\beta}_2+\cdots+a_{t2}\boldsymbol{\beta}_t)\\&\quad+\cdots+k_s(a_{1s}\boldsymbol{\beta}_1+a_{2s}\boldsymbol{\beta}_2+\cdots+a_{ts}\boldsymbol{\beta}_t)\end{aligned}$$

$$=(a_{11}k_1+a_{12}k_2+\cdots+a_{1s}k_s)\boldsymbol{\beta}_1+(a_{21}k_1+a_{22}k_2+\cdots+a_{2s}k_s)\boldsymbol{\beta}_2+\cdots+(a_{t1}k_1+a_{t2}k_2+\cdots+a_{ts}k_s)\boldsymbol{\beta}_t.$$

只要 $k_1,k_2,\cdots,k_s$ 满足齐次线性方程组

$$\begin{cases}a_{11}k_1+a_{12}k_2+\cdots+a_{1s}k_s=0\\a_{21}k_1+a_{22}k_2+\cdots+a_{2s}k_s=0\\\quad\vdots\\a_{t1}k_1+a_{t2}k_2+\cdots+a_{ts}k_s=0\end{cases},\tag{3.1}$$

就必有 $$k_1\boldsymbol{\alpha}_1+k_2\boldsymbol{\alpha}_2+\cdots+k_s\boldsymbol{\alpha}_s=\mathbf{0},$$

而方程组(3.1)只有 t 个方程，但是未知量的个数为 s 个.

故系数矩阵的秩不超过 $t(<s)$，即方程组(3.1)有非零解，所以 $\boldsymbol{\alpha}_1,\boldsymbol{\alpha}_2,\cdots,\boldsymbol{\alpha}_s$ 线性相关.

证毕

推论 3.1 若向量组 $\boldsymbol{\alpha}_1,\boldsymbol{\alpha}_2,\cdots,\boldsymbol{\alpha}_s$ 线性无关，且它可由向量组 $\boldsymbol{\beta}_1,\boldsymbol{\beta}_2,\cdots,\boldsymbol{\beta}_t$ 线性表示，则 $s\leqslant t$.

由向量组等价的定义及上一节的定理 2.1 可得

定理 3.2 向量组 $\boldsymbol{A}$：$\boldsymbol{\alpha}_1,\boldsymbol{\alpha}_2,\cdots,\boldsymbol{\alpha}_s$ 与向量组 $\boldsymbol{B}$：$\boldsymbol{\beta}_1,\boldsymbol{\beta}_2,\cdots,\boldsymbol{\beta}_t$ 等价的充要条件是 $R(\boldsymbol{A})=R(\boldsymbol{B})=R(\boldsymbol{A},\boldsymbol{B})$.

例 3.1 设 $\boldsymbol{\alpha}_1=(1,1,-1,-1)^{\mathrm{T}},\boldsymbol{\alpha}_2=(3,1,1,3)^{\mathrm{T}},\boldsymbol{\beta}_1=(2,1,0,1)^{\mathrm{T}},\boldsymbol{\beta}_2=(1,0,1,2)^{\mathrm{T}},\boldsymbol{\beta}_3=(3,2,-1,0)^{\mathrm{T}}$，证明：向量组 $\boldsymbol{\alpha}_1,\boldsymbol{\alpha}_2$ 与 $\boldsymbol{\beta}_1,\boldsymbol{\beta}_2,\boldsymbol{\beta}_3$ 等价.

证明 由于$$(\boldsymbol{A},\boldsymbol{B})=(\boldsymbol{\alpha}_1,\boldsymbol{\alpha}_2,\boldsymbol{\beta}_1,\boldsymbol{\beta}_2,\boldsymbol{\beta}_3)=\begin{pmatrix}1&3&2&1&3\\1&1&1&0&2\\-1&1&0&1&-1\\-1&3&1&2&0\end{pmatrix}$$

$$\xrightarrow[r_4+r_1]{\substack{r_2-r_1\\r_3+r_1}}\begin{pmatrix}1&3&2&1&3\\0&-2&-1&-1&-1\\0&4&2&2&2\\0&6&3&3&3\end{pmatrix}\xrightarrow[r_4+3r_2]{r_3+2r_2}\begin{pmatrix}1&3&2&1&3\\0&-2&-1&-1&-1\\0&0&0&0&0\\0&0&0&0&0\end{pmatrix},$$

易知 $R(\boldsymbol{A})=R(\boldsymbol{B})=R(\boldsymbol{A},\boldsymbol{B})=2$.

所以向量组 $\boldsymbol{\alpha}_1,\boldsymbol{\alpha}_2$ 与 $\boldsymbol{\beta}_1,\boldsymbol{\beta}_2,\boldsymbol{\beta}_3$ 等价.

二、最大线性无关组

对于任给的一个向量组并不一定是线性无关的，但它可能含有一个部分组是线性无关的，而且这个组中的任何一个向量都可能被这个部分组线性表出，如：

向量组 $\boldsymbol{\alpha}_1=(1,0,0)^{\mathrm{T}},\boldsymbol{\alpha}_2=(0,1,0)^{\mathrm{T}},\boldsymbol{\alpha}_3=(2,-3,0)^{\mathrm{T}}$ 线性相关，而 $\boldsymbol{\alpha}_1,\boldsymbol{\alpha}_2$ 线性无关，且有

$$\boldsymbol{\alpha}_1=1\cdot\boldsymbol{\alpha}_1+0\cdot\boldsymbol{\alpha}_2,$$
$$\boldsymbol{\alpha}_2=0\cdot\boldsymbol{\alpha}_1+1\cdot\boldsymbol{\alpha}_2,$$
$$\boldsymbol{\alpha}_3=2\cdot\boldsymbol{\alpha}_1-3\cdot\boldsymbol{\alpha}_2.$$

我们把部分组 $\boldsymbol{\alpha}_1,\boldsymbol{\alpha}_2$ 称为该向量组的一个最大线性无关组.

定义 3.2 设向量组 $\boldsymbol{\alpha}_{i_1},\boldsymbol{\alpha}_{i_2},\cdots,\boldsymbol{\alpha}_{i_r}$ 是向量组 $\boldsymbol{\alpha}_1,\boldsymbol{\alpha}_2,\cdots,\boldsymbol{\alpha}_m$ 的一个部分组，若它满足：

(1) 向量组 $\boldsymbol{\alpha}_{i_1},\boldsymbol{\alpha}_{i_2},\cdots,\boldsymbol{\alpha}_{i_r}$ 线性无关；

(2) 向量组 $\boldsymbol{\alpha}_1,\boldsymbol{\alpha}_2,\cdots,\boldsymbol{\alpha}_m$ 中的每一个向量均可由向量组 $\boldsymbol{\alpha}_{i_1},\boldsymbol{\alpha}_{i_2},\cdots,\boldsymbol{\alpha}_{i_r}$ 线性表出.

则称向量组 $\boldsymbol{\alpha}_{i_1},\boldsymbol{\alpha}_{i_2},\cdots,\boldsymbol{\alpha}_{i_r}$ 是向量组 $\boldsymbol{\alpha}_1,\boldsymbol{\alpha}_2,\cdots,\boldsymbol{\alpha}_m$ 的一个最大线性无关组，简称最大无关组. 最大线性无关组中所含向量的个数称为该向量组的秩. 记作 $R(\boldsymbol{\alpha}_1,\boldsymbol{\alpha}_2,\cdots,\boldsymbol{\alpha}_m)$.

注 (1) 上述定义中条件(2)可以等价描述为：剩余的任一个向量（如果有的话）加入到该部分组中都线性相关.

(2) 任一个向量组与其最大无关组等价.

(3) 由定义 3.2 可得以下结论：

① 当向量组中只包含一个零向量时，该向量组没有最大线性无关组. 我们约定：只含零向量的向量组的秩为零.

② 若一个向量组线性无关，则它的最大线性无关组就是它本身. 其秩等于它所含向量的个数.

③ 任何一个含有非零向量的线性相关的向量组一定有最大线性无关组，但不一定是唯一的.

例如，上面的例子中 $\boldsymbol{\alpha}_1,\boldsymbol{\alpha}_3$ 与 $\boldsymbol{\alpha}_2,\boldsymbol{\alpha}_3$ 也都是该向量组的最大线性无关组.

定理 3.3 一个向量组的任意两个最大线性无关组都是等价的，并且它们所含向量的个数都相等.

证明 设向量组 $\boldsymbol{\alpha}_{i_1},\boldsymbol{\alpha}_{i_2},\cdots,\boldsymbol{\alpha}_{i_r}$ 与 $\boldsymbol{\alpha}_{j_1},\boldsymbol{\alpha}_{j_2},\cdots,\boldsymbol{\alpha}_{j_s}$ 是向量组 $\boldsymbol{\alpha}_1,\boldsymbol{\alpha}_2,\cdots,\boldsymbol{\alpha}_m$ 的任意两个最大线性无关组，由定义 3.2 知，$\boldsymbol{\alpha}_{i_1},\boldsymbol{\alpha}_{i_2},\cdots,\boldsymbol{\alpha}_{i_r}$ 可由 $\boldsymbol{\alpha}_{j_1},\boldsymbol{\alpha}_{j_2},\cdots,\boldsymbol{\alpha}_{j_s}$ 线性表出，因 $\boldsymbol{\alpha}_{i_1},\boldsymbol{\alpha}_{i_2},\cdots,\boldsymbol{\alpha}_{i_r}$ 线性无关，根据推论 3.1 可知 $r\leqslant s$.

同理，因 $\boldsymbol{\alpha}_{j_1},\boldsymbol{\alpha}_{j_2},\cdots,\boldsymbol{\alpha}_{j_s}$ 也可由 $\boldsymbol{\alpha}_{i_1},\boldsymbol{\alpha}_{i_2},\cdots,\boldsymbol{\alpha}_{i_r}$ 线性表出，且 $\boldsymbol{\alpha}_{j_1},\boldsymbol{\alpha}_{j_2},\cdots,\boldsymbol{\alpha}_{j_s}$ 线性无关，所以有 $s\leqslant r$，于是 $r=s$. 又因为它们可以相互线性表出，故向量组 $\boldsymbol{\alpha}_{i_1},\boldsymbol{\alpha}_{i_2},\cdots,\boldsymbol{\alpha}_{i_r}$ 与 $\boldsymbol{\alpha}_{j_1},\boldsymbol{\alpha}_{j_2},\cdots,\boldsymbol{\alpha}_{j_s}$ 等价.

证毕

定义 3.3 矩阵的列向量组的秩称为矩阵的列秩，矩阵的行向量组的秩称为矩阵的行秩.

可以证得下面的结论：

定理 3.4 矩阵的秩等于矩阵的列秩也等于矩阵的行秩.

证明 仅证矩阵的秩等于矩阵的列秩.

设 $\boldsymbol{A}=(\boldsymbol{\alpha}_1,\boldsymbol{\alpha}_2,\cdots,\boldsymbol{\alpha}_m)$，$R(\boldsymbol{A})=r$，并设 $\boldsymbol{A}$ 的 r 阶子式 $D_r\neq0$.

则由上一节推论 2.2 知，D_r 所在的 r 个列向量线性无关.

同理，因为 $\boldsymbol{A}$ 中所有的 $r+1$ 阶子式均为零，所以 $\boldsymbol{A}$ 的任意 $r+1$ 个列向量线性相关，从而 D_r 所在的 r 个列就是 $\boldsymbol{A}$ 的列向量组的一个最大无关组，故 $\boldsymbol{A}$ 的列向量组的秩等于 r.

类似可证矩阵 $\boldsymbol{A}$ 的行向量组的秩也等于 r.

证毕

注 由定理 3.3、3.4 可归纳得到求向量组秩的常用方法.

方法 1 初等变换法——列摆行变换法：借鉴求最高阶的非零子式方法，求最大线性无关组时，只要把向量组按列摆放再作行变换，最终将矩阵化为行阶梯形矩阵即可求出矩阵的秩；行阶梯形矩阵中每行首位非零元对应的原矩阵中的列向量必为向量组的某个最大线性无关组中的向量.

方法 2　逐个考察法——即验证符合定义，当秩为 2 时很好用，只需找两个不成比例的向量即可.

例 3.2　设向量组

$$\boldsymbol{\alpha}_1=(1,2,1)^{\mathrm{T}},\boldsymbol{\alpha}_2=(2,1,-1)^{\mathrm{T}},\boldsymbol{\alpha}_3=(2,-2,-4)^{\mathrm{T}},\boldsymbol{\alpha}_4=(1,-2,-3)^{\mathrm{T}},$$

求该向量组的秩及其所有最大线性无关组.

解　由于 $\boldsymbol{A}=(\boldsymbol{\alpha}_1,\boldsymbol{\alpha}_2,\boldsymbol{\alpha}_3,\boldsymbol{\alpha}_4)=\begin{pmatrix}1&2&2&1\\2&1&-2&-2\\1&-1&-4&-3\end{pmatrix}\xrightarrow[r_3-r_1]{r_2-2r_1}\begin{pmatrix}1&2&2&1\\0&-3&-6&-4\\0&-3&-6&-4\end{pmatrix}$

$$\xrightarrow{r_3-r_2}\begin{pmatrix}1&2&2&1\\0&-3&-6&-4\\0&0&0&0\end{pmatrix}.$$

所以向量组的秩为 2，通过简单验证知，该向量组的所有最大无关组为 $\boldsymbol{\alpha}_1,\boldsymbol{\alpha}_2;\boldsymbol{\alpha}_1,\boldsymbol{\alpha}_3;\boldsymbol{\alpha}_1,\boldsymbol{\alpha}_4;\boldsymbol{\alpha}_2,\boldsymbol{\alpha}_3;\boldsymbol{\alpha}_2,\boldsymbol{\alpha}_4;\boldsymbol{\alpha}_3,\boldsymbol{\alpha}_4$.

例 3.3　设向量组 $\boldsymbol{\alpha}_1=(1,-1,2,4)^{\mathrm{T}},\boldsymbol{\alpha}_2=(0,3,1,2)^{\mathrm{T}},\boldsymbol{\alpha}_3=(3,0,7,14)^{\mathrm{T}},\boldsymbol{\alpha}_4=(2,1,5,6)^{\mathrm{T}},\boldsymbol{\alpha}_5=(1,-1,2,0)^{\mathrm{T}}$，求它的秩及一个最大线性无关组，并把其余向量用最大线性无关组线性表出.

解　由于

$$\boldsymbol{A}=(\boldsymbol{\alpha}_1,\boldsymbol{\alpha}_2,\boldsymbol{\alpha}_3,\boldsymbol{\alpha}_4,\boldsymbol{\alpha}_5)=\begin{pmatrix}1&0&3&2&1\\-1&3&0&1&-1\\2&1&7&5&2\\4&2&14&6&0\end{pmatrix}\xrightarrow[\substack{r_3-2r_1\\r_4-4r_1}]{r_2+r_1}\begin{pmatrix}1&0&3&2&1\\0&3&3&3&0\\0&1&1&1&0\\0&2&2&-2&-4\end{pmatrix}$$

$$\xrightarrow[\substack{r_3-3r_2\\r_4-2r_2}]{r_3\leftrightarrow r_2}\begin{pmatrix}1&0&3&2&1\\0&1&1&1&0\\0&0&0&0&0\\0&0&0&-4&-4\end{pmatrix}\xrightarrow[-\frac{1}{4}r_4]{r_3\leftrightarrow r_4}\begin{pmatrix}1&0&3&2&1\\0&1&1&1&0\\0&0&0&1&1\\0&0&0&0&0\end{pmatrix}$$

$$\xrightarrow[r_2-r_3]{r_1-2r_3}\begin{pmatrix}1&0&3&0&-1\\0&1&1&0&-1\\0&0&0&1&1\\0&0&0&0&0\end{pmatrix},$$

所以向量组的秩为 3，$\boldsymbol{\alpha}_1,\boldsymbol{\alpha}_2,\boldsymbol{\alpha}_4$ 为一个最大无关组，且

$$\boldsymbol{\alpha}_3=3\boldsymbol{\alpha}_1+\boldsymbol{\alpha}_2,\quad \boldsymbol{\alpha}_5=-\boldsymbol{\alpha}_1-\boldsymbol{\alpha}_2+\boldsymbol{\alpha}_4.$$

例 3.4　求向量组

$\boldsymbol{\alpha}_1=(1,2,-1,1)^{\mathrm{T}},\boldsymbol{\alpha}_2=(2,0,a,0)^{\mathrm{T}},\boldsymbol{\alpha}_3=(0,-4,5,-2)^{\mathrm{T}},\boldsymbol{\alpha}_4=(3,-2,a+4,-1)^{\mathrm{T}}$ 的秩和一个最大无关组.

解　由于 $\boldsymbol{A}=(\boldsymbol{\alpha}_1,\boldsymbol{\alpha}_2,\boldsymbol{\alpha}_3,\boldsymbol{\alpha}_4)=\begin{pmatrix}1&2&0&3\\2&0&-4&-2\\-1&a&5&a+4\\1&0&-2&-1\end{pmatrix}$

$$\xrightarrow[r_4-r_1]{\substack{r_2-2r_1\\ r_3+r_1}}\begin{pmatrix}1&2&0&3\\0&-4&-4&-8\\0&a+2&5&a+7\\0&-2&-2&-4\end{pmatrix}\xrightarrow[r_4+2r_2]{\substack{-\frac{1}{4}r_2\\ r_3-(a+2)r_2}}\begin{pmatrix}1&2&0&3\\0&1&1&2\\0&0&3-a&3-a\\0&0&0&0\end{pmatrix}.$$

显然，$\boldsymbol{\alpha}_1,\boldsymbol{\alpha}_2$ 线性无关，且

(1) $a=3$ 时，则 $R(\boldsymbol{\alpha}_1,\boldsymbol{\alpha}_2,\boldsymbol{\alpha}_3,\boldsymbol{\alpha}_4)=2$ 且可选取 $\boldsymbol{\alpha}_1,\boldsymbol{\alpha}_2$ 为最大无关组；

(2) $a\neq3$ 时，则 $R(\boldsymbol{\alpha}_1,\boldsymbol{\alpha}_2,\boldsymbol{\alpha}_3,\boldsymbol{\alpha}_4)=3$ 且可选取 $\boldsymbol{\alpha}_1,\boldsymbol{\alpha}_2,\boldsymbol{\alpha}_3$ 为最大无关组.

§3.4 线性方程组解的结构

通过前面知识的学习，我们已经会求解一个线性方程组，并建立了相关的方程组解的判别定理，本节将利用向量组的线性相关性的有关理论来研究方程组的解的性质和解的结构.

本节重点掌握线性方程组的解的性质与解的结构定理、会求线性方程组的通解与齐次线性方程组的基础解系.

一、齐次线性方程组解的结构

对于含有 n 个未知量 m 个方程的齐次线性方程组：

$$\begin{cases}a_{11}x_1+a_{12}x_2+\cdots+a_{1n}x_n=0\\a_{21}x_1+a_{212}x_2+\cdots+a_{2n}x_n=0\\\quad\vdots\\a_{m1}x_1+a_{m2}x_2+\cdots+a_{mn}x_n=0\end{cases},\tag{4.1}$$

或

$$\boldsymbol{AX}=\boldsymbol{0}.$$

它的每一组解都是一个向量，称之为解向量. 解向量具有如下的性质：

性质 4.1 若 $\boldsymbol{X}_1$ 是 $\boldsymbol{AX}=\boldsymbol{0}$ 的一个解向量，对于任意常数 k，则 $k\boldsymbol{X}_1$ 仍为 $\boldsymbol{AX}=\boldsymbol{0}$ 的解.

证明 $\boldsymbol{A}(k\boldsymbol{X}_1)=k\boldsymbol{AX}_1=k\cdot\boldsymbol{0}=\boldsymbol{0}.$ 证毕

性质 4.2 若 $\boldsymbol{X}_1,\boldsymbol{X}_2$ 都是 $\boldsymbol{AX}=\boldsymbol{0}$ 的解，则 $\boldsymbol{X}_1+\boldsymbol{X}_2$ 仍是 $\boldsymbol{AX}=\boldsymbol{0}$ 的解.

证明 $\boldsymbol{A}(\boldsymbol{X}_1+\boldsymbol{X}_2)=\boldsymbol{AX}_1+\boldsymbol{AX}_2=\boldsymbol{0}+\boldsymbol{0}=\boldsymbol{0}.$ 证毕

注 这两条性质表明：齐次线性方程组解的线性组合仍然是其解.

当齐次线性方程组 $\boldsymbol{AX}=\boldsymbol{0}$ 有无穷多个解时，如何简洁地表示其通解呢？结合以上两条性质，接下来介绍基础解系的概念 .

定义 4.1 设 $\boldsymbol{\eta}_1,\boldsymbol{\eta}_2,\cdots,\boldsymbol{\eta}_t$ 是齐次线性方程组 $\boldsymbol{AX}=\boldsymbol{0}$ 的一组解，如果

(1) $\boldsymbol{\eta}_1,\boldsymbol{\eta}_2,\cdots,\boldsymbol{\eta}_t$ 线性无关；

(2) 齐次线性方程组 $\boldsymbol{AX}=\boldsymbol{0}$ 的任一个解都可由 $\boldsymbol{\eta}_1,\boldsymbol{\eta}_2,\cdots,\boldsymbol{\eta}_t$ 线性表出，则称 $\boldsymbol{\eta}_1,\boldsymbol{\eta}_2,\cdots,\boldsymbol{\eta}_t$ 为齐次线性方程组 $\boldsymbol{AX}=\boldsymbol{0}$ 的一个基础解系.

注 容易看出，齐次线性方程组 $\boldsymbol{AX}=\boldsymbol{0}$ 的基础解系实质上就是其解集的最大线性

无关组.

齐次线性方程组 $\boldsymbol{AX}=\boldsymbol{0}$ 的通解与基础解系之间存在怎样的联系呢？接下来的定理给出了回答.

定理 4.1　设 n 元齐次线性方程组 $\boldsymbol{AX}=\boldsymbol{0}$ 的系数矩阵 $\boldsymbol{A}$ 的秩为 $R(\boldsymbol{A})=r$，则当 $R(\boldsymbol{A})=r<n$ 时，它有基础解系，且基础解系中所含解的个数等于 $n-R(\boldsymbol{A})=n-r$.

证明　由于系数矩阵 $\boldsymbol{A}$ 的秩为 $R(\boldsymbol{A})=r<n$，故不妨设 $\boldsymbol{A}$ 的前 r 个列向量组线性无关. 则经过若干次矩阵初等行变换，总可把 $\boldsymbol{A}$ 化为行最简形矩阵

$$\begin{pmatrix} 1 & 0 & \cdots & 0 & b_{1(r+1)} & \cdots & b_{1n} \\ 0 & 1 & \cdots & 0 & b_{2(r+1)} & \cdots & b_{2n} \\ \vdots & \vdots & \vdots & \vdots & \vdots & \vdots & \vdots \\ 0 & 0 & \cdots & 1 & b_{r(r+1)} & \cdots & b_{rn} \\ 0 & 0 & \cdots & 0 & 0 & \cdots & 0 \\ \vdots & \vdots & \vdots & \vdots & \vdots & \vdots & \vdots \\ 0 & 0 & \cdots & 0 & 0 & \cdots & 0 \end{pmatrix}.$$

由此可得原方程组的解为

$$\begin{cases} x_1=-b_{1(r+1)}x_{r+1}-\cdots-b_{1n}x_n \\ x_2=-b_{2(r+1)}x_{r+1}-\cdots-b_{2n}x_n \\ \qquad\qquad\vdots \\ x_r=-b_{r(r+1)}x_{r+1}-\cdots-b_{rn}x_n \end{cases}, \tag{4.2}$$

其中 x_{r+1}，…，x_n 为自由未知量.

从而原方程组的通解为

$$\begin{cases} x_1=-b_{1(r+1)}c_1-\cdots-b_{1n}c_{n-r} \\ x_2=-b_{2(r+1)}c_1-\cdots-b_{2n}c_{n-r} \\ \qquad\qquad\vdots \\ x_r=-b_{r(r+1)}c_1-\cdots-b_{rn}c_{n-r} \\ x_{r+1}=c_1 \\ x_{r+2}=c_2 \\ \qquad\qquad\vdots \\ x_n=c_{n-r} \end{cases},$$

即

$$\begin{pmatrix} x_1 \\ x_2 \\ \vdots \\ x_r \\ x_{r+1} \\ x_{r+2} \\ \vdots \\ x_n \end{pmatrix}=c_1\begin{pmatrix} -b_{1(r+1)} \\ -b_{2(r+1)} \\ \vdots \\ -b_{r(r+1)} \\ 1 \\ 0 \\ \vdots \\ 0 \end{pmatrix}+c_2\begin{pmatrix} -b_{1(r+2)} \\ -b_{2(r+2)} \\ \vdots \\ -b_{r(r+2)} \\ 0 \\ 1 \\ \vdots \\ 0 \end{pmatrix}+\cdots+c_{n-r}\begin{pmatrix} -b_{1n} \\ -b_{2n} \\ \vdots \\ -b_{rn} \\ 0 \\ 0 \\ \vdots \\ 1 \end{pmatrix}.$$

若令

$$
\boldsymbol{X}=\begin{pmatrix} x_1 \\ x_2 \\ \vdots \\ x_r \\ x_{r+1} \\ x_{r+2} \\ \vdots \\ x_n \end{pmatrix},\boldsymbol{\eta}_1=\begin{pmatrix} -b_{1(r+1)} \\ -b_{2(r+1)} \\ \vdots \\ -b_{r(r+1)} \\ 1 \\ 0 \\ \vdots \\ 0 \end{pmatrix},\boldsymbol{\eta}_2=\begin{pmatrix} -b_{1(r+2)} \\ -b_{2(r+2)} \\ \vdots \\ -b_{r(r+2)} \\ 0 \\ 1 \\ \vdots \\ 0 \end{pmatrix},\cdots,\boldsymbol{\eta}_{n-r}=\begin{pmatrix} -b_{1n} \\ -b_{2n} \\ \vdots \\ -b_{rn} \\ 0 \\ 0 \\ \vdots \\ 1 \end{pmatrix},
$$

则通解表示为 $\boldsymbol{X}=c_1\boldsymbol{\eta}_1+c_2\boldsymbol{\eta}_2+\cdots+c_{n-r}\boldsymbol{\eta}_{n-r}$.

显然 $\boldsymbol{\eta}_1,\boldsymbol{\eta}_2,\cdots,\boldsymbol{\eta}_{n-r}$ 是线性无关，且由于 $c_1,c_2,\cdots,c_{n-r}$ 的任意性，知方程组(4.1)任意一个解都可由 $\boldsymbol{\eta}_1,\boldsymbol{\eta}_2,\cdots,\boldsymbol{\eta}_{n-r}$ 线性表出，所以 $\boldsymbol{\eta}_1,\boldsymbol{\eta}_2,\cdots,\boldsymbol{\eta}_{n-r}$ 就是方程组(4.1)的一个基础解系.

证毕

注 在上述定理的证明过程中，我们是先得到通解后，从通解得到齐次线性方程组的基础解系的．我们也可以先求出基础解系，然后得到方程的通解．具体的做法是：令 $n-R(\boldsymbol{A})$ 个自由未知量 $x_{r+1},\cdots,x_n$ 分别取

$$
\begin{pmatrix} x_{r+1} \\ x_{r+2} \\ \vdots \\ x_n \end{pmatrix}=\begin{pmatrix} 1 \\ 0 \\ \vdots \\ 0 \end{pmatrix},\begin{pmatrix} 0 \\ 1 \\ \vdots \\ 0 \end{pmatrix},\cdots,\begin{pmatrix} 0 \\ 0 \\ \vdots \\ 1 \end{pmatrix}, \tag{4.3}
$$

代入(4.2)，可得到方程组(4.1) $n-R(\boldsymbol{A})$ 个解向量

$$
\boldsymbol{\eta}_1=\begin{pmatrix} -b_{1(r+1)} \\ -b_{2(r+1)} \\ \vdots \\ -b_{r(r+1)} \\ 1 \\ 0 \\ \vdots \\ 0 \end{pmatrix},\boldsymbol{\eta}_2=\begin{pmatrix} -b_{1(r+2)} \\ -b_{2(r+2)} \\ \vdots \\ -b_{r(r+2)} \\ 0 \\ 1 \\ \vdots \\ 0 \end{pmatrix},\cdots,\boldsymbol{\eta}_{n-r}=\begin{pmatrix} -b_{1n} \\ -b_{2n} \\ \vdots \\ -b_{rn} \\ 0 \\ 0 \\ \vdots \\ 1 \end{pmatrix}. \tag{4.4}
$$

一方面，该向量组(4.4)可以看成是有向量组(4.3)中每一个向量添加分量而得到的向量组，又向量组(4.3)显然是线性无关的．故由定理 2.4，向量组(4.4)也线性无关.

另一方面，显然方程组(4.1)的任意一个解均可由向量组(4.4)线性表示，从而 $\boldsymbol{\eta}_1,\boldsymbol{\eta}_2,\cdots,\boldsymbol{\eta}_{n-r}$ 必为方程组(4.1)的基础解系．再由基础解系的定义，方程组(4.1)的通解可表示为

$$
\boldsymbol{X}=c_1\boldsymbol{\eta}_1+c_2\boldsymbol{\eta}_2+\cdots+c_{n-r}\boldsymbol{\eta}_{n-r}.
$$

例 4.1 求方程组

$$
\begin{cases} x_1-x_2-x_3+x_4=0 \\ 2x_1-4x_2+x_3-2x_4=0 \\ -3x_1+7x_2-3x_3+5x_4=0 \end{cases}
$$

的基础解系和通解.

解　由于 $A=\begin{pmatrix}1&-1&-1&1\\2&-4&1&-2\\-3&7&-3&5\end{pmatrix}\xrightarrow[r_3+3r_1]{r_2-2r_1}\begin{pmatrix}1&-1&-1&1\\0&-2&3&-4\\0&4&-6&8\end{pmatrix}$

$$\xrightarrow[-\frac{1}{2}r_2]{r_3+2r_2}\begin{pmatrix}1&-1&-1&1\\0&1&-\frac{3}{2}&2\\0&0&0&0\end{pmatrix}\xrightarrow{r_1+r_2}\begin{pmatrix}1&0&-\frac{5}{2}&3\\0&1&-\frac{3}{2}&2\\0&0&0&0\end{pmatrix}.$$

与原方程组等价方程组

$$\begin{cases}x_1-\frac{5}{2}x_3+3x_4=0\\x_2-\frac{3}{2}x_3+2x_4=0\end{cases}，即\begin{cases}x_1=\frac{5}{2}x_3-3x_4\\x_2=\frac{3}{2}x_3-2x_4\end{cases}$$（其中 x_3,x_4 为自由未知量）.

方法 1

先求基础解系，再求通解.

分别令 $\begin{pmatrix}x_3\\x_4\end{pmatrix}$ 为 $\begin{pmatrix}1\\0\end{pmatrix}$，$\begin{pmatrix}0\\1\end{pmatrix}$，代入上式可得基础解系

$$\boldsymbol{\eta}_1=\begin{pmatrix}\frac{5}{2}\\\frac{3}{2}\\1\\0\end{pmatrix},\boldsymbol{\eta}_2=\begin{pmatrix}-3\\-2\\0\\1\end{pmatrix},$$

所以通解为

$$\begin{pmatrix}x_1\\x_2\\x_3\\x_4\end{pmatrix}=c_1\begin{pmatrix}\frac{5}{2}\\\frac{3}{2}\\1\\0\end{pmatrix}+c_2\begin{pmatrix}-3\\-2\\0\\1\end{pmatrix},$$

或表示为　$\boldsymbol{X}=c_1\boldsymbol{\eta}_1+c_2\boldsymbol{\eta}_2$，($c_1,c_2$ 为任意常数).

方法 2

先求通解，再求基础解系.

原方程组的通解为

$$\begin{pmatrix}x_1\\x_2\\x_3\\x_4\end{pmatrix}=c_1\begin{pmatrix}\frac{5}{2}\\\frac{3}{2}\\1\\0\end{pmatrix}+c_2\begin{pmatrix}-3\\-2\\0\\1\end{pmatrix}$$，(c_1,c_2 为任意常数).

令 $\boldsymbol{\eta}_1=\begin{pmatrix}\frac{5}{2}\\\frac{3}{2}\\1\\0\end{pmatrix},\boldsymbol{\eta}_2=\begin{pmatrix}-3\\-2\\0\\1\end{pmatrix}$，则 $\boldsymbol{\eta}_1,\boldsymbol{\eta}_2$ 为原方程组的基础解系.

例 4.2 求出一个齐次线性方程组，使它的基础解系由下列向量组成：

$$\xi_1=\begin{pmatrix}1\\2\\3\\4\end{pmatrix},\quad \xi_2=\begin{pmatrix}4\\3\\2\\1\end{pmatrix}.$$

解 设所求得齐次线性方程组为 $\boldsymbol{AX}=\boldsymbol{0}$，矩阵 $\boldsymbol{A}$ 的行向量形如 $\boldsymbol{\alpha}^{\mathrm{T}}=(a_1,a_2,a_3,a_4)$，根据题意，有 $\boldsymbol{\alpha}^{\mathrm{T}}\boldsymbol{\xi}_1=0,\boldsymbol{\alpha}^{\mathrm{T}}\boldsymbol{\xi}_2=0$，即$\begin{cases}a_1+2a_2+3a_3+4a_4=0\\4a_1+3a_2+2a_3+a_4=0\end{cases}$.

设这个方程组系数矩阵为 $\boldsymbol{B}$，对 $\boldsymbol{B}$ 进行初等行变换，得

$$\boldsymbol{B}=\begin{pmatrix}1&2&3&4\\4&3&2&1\end{pmatrix}\xrightarrow{r_1-4r_2}\begin{pmatrix}1&2&3&4\\0&-5&-10&-15\end{pmatrix}\xrightarrow[r_1-2r_2]{-\frac{1}{5}r_2}\begin{pmatrix}1&0&-1&-2\\0&1&2&3\end{pmatrix},$$

这个方程组的同解方程组为

$$\begin{cases}a_1-a_3-2a_4=0\\a_2+2a_3+3a_4=0\end{cases},$$

其基础解系为$\begin{pmatrix}1\\-2\\1\\0\end{pmatrix},\begin{pmatrix}2\\-3\\0\\1\end{pmatrix}$，故可取矩阵 $\boldsymbol{A}$ 的行向量为 $\boldsymbol{\alpha}_1^{\mathrm{T}}=(1,-2,1,0),\boldsymbol{\alpha}_2^{\mathrm{T}}=(2,-3,0,1)$，故所求齐次线性方程组的系数矩阵 $\boldsymbol{A}=\begin{pmatrix}1&-2&1&0\\2&-3&0&1\end{pmatrix}$.

所求齐次线性方程组为 $\begin{cases}x_1-2x_2+x_3=0\\2x_1-3x_2+x_4=0\end{cases}$.

二、非齐次线性方程组解的结构

对于非齐次线性方程组

$$\begin{cases}a_{11}x_1+a_{12}x_2+\cdots+a_{1n}x_n=b_1\\a_{21}x_1+a_{22}x_2+\cdots+a_{2n}x_n=b_2\\\qquad\vdots\\a_{m1}x_1+a_{m2}x_2+\cdots+a_{mn}x_n=b_m\end{cases},\tag{4.5}$$

或 $\boldsymbol{AX}=\boldsymbol{b}$，称对应的 $\boldsymbol{AX}=\boldsymbol{0}$ 为非齐次线性方程组 $\boldsymbol{AX}=\boldsymbol{b}$ 的导出组.
它的解具有下述性质：

性质 4.3 若 $\boldsymbol{\xi}_1,\boldsymbol{\xi}_2$ 都是 $\boldsymbol{AX}=\boldsymbol{b}$ 的解，则 $\boldsymbol{\xi}_1-\boldsymbol{\xi}_2$ 是其导出组 $\boldsymbol{AX}=\boldsymbol{0}$ 的解.

证明 $\boldsymbol{A}(\boldsymbol{\xi}_1-\boldsymbol{\xi}_2)=\boldsymbol{A}\boldsymbol{\xi}_1-\boldsymbol{A}\boldsymbol{\xi}_2=\boldsymbol{b}-\boldsymbol{b}=\boldsymbol{0}$. 证毕

性质 4.4 若 $\boldsymbol{\xi}$ 为 $\boldsymbol{AX}=\boldsymbol{b}$ 的解，$\boldsymbol{\eta}$ 为 $\boldsymbol{AX}=\boldsymbol{0}$ 的解，则 $\boldsymbol{\eta}+\boldsymbol{\xi}$ 必为 $\boldsymbol{AX}=\boldsymbol{b}$ 的解.

证明　$\boldsymbol{A}(\boldsymbol{\eta}+\boldsymbol{\xi})=\boldsymbol{A}\boldsymbol{\eta}+\boldsymbol{A}\boldsymbol{\xi}=\boldsymbol{0}+\boldsymbol{b}=\boldsymbol{b}$.　证毕

由定理 4.1 和性质 4.4，我们可以得到非齐次线性方程组 $\boldsymbol{AX}=\boldsymbol{b}$ 解的结构定理：

定理 4.2　设 $\boldsymbol{\xi}$ 是非齐次线性方程组 $\boldsymbol{AX}=\boldsymbol{b}$ 的一个特解，$\boldsymbol{\eta}_1,\boldsymbol{\eta}_2,\cdots,\boldsymbol{\eta}_{n-r}$ 是非齐次线性方程组的导出组 $\boldsymbol{AX}=\boldsymbol{0}$ 的基础解系，则非齐次线性方程组 $\boldsymbol{AX}=\boldsymbol{b}$ 的通解可表示为

$$\boldsymbol{X}=c_1\boldsymbol{\eta}_1+c_2\boldsymbol{\eta}_2+\cdots+c_{n-r}\boldsymbol{\eta}_{n-r}+\boldsymbol{\xi}.$$

其中 $c_1,c_2,\cdots,c_{n-r}$ 为任意常数.

例 4.3　求方程组 $\begin{cases}2x_1-4x_2+4x_3+7x_4=-2\\ x_1-2x_2+x_3+5x_4=0\\ 3x_1-6x_2-5x_3+18x_4=2\end{cases}$ 的解 .

解　对增广矩阵进行初等行变换，有

$$\overline{\boldsymbol{A}}=\begin{pmatrix}2&-4&4&7&-2\\1&-2&1&5&0\\3&-6&-5&18&2\end{pmatrix}\xrightarrow{r_2\leftrightarrow r_1}\begin{pmatrix}1&-2&1&5&0\\2&-4&4&7&-2\\3&-6&-5&18&2\end{pmatrix}$$

$$\xrightarrow[r_3-3r_1]{r_2-2r_1}\begin{pmatrix}1&-2&1&5&0\\0&0&2&-3&-2\\0&0&-2&3&2\end{pmatrix}\xrightarrow[\frac{1}{2}r_2]{r_3+r_2}\begin{pmatrix}1&-2&1&5&0\\0&0&1&-\frac{3}{2}&-1\\0&0&0&0&0\end{pmatrix}$$

$$\xrightarrow{r_1-r_2}\begin{pmatrix}1&-2&0&\frac{13}{2}&1\\0&0&1&-\frac{3}{2}&-1\\0&0&0&0&0\end{pmatrix}.$$

可见，$R(\boldsymbol{A})=R(\overline{\boldsymbol{A}})=2<4$，故原方程组有无穷多个解，且与原方程组同解方程组

$$\begin{cases}x_1-2x_2+\frac{13}{2}x_4=1\\ x_3-\frac{3}{2}x_4=-1\end{cases},$$

即 $\begin{cases}x_1=1+2x_2-\frac{13}{2}x_4\\ x_3=-1+\frac{3}{2}x_4\end{cases}$ （其中 x_2,x_4 为自由未知量）.

故原方程组的通解为 $\begin{pmatrix}x_1\\x_2\\x_3\\x_4\end{pmatrix}=c_1\begin{pmatrix}2\\1\\0\\0\end{pmatrix}+c_2\begin{pmatrix}-\frac{13}{2}\\0\\\frac{3}{2}\\1\end{pmatrix}+\begin{pmatrix}1\\0\\-1\\0\end{pmatrix}$，其中 c_1,c_2 为任意常数.

例 4.4 设四元非齐次线性方程组 $\boldsymbol{AX}=\boldsymbol{b}$ 的系数矩阵 $\boldsymbol{A}$ 的秩为 3，已知它的三个解向量为 $\boldsymbol{\eta}_1,\boldsymbol{\eta}_2,\boldsymbol{\eta}_3$，其中

$$\boldsymbol{\eta}_1=\begin{pmatrix}3\\-4\\1\\2\end{pmatrix},\boldsymbol{\eta}_2+\boldsymbol{\eta}_3=\begin{pmatrix}4\\6\\8\\0\end{pmatrix},$$

求该方程组的通解.

解 依题意，方程组 $\boldsymbol{AX}=\boldsymbol{b}$ 的导出组的基础解系含 $4-3=1$ 个向量，于是导出组的任何一个非零解都可作为其基础解系.

显然 $\boldsymbol{\eta}_1-\dfrac{1}{2}(\boldsymbol{\eta}_2+\boldsymbol{\eta}_3)=\begin{pmatrix}1\\-7\\-3\\2\end{pmatrix}\neq\boldsymbol{0}$ 是导出组的非零解，可作为其基础解系.

故原方程组 $\boldsymbol{AX}=\boldsymbol{b}$ 的通解为

$$\boldsymbol{X}=\boldsymbol{\eta}_1+c\left[\boldsymbol{\eta}_1-\frac{1}{2}(\boldsymbol{\eta}_2+\boldsymbol{\eta}_3)\right]=\begin{pmatrix}3\\-4\\1\\2\end{pmatrix}+c\begin{pmatrix}1\\-7\\-3\\2\end{pmatrix}\quad(c\text{ 为任意常数}).$$

§ 3.5 向量空间

上一章我们已经对实数域上的 n 维向量的线性运算及线性相关性等问题作了一些讨论和研究，不难看出，利用向量这个工具来解决一些问题时，还是很方便的. 为了更好地掌握 n 维向量的相关知识，接下来我们将对 n 维向量空间作进一步的介绍和研究.

本节要求重点掌握 n 维向量空间、子空间、基及维数、坐标等概念，会求过渡矩阵，并会利用坐标变换公式求向量坐标.

一、向量空间的定义

定义 5.1 设 V 为 n 维向量的集合，若集合 V 非空，且对于加法及数乘两种运算封闭，即对于任意的 $\boldsymbol{\alpha}\in V,\boldsymbol{\beta}\in V$，有 $\boldsymbol{\alpha}+\boldsymbol{\beta}\in V$；若 $\boldsymbol{\alpha}\in V,k\in P$，有 $k\boldsymbol{\alpha}\in V$. 则称 V 为数域 P 上的一个向量空间.

例如 实数域上 n 维向量的全体一般记为 $\boldsymbol{R}^n$，就是一个向量空间，因为对于任意 $\boldsymbol{\alpha},\boldsymbol{\beta}\in\boldsymbol{R}^n$，都有 $\boldsymbol{\alpha}+\boldsymbol{\beta}\in\boldsymbol{R}^n$，对于任意 $\boldsymbol{\alpha}\in\boldsymbol{R}^n,k\in\boldsymbol{R}$，都有 $k\boldsymbol{\alpha}\in\boldsymbol{R}^n$.

定义 5.2 对于向量空间 V 的一个子集 S，若按照 S 中规定的向量加法和数乘构成一个向量空间，就称 S 是 V 的一个子空间.

例如 只有一个零向量构成的向量组，构成 $\boldsymbol{R}^n$ 的一个子空间，称为零子空间. $\boldsymbol{R}^n$ 和零子空间称为 $\boldsymbol{R}^n$ 的平凡子空间.

对于集合 $V=\{(x_1,x_2,\cdots,x_{n-1},1)\mid x_1,x_2,\cdots,x_{n-1}\in\boldsymbol{R}\}$ 不构成 $\boldsymbol{R}^n$ 的向量子空间. 因为对向量

加法和数乘运算不封闭.

例 5.1　对于数域 P 上已知 n 维向量 $\boldsymbol{\alpha}_1,\boldsymbol{\alpha}_2,\boldsymbol{\alpha}_3$，若构造集合

$$V=\{\boldsymbol{\alpha}=k_1\boldsymbol{\alpha}_1+k_2\boldsymbol{\alpha}_2+k_3\boldsymbol{\alpha}_3\,|\,k_1,k_2,k_3\in P\}\ ,$$

则 V 是一个向量空间.

证明　任取 V 中两个向量若 $\boldsymbol{\alpha}=k_1\boldsymbol{\alpha}_1+k_2\boldsymbol{\alpha}_2+k_3\boldsymbol{\alpha}_3,\boldsymbol{\beta}=l_1\boldsymbol{\alpha}_1+l_2\boldsymbol{\alpha}_2+l_3\boldsymbol{\alpha}_3$，则有

$$\boldsymbol{\alpha}+\boldsymbol{\beta}=(k_1+l_1)\boldsymbol{\alpha}_1+(k_2+l_2)\boldsymbol{\alpha}_2+(k_3+l_3)\boldsymbol{\alpha}_3\in V,$$

$$\lambda\boldsymbol{\alpha}=(\lambda k_1)\boldsymbol{\alpha}_1+(\lambda k_2)\boldsymbol{\alpha}_2+(\lambda k_3)\boldsymbol{\alpha}_3\in V,$$

所以 V 是一个向量空间. 这个向量空间称为由向量 $\boldsymbol{\alpha}_1,\boldsymbol{\alpha}_2,\boldsymbol{\alpha}_3$ 所生成的向量空间.

一般地，由向量组 $\boldsymbol{\alpha}_1,\boldsymbol{\alpha}_2,\cdots,\boldsymbol{\alpha}_m$ 所生成的向量空间为

$$V=\{\boldsymbol{\alpha}=k_1\boldsymbol{\alpha}_1+k_2\boldsymbol{\alpha}_2+\cdots+k_m\boldsymbol{\alpha}_m\,|\,k_1,k_2,\cdots,k_m\in P\}.$$

证毕

二、向量空间的基与维数

定义 5.3　设 V 为一个向量空间，若对于 V 中 r 个向量 $\boldsymbol{\alpha}_1,\boldsymbol{\alpha}_2,\cdots,\boldsymbol{\alpha}_r\in V$，满足：

(1) $\boldsymbol{\alpha}_1,\boldsymbol{\alpha}_2,\cdots,\boldsymbol{\alpha}_r$ 线性无关；

(2) V 中任一个向量都可由 $\boldsymbol{\alpha}_1,\boldsymbol{\alpha}_2,\cdots,\boldsymbol{\alpha}_r$ 线性表出.

则称向量 $\boldsymbol{\alpha}_1,\boldsymbol{\alpha}_2,\cdots,\boldsymbol{\alpha}_r$ 为向量空间 V 的一组基，其所含有的向量个数 r 称为向量空间 V 的维数，即 V 称为 r 维向量空间，记作 $\dim V=r$.

注　(1) 如果向量空间 V 没有基，那么 V 的维数为 0，0 维向量空间只含一个零向量.

(2) 若把向量空间 V 看作一个向量组，则 V 的基就是向量组的最大线性无关组，V 的维数就是向量组的秩.

例 5.2　含有 n 个未知量齐次线性方程组 $\boldsymbol{AX}=\boldsymbol{0}$ 的解集合 $V=\{\boldsymbol{X}\,|\,\boldsymbol{AX}=\boldsymbol{0}\}$ 构成一个向量空间，常称为齐次线性方程组的解空间. 当方程组有无穷多解时，该空间的基为方程组的基础解系，其维数为 $\dim V=n-r$.

例 5.3　在 $\boldsymbol{R}^n$ 中，向量组

$$\boldsymbol{\varepsilon}_1=(1,0,\cdots,0)^{\mathrm{T}},\boldsymbol{\varepsilon}_2=(0,1,\cdots,0)^{\mathrm{T}},\cdots,\boldsymbol{\varepsilon}_n=(0,0,\cdots,1)^{\mathrm{T}}$$

是线性无关的，且它是 $\boldsymbol{R}^n$ 的最大无关组，所以 $\boldsymbol{\varepsilon}_1,\boldsymbol{\varepsilon}_2,\cdots,\boldsymbol{\varepsilon}_n$ 是 $\boldsymbol{R}^n$ 的一个基，常称为 $\boldsymbol{R}^n$ 的自然基，且 $\boldsymbol{R}^n$ 的维数是 n.

定义 5.4　设向量 $\boldsymbol{\alpha}_1,\boldsymbol{\alpha}_2,\cdots,\boldsymbol{\alpha}_r$ 为向量空间 V 的一个基，对任意的向量 $\boldsymbol{\alpha}\in V$，可唯一的表成

$$\boldsymbol{\alpha}=x_1\boldsymbol{\alpha}_1+x_2\boldsymbol{\alpha}_2+\cdots+x_r\boldsymbol{\alpha}_r,$$

则数组 $x_1,x_2,\cdots,x_r$ 称为向量 $\boldsymbol{\alpha}$ 关于基 $\boldsymbol{\alpha}_1,\boldsymbol{\alpha}_2,\cdots,\boldsymbol{\alpha}_r$ 的坐标，记作 $(x_1,x_2,\cdots,x_r)^{\mathrm{T}}$，并称之为 $\boldsymbol{\alpha}$ 在基 $\boldsymbol{\alpha}_1,\boldsymbol{\alpha}_2,\cdots,\boldsymbol{\alpha}_r$ 下的坐标向量.

注　特别地，在 n 维向量空间 $\boldsymbol{R}^n$ 中取单位坐标向量组 $\boldsymbol{\varepsilon}_1,\boldsymbol{\varepsilon}_2,\cdots,\boldsymbol{\varepsilon}_n$ 为基，则以 $a_1,a_2,\cdots,a_n$ 为分量的向量 $\boldsymbol{\alpha}$，可表示为

$$\boldsymbol{\alpha}=a_1\boldsymbol{\varepsilon}_1+a_2\boldsymbol{\varepsilon}_2+\cdots+a_n\boldsymbol{\varepsilon}_n.$$

可见向量在基 $\varepsilon_1,\varepsilon_2,\cdots,\varepsilon_n$ 中的坐标就是该向量的分量. 因此 $\boldsymbol{\varepsilon}_1,\boldsymbol{\varepsilon}_2,\cdots,\boldsymbol{\varepsilon}_n$ 称为 $\boldsymbol{R}^n$ 中的自然基.

例 5.4　证明向量组 $\boldsymbol{\alpha}_1=(1,2,-1)^{\mathrm{T}},\boldsymbol{\alpha}_2=(-1,-3,2)^{\mathrm{T}},\boldsymbol{\alpha}_3=(1,4,1)^{\mathrm{T}}$ 是 $\boldsymbol{R}^3$ 的一个基，并求向量 $\boldsymbol{\alpha}=(-1,0,3)^{\mathrm{T}}$ 在该基下的坐标.

证明　方法 1

$$(\boldsymbol{\alpha}_1,\boldsymbol{\alpha}_2,\boldsymbol{\alpha}_3,\boldsymbol{\alpha})=\begin{pmatrix}1&-1&1&-1\\2&-3&4&0\\-1&2&1&3\end{pmatrix}\xrightarrow[r_3+r_1]{r_2-2r_1}\begin{pmatrix}1&-1&1&-1\\0&-1&2&2\\0&1&2&2\end{pmatrix}$$

$$\xrightarrow[-r_2]{r_3+r_2}\begin{pmatrix}1&-1&1&-1\\0&1&-2&-2\\0&0&4&4\end{pmatrix}\xrightarrow[r_1-r_3]{\frac{1}{4}r_3 \quad r_2+2r_3}\begin{pmatrix}1&-1&0&-2\\0&1&0&0\\0&0&1&1\end{pmatrix}\xrightarrow{r_1+r_2}\begin{pmatrix}1&0&0&-2\\0&1&0&0\\0&0&1&1\end{pmatrix}.$$

由于 $R(\boldsymbol{\alpha}_1,\boldsymbol{\alpha}_2,\boldsymbol{\alpha}_3)=3$，所以 $\boldsymbol{\alpha}_1,\boldsymbol{\alpha}_2,\boldsymbol{\alpha}_3$ 是 $\boldsymbol{R}^3$ 的一个基.

又 $\boldsymbol{\alpha}=-2\boldsymbol{\alpha}_1+\boldsymbol{\alpha}_3$，故向量 $\boldsymbol{\alpha}$ 在基 $\boldsymbol{\alpha}_1,\boldsymbol{\alpha}_2,\boldsymbol{\alpha}_3$ 下的坐标为 $(-2,0,1)^{\mathrm{T}}$.

方法 2

在 $\boldsymbol{R}^3$ 中，$\boldsymbol{\varepsilon}_1=\begin{pmatrix}1\\0\\0\end{pmatrix},\boldsymbol{\varepsilon}_2=\begin{pmatrix}0\\1\\0\end{pmatrix},\boldsymbol{\varepsilon}_3=\begin{pmatrix}0\\0\\1\end{pmatrix}$ 为其一组基.

又 $(\boldsymbol{\alpha}_1,\boldsymbol{\alpha}_2,\boldsymbol{\alpha}_3)=(\boldsymbol{\varepsilon}_1,\boldsymbol{\varepsilon}_2,\boldsymbol{\varepsilon}_3)\begin{pmatrix}1&-1&1\\2&-3&4\\-1&2&1\end{pmatrix}$，且 $\begin{vmatrix}1&-1&1\\2&-3&4\\-1&2&1\end{vmatrix}=-4\neq 0$，$R(\boldsymbol{\varepsilon}_1,\boldsymbol{\varepsilon}_2,\boldsymbol{\varepsilon}_3)=3$.

故 $R(\boldsymbol{\alpha}_1,\boldsymbol{\alpha}_2,\boldsymbol{\alpha}_3)=3$，即 $\boldsymbol{\alpha}_1,\boldsymbol{\alpha}_2,\boldsymbol{\alpha}_3$ 线性无关. 故 $\boldsymbol{\alpha}_1,\boldsymbol{\alpha}_2,\boldsymbol{\alpha}_3$ 为 R^3 的一组基.

设向量 $\boldsymbol{\alpha}$ 在基 $\boldsymbol{\alpha}_1,\boldsymbol{\alpha}_2,\boldsymbol{\alpha}_3$ 下的坐标为 x_1,x_2,x_3，则

$$\boldsymbol{\alpha}=(\boldsymbol{\alpha}_1,\boldsymbol{\alpha}_2,\boldsymbol{\alpha}_3)\begin{pmatrix}x_1\\x_2\\x_3\end{pmatrix}=\begin{pmatrix}1&-1&1\\2&-3&4\\-1&2&1\end{pmatrix}\begin{pmatrix}x_1\\x_2\\x_3\end{pmatrix},$$

又 $(\boldsymbol{\alpha}_1,\boldsymbol{\alpha}_2,\boldsymbol{\alpha}_3)$ 是可逆矩阵，

$$故\begin{pmatrix}x_1\\x_2\\x_3\end{pmatrix}=\begin{pmatrix}1&-1&1\\2&-3&4\\-1&2&1\end{pmatrix}^{-1}\begin{pmatrix}-1\\0\\3\end{pmatrix}=\begin{pmatrix}\frac{11}{4}&-\frac{3}{4}&\frac{1}{4}\\\frac{3}{2}&-\frac{1}{2}&\frac{1}{2}\\-\frac{1}{4}&\frac{1}{4}&\frac{1}{4}\end{pmatrix}\begin{pmatrix}-1\\0\\3\end{pmatrix}=\begin{pmatrix}-2\\0\\1\end{pmatrix}.$$

故向量 $\boldsymbol{\alpha}$ 在基 $\boldsymbol{\alpha}_1,\boldsymbol{\alpha}_2,\boldsymbol{\alpha}_3$ 下的坐标为 $(-2，0，1)^{\mathrm{T}}$.

三、坐标变换公式

同一向量在不同基下的坐标一般来说是不一样的，那么它们之间是否存在联系呢？接下来就探讨它们之间的内在的联系.

定义 5.5 设 $\boldsymbol{\alpha}_1,\boldsymbol{\alpha}_2,\cdots,\boldsymbol{\alpha}_n$ 与 $\boldsymbol{\beta}_1,\boldsymbol{\beta}_2,\cdots,\boldsymbol{\beta}_n$ 是 $\boldsymbol{R}^n$ 的两组基，且 $\boldsymbol{\alpha}_1,\boldsymbol{\alpha}_2,\cdots,\boldsymbol{\alpha}_n$ 用向量组 $\boldsymbol{\beta}_1,\boldsymbol{\beta}_2,\cdots,\boldsymbol{\beta}_n$ 可线性表示为

$$(\boldsymbol{\beta}_1,\boldsymbol{\beta}_2,\cdots,\boldsymbol{\beta}_n)=(\boldsymbol{\alpha}_1,\boldsymbol{\alpha}_2,\cdots,\boldsymbol{\alpha}_n)\begin{pmatrix}a_{11}&a_{21}&\cdots&a_{n1}\\a_{12}&a_{22}&\cdots&a_{n2}\\\vdots&\vdots&\vdots&\vdots\\a_{1n}&a_{2n}&\cdots&a_{nn}\end{pmatrix}$$

$$=(\boldsymbol{\alpha}_1,\boldsymbol{\alpha}_2,\cdots,\boldsymbol{\alpha}_n)\boldsymbol{P} \tag{5.1}$$

则称矩阵 $\boldsymbol{P}=\begin{pmatrix}a_{11}&a_{21}&\cdots&a_{n1}\\a_{12}&a_{22}&\cdots&a_{n2}\\\vdots&\vdots&\vdots&\vdots\\a_{1n}&a_{2n}&\cdots&a_{nn}\end{pmatrix}$ 为由基 $\boldsymbol{\alpha}_1,\boldsymbol{\alpha}_2,\cdots,\boldsymbol{\alpha}_n$ 到基 $\boldsymbol{\beta}_1,\boldsymbol{\beta}_2,\cdots,\boldsymbol{\beta}_n$ 的过渡矩阵. 式(5.1)称为由基 $\boldsymbol{\alpha}_1,\boldsymbol{\alpha}_2,\cdots,\boldsymbol{\alpha}_n$ 到基 $\boldsymbol{\beta}_1,\boldsymbol{\beta}_2,\cdots,\boldsymbol{\beta}_n$ 的基变换.

注　由基 $\boldsymbol{\alpha}_1,\boldsymbol{\alpha}_2,\cdots,\boldsymbol{\alpha}_n$ 到基 $\boldsymbol{\beta}_1,\boldsymbol{\beta}_2,\cdots,\boldsymbol{\beta}_n$ 的过渡矩阵的求法：

对于 $\boldsymbol{R}^n$ 的自然基 $\boldsymbol{\varepsilon}_1=(1,0,\cdots,0)^{\mathrm{T}},\boldsymbol{\varepsilon}_2=(0,1,\cdots,0)^{\mathrm{T}},\cdots,\boldsymbol{\varepsilon}_n=(0,0,\cdots,1)^{\mathrm{T}}$，有 $(\boldsymbol{\alpha}_1,\boldsymbol{\alpha}_2,\cdots,\boldsymbol{\alpha}_n)=(\boldsymbol{\varepsilon}_1,\boldsymbol{\varepsilon}_2,\cdots,\boldsymbol{\varepsilon}_n)\boldsymbol{A}$，显然 $\boldsymbol{A}$ 可逆.

故 $(\boldsymbol{\varepsilon}_1,\boldsymbol{\varepsilon}_2,\cdots,\boldsymbol{\varepsilon}_n)=(\boldsymbol{\alpha}_1,\boldsymbol{\alpha}_2,\cdots,\boldsymbol{\alpha}_n)\boldsymbol{A}^{-1}$.

从而 $(\boldsymbol{\beta}_1,\boldsymbol{\beta}_2,\cdots,\boldsymbol{\beta}_n)=(\boldsymbol{\varepsilon}_1,\boldsymbol{\varepsilon}_2,\cdots,\boldsymbol{\varepsilon}_n)\boldsymbol{B}=(\boldsymbol{\alpha}_1,\boldsymbol{\alpha}_2,\cdots,\boldsymbol{\alpha}_n)\boldsymbol{A}^{-1}\boldsymbol{B}$,

所以 $\boldsymbol{P}=\boldsymbol{A}^{-1}\boldsymbol{B}$ 为由基 $\boldsymbol{\alpha}_1,\boldsymbol{\alpha}_2,\cdots,\boldsymbol{\alpha}_n$ 到基 $\boldsymbol{\beta}_1,\boldsymbol{\beta}_2,\cdots,\boldsymbol{\beta}_n$ 的过渡矩阵.

接下来，我们利用过渡矩阵来探讨同一向量在两组不同基下的坐标关系.

定理 5.1　设 $x_1,x_2,\cdots,x_n$ 是向量 $\boldsymbol{\alpha}$ 在基 $\boldsymbol{\alpha}_1,\boldsymbol{\alpha}_2,\cdots,\boldsymbol{\alpha}_n$ 下的坐标，$y_1,y_2,\cdots,y_n$ 是 $\boldsymbol{\alpha}$ 在基 $\boldsymbol{\beta}_1,\boldsymbol{\beta}_2,\cdots,\boldsymbol{\beta}_n$ 下的坐标，$\boldsymbol{P}$ 为由基 $\boldsymbol{\alpha}_1,\boldsymbol{\alpha}_2,\cdots,\boldsymbol{\alpha}_n$ 到基 $\boldsymbol{\beta}_1,\boldsymbol{\beta}_2,\cdots,\boldsymbol{\beta}_n$ 的过渡矩阵，则 $\boldsymbol{\alpha}$ 在这两组基下的坐标之间的变换公式为

$$\begin{pmatrix}y_1\\y_2\\\vdots\\y_n\end{pmatrix}=\boldsymbol{P}^{-1}\begin{pmatrix}x_1\\x_2\\\vdots\\x_n\end{pmatrix}\quad\text{或}\quad\begin{pmatrix}x_1\\x_2\\\vdots\\x_n\end{pmatrix}=\boldsymbol{P}\begin{pmatrix}y_1\\y_2\\\vdots\\y_n\end{pmatrix}.$$

证明　　$(\boldsymbol{\beta}_1,\boldsymbol{\beta}_2,\cdots,\boldsymbol{\beta}_n)=(\boldsymbol{\alpha}_1,\boldsymbol{\alpha}_2,\cdots,\boldsymbol{\alpha}_n)\boldsymbol{P}$,

又 $\boldsymbol{\alpha}=x_1\boldsymbol{\alpha}_1+x_2\boldsymbol{\alpha}_2+\cdots+x_n\boldsymbol{\alpha}_n=(\boldsymbol{\alpha}_1,\boldsymbol{\alpha}_2,\cdots,\boldsymbol{\alpha}_n)\begin{pmatrix}x_1\\x_2\\\vdots\\x_n\end{pmatrix}$,

$$\boldsymbol{\alpha}=y_1\boldsymbol{\beta}_1+y_2\boldsymbol{\beta}_2+\cdots+y_n\boldsymbol{\beta}_n=(\boldsymbol{\beta}_1,\boldsymbol{\beta}_2,\cdots,\boldsymbol{\beta}_n)\begin{pmatrix}y_1\\y_2\\\vdots\\y_n\end{pmatrix},$$

故由上述三个式子可得

$$\boldsymbol{\alpha}=(\boldsymbol{\alpha}_1,\boldsymbol{\alpha}_2,\cdots,\boldsymbol{\alpha}_n)\begin{pmatrix}x_1\\x_2\\\vdots\\x_n\end{pmatrix}=(\boldsymbol{\beta}_1,\boldsymbol{\beta}_2,\cdots,\boldsymbol{\beta}_n)\boldsymbol{P}^{-1}\begin{pmatrix}x_1\\x_2\\\vdots\\x_n\end{pmatrix}=(\boldsymbol{\beta}_1,\boldsymbol{\beta}_2,\cdots,\boldsymbol{\beta}_n)\begin{pmatrix}y_1\\y_2\\\vdots\\y_n\end{pmatrix}.$$

由于 $\boldsymbol{P}^{-1}\begin{pmatrix}x_1\\x_2\\\vdots\\x_n\end{pmatrix}$ 和 $\begin{pmatrix}y_1\\y_2\\\vdots\\y_n\end{pmatrix}$ 均是 $\boldsymbol{\alpha}$ 在基 $\boldsymbol{\beta}_1,\boldsymbol{\beta}_2,\cdots,\boldsymbol{\beta}_n$ 下的坐标，于是

$$\begin{pmatrix}x_1\\x_2\\\vdots\\x_n\end{pmatrix}=\boldsymbol{P}\begin{pmatrix}y_1\\y_2\\\vdots\\y_n\end{pmatrix}\quad\text{或}\quad\begin{pmatrix}y_1\\y_2\\\vdots\\y_n\end{pmatrix}=\boldsymbol{P}^{-1}\begin{pmatrix}x_1\\x_2\\\vdots\\x_n\end{pmatrix}.$$

上式即是 $\boldsymbol{\alpha}$ 在不同基下的坐标之间的变换公式.

例 5.5　设 $\boldsymbol{R}^3$ 中的两个基分别为 $\boldsymbol{\alpha}_1=(1,1,0)^{\mathrm{T}},\boldsymbol{\alpha}_2=(0,-1,1)^{\mathrm{T}},\boldsymbol{\alpha}_3=(1,0,2)^{\mathrm{T}},\boldsymbol{\beta}_1=(3,1,0)^{\mathrm{T}},\boldsymbol{\beta}_2=(0,1,1)^{\mathrm{T}},\boldsymbol{\beta}_3=(1,0,4)^{\mathrm{T}}$.

(1) 求从基 $\boldsymbol{\alpha}_1,\boldsymbol{\alpha}_2,\boldsymbol{\alpha}_3$ 到基 $\boldsymbol{\beta}_1,\boldsymbol{\beta}_2,\boldsymbol{\beta}_3$ 的过渡矩阵；

(2) 求坐标变换公式；

(3) 求 $\boldsymbol{\alpha}=(10,1,2)^{\mathrm{T}}$，在这两组基下的坐标.

解 (1) 设 $(\boldsymbol{\beta}_1,\boldsymbol{\beta}_2,\boldsymbol{\beta}_3)=(\boldsymbol{\alpha}_1,\boldsymbol{\alpha}_2,\boldsymbol{\alpha}_3)\boldsymbol{P}$，又令

$$(\boldsymbol{\alpha}_1,\boldsymbol{\alpha}_2,\boldsymbol{\alpha}_3)=(\boldsymbol{\varepsilon}_1,\boldsymbol{\varepsilon}_2,\boldsymbol{\varepsilon}_3)\begin{pmatrix}1&0&1\\1&-1&0\\0&1&2\end{pmatrix}=(\boldsymbol{\varepsilon}_1,\boldsymbol{\varepsilon}_2,\boldsymbol{\varepsilon}_3)\boldsymbol{A},$$

$$(\boldsymbol{\beta}_1,\boldsymbol{\beta}_2,\boldsymbol{\beta}_3)=(\boldsymbol{\varepsilon}_1,\boldsymbol{\varepsilon}_2,\boldsymbol{\varepsilon}_3)\begin{pmatrix}3&0&1\\1&1&0\\0&1&4\end{pmatrix}=(\boldsymbol{\varepsilon}_1,\boldsymbol{\varepsilon}_2,\boldsymbol{\varepsilon}_3)\boldsymbol{B},$$

则 $\boldsymbol{P}=\boldsymbol{A}^{-1}\boldsymbol{B}$，下面用矩阵初等行变换求 $\boldsymbol{A}^{-1}\boldsymbol{B}$.

$$(\boldsymbol{A}\vdots\boldsymbol{B})=\begin{pmatrix}1&0&1&3&0&1\\1&-1&0&1&1&0\\0&1&2&0&1&4\end{pmatrix}\xrightarrow{r_2-r_1}\begin{pmatrix}1&0&1&3&0&1\\0&-1&-1&-2&1&-1\\0&1&2&0&1&4\end{pmatrix}$$

$$\xrightarrow{r_3+r_2}\begin{pmatrix}1&0&1&3&0&1\\0&-1&-1&-2&1&-1\\0&0&1&-2&2&3\end{pmatrix}\xrightarrow[\substack{r_1-r_3\\ r_2-r_3}]{-r_2}\begin{pmatrix}1&0&0&5&-2&-2\\0&1&0&4&-3&-2\\0&0&1&-2&2&3\end{pmatrix},$$

故所求的过渡矩阵为

$$\boldsymbol{P}=\boldsymbol{A}^{-1}\boldsymbol{B}=\begin{pmatrix}5&-2&-2\\4&-3&-2\\-2&2&3\end{pmatrix}.$$

(2) 设 x_1,x_2,x_3 是向量 $\boldsymbol{\alpha}$ 在基 $\boldsymbol{\alpha}_1,\boldsymbol{\alpha}_2,\boldsymbol{\alpha}_3$ 下的坐标，y_1,y_2,y_3 是 $\boldsymbol{\alpha}$ 在基 $\boldsymbol{\beta}_1,\boldsymbol{\beta}_2,\boldsymbol{\beta}_3$ 下的坐标，由(1)的结果，可直接写出坐标变换公式：

$$\begin{pmatrix}x_1\\x_2\\x_3\end{pmatrix}=\begin{pmatrix}5&-2&-2\\4&-3&-2\\-2&2&3\end{pmatrix}\begin{pmatrix}y_1\\y_2\\y_3\end{pmatrix}.$$

(3) 先求 $\boldsymbol{\alpha}$ 在 $\boldsymbol{\beta}_1,\boldsymbol{\beta}_2,\boldsymbol{\beta}_3$ 下的坐标.

设 $\boldsymbol{\alpha}=y_1\boldsymbol{\beta}_1+y_2\boldsymbol{\beta}_2+y_3\boldsymbol{\beta}_3=(\boldsymbol{\beta}_1,\boldsymbol{\beta}_2,\boldsymbol{\beta}_3)\begin{pmatrix}y_1\\y_2\\y_3\end{pmatrix}=\boldsymbol{B}\begin{pmatrix}y_1\\y_2\\y_3\end{pmatrix}$，

则 $\begin{pmatrix}y_1\\y_2\\y_3\end{pmatrix}=\boldsymbol{B}^{-1}\boldsymbol{\alpha}$，现用初等行变换求 $\boldsymbol{B}^{-1}\boldsymbol{\alpha}$.

$$(\boldsymbol{B},\boldsymbol{\alpha})=\begin{pmatrix}3&0&1&10\\1&1&0&1\\0&1&4&2\end{pmatrix}\xrightarrow[r_2-3r_1]{r_1\leftrightarrow r_2}\begin{pmatrix}1&1&0&1\\0&-3&1&7\\0&1&4&2\end{pmatrix}\xrightarrow[r_3+3r_2]{r_2\leftrightarrow r_3}\begin{pmatrix}1&1&0&1\\0&1&4&2\\0&0&13&13\end{pmatrix}$$

$$\xrightarrow[r_2-4r_3]{\frac{1}{13}r_3}\begin{pmatrix}1&1&0&1\\0&1&0&-2\\0&0&1&1\end{pmatrix}\xrightarrow{r_1-r_2}\begin{pmatrix}1&0&0&3\\0&1&0&-2\\0&0&1&1\end{pmatrix},$$

所以 $\begin{pmatrix}y_1\\y_2\\y_3\end{pmatrix}=\begin{pmatrix}3\\-2\\1\end{pmatrix}$ 为 $\boldsymbol{\alpha}$ 在 $\boldsymbol{\beta}_1,\boldsymbol{\beta}_2,\boldsymbol{\beta}_3$ 下的坐标. 而 $\boldsymbol{\alpha}$ 在基 $\boldsymbol{\alpha}_1,\boldsymbol{\alpha}_2,\boldsymbol{\alpha}_3$ 下的坐标为

$$\begin{pmatrix} x_1 \\ x_2 \\ x_3 \end{pmatrix} = \boldsymbol{P}\begin{pmatrix} y_1 \\ y_2 \\ y_3 \end{pmatrix} = \begin{pmatrix} 5 & -2 & -2 \\ 4 & -3 & -2 \\ -2 & 2 & 3 \end{pmatrix}\begin{pmatrix} 3 \\ -2 \\ 1 \end{pmatrix} = \begin{pmatrix} 17 \\ 16 \\ -3 \end{pmatrix}.$$

例 5.6　设 $\boldsymbol{\alpha}_1,\boldsymbol{\alpha}_2,\boldsymbol{\alpha}_3$ 为三维向量空间的一个基，而 $\boldsymbol{\beta}_1,\boldsymbol{\beta}_2,\boldsymbol{\beta}_3$ 与 $\boldsymbol{\gamma}_1,\boldsymbol{\gamma}_2,\boldsymbol{\gamma}_3$ 为 V 中两个向量组，且

$$\begin{cases} \boldsymbol{\beta}_1 = \boldsymbol{\alpha}_1 + \boldsymbol{\alpha}_2 + \boldsymbol{\alpha}_3 \\ \boldsymbol{\beta}_2 = \boldsymbol{\alpha}_1 - \boldsymbol{\alpha}_3 \\ \boldsymbol{\beta}_3 = \boldsymbol{\alpha}_1 + \boldsymbol{\alpha}_3 \end{cases},\quad \begin{cases} \boldsymbol{\gamma}_1 = \boldsymbol{\alpha}_1 + 2\boldsymbol{\alpha}_2 + \boldsymbol{\alpha}_3 \\ \boldsymbol{\gamma}_2 = 2\boldsymbol{\alpha}_1 + 3\boldsymbol{\alpha}_2 + 4\boldsymbol{\alpha}_3 \\ \boldsymbol{\gamma}_3 = 3\boldsymbol{\alpha}_1 + 4\boldsymbol{\alpha}_2 + 3\boldsymbol{\alpha}_3 \end{cases}.$$

（1）验证 $\boldsymbol{\beta}_1,\boldsymbol{\beta}_2,\boldsymbol{\beta}_3$ 及 $\boldsymbol{\gamma}_1,\boldsymbol{\gamma}_2,\boldsymbol{\gamma}_3$ 都是 V 的基；

（2）求由 $\boldsymbol{\beta}_1,\boldsymbol{\beta}_2,\boldsymbol{\beta}_3$ 到 $\boldsymbol{\gamma}_1,\boldsymbol{\gamma}_2,\boldsymbol{\gamma}_3$ 的过渡矩阵；

（3）求任一向量 $\boldsymbol{\alpha}$ 在两组基下的坐标变换公式.

解　(1) $(\boldsymbol{\beta}_1,\boldsymbol{\beta}_2,\boldsymbol{\beta}_3) = (\boldsymbol{\alpha}_1,\boldsymbol{\alpha}_2,\boldsymbol{\alpha}_3)\begin{pmatrix} 1 & 1 & 1 \\ 1 & 0 & 0 \\ 1 & -1 & 1 \end{pmatrix} = (\boldsymbol{\alpha}_1,\boldsymbol{\alpha}_2,\boldsymbol{\alpha}_3)\boldsymbol{B}$；

$$(\boldsymbol{\gamma}_1,\boldsymbol{\gamma}_2,\boldsymbol{\gamma}_3) = (\boldsymbol{\alpha}_1,\boldsymbol{\alpha}_2,\boldsymbol{\alpha}_3)\begin{pmatrix} 1 & 2 & 3 \\ 2 & 3 & 4 \\ 1 & 4 & 3 \end{pmatrix} = (\boldsymbol{\alpha}_1,\boldsymbol{\alpha}_2,\boldsymbol{\alpha}_3)\boldsymbol{C}.$$

由于 $|\boldsymbol{B}| \neq 0$，故 $\boldsymbol{B}$ 为可逆矩阵.

而 $\boldsymbol{\alpha}_1,\boldsymbol{\alpha}_2,\boldsymbol{\alpha}_3$ 为 V 的基，故 $\boldsymbol{\beta}_1,\boldsymbol{\beta}_2,\boldsymbol{\beta}_3$ 线性无关.

所以 $\boldsymbol{\beta}_1,\boldsymbol{\beta}_2,\boldsymbol{\beta}_3$ 为三维向量空间 V 的一个基. 同理由 $|\boldsymbol{C}| \neq 0$ 知 $\boldsymbol{\gamma}_1,\boldsymbol{\gamma}_2,\boldsymbol{\gamma}_3$ 是 V 的基.

（2）由(1)知，$(\boldsymbol{\beta}_1,\boldsymbol{\beta}_2,\boldsymbol{\beta}_3) = (\boldsymbol{\alpha}_1,\boldsymbol{\alpha}_2,\boldsymbol{\alpha}_3)\boldsymbol{B}$，从而

$$(\boldsymbol{\alpha}_1,\boldsymbol{\alpha}_2,\boldsymbol{\alpha}_3) = (\boldsymbol{\beta}_1,\boldsymbol{\beta}_2,\boldsymbol{\beta}_3)\boldsymbol{B}^{-1},$$

$$(\boldsymbol{\gamma}_1,\boldsymbol{\gamma}_2,\boldsymbol{\gamma}_3) = (\boldsymbol{\alpha}_1,\boldsymbol{\alpha}_2,\boldsymbol{\alpha}_3)\boldsymbol{C} = (\boldsymbol{\beta}_1,\boldsymbol{\beta}_2,\boldsymbol{\beta}_3)\boldsymbol{B}^{-1}\boldsymbol{C}.$$

所以，从 $\boldsymbol{\beta}_1,\boldsymbol{\beta}_2,\boldsymbol{\beta}_3$ 到 $\boldsymbol{\gamma}_1,\boldsymbol{\gamma}_2,\boldsymbol{\gamma}_3$ 的过渡矩阵为

$$\boldsymbol{B}^{-1}\boldsymbol{C} = \begin{pmatrix} 1 & 1 & 1 \\ 1 & 0 & 0 \\ 1 & -1 & 1 \end{pmatrix}^{-1}\begin{pmatrix} 1 & 2 & 3 \\ 2 & 3 & 4 \\ 1 & 4 & 3 \end{pmatrix} = \begin{pmatrix} 2 & 3 & 4 \\ 0 & -1 & 0 \\ -1 & 0 & -1 \end{pmatrix}.$$

（3）设任一向量 $\boldsymbol{\alpha}$ 在基 $\boldsymbol{\beta}_1,\boldsymbol{\beta}_2,\boldsymbol{\beta}_3$ 下的坐标为 x_1,x_2,x_3，在基 $\boldsymbol{\gamma}_1,\boldsymbol{\gamma}_2,\boldsymbol{\gamma}_3$ 下的坐标为 y_1,y_2,y_3，则坐标变换公式为 $\begin{pmatrix} x_1 \\ x_2 \\ x_3 \end{pmatrix} = \begin{pmatrix} 2 & 3 & 4 \\ 0 & -1 & 0 \\ -1 & 0 & -1 \end{pmatrix}\begin{pmatrix} y_1 \\ y_2 \\ y_3 \end{pmatrix}$.

习 题 3

1. 用克莱姆法则解下列方程组：

(1) $\begin{cases} x_1+x_2+x_3+x_4=5 \\ x_1+2x_2-x_3+4x_4=-2 \\ 2x_1-3x_2-x_3-5x_4=-2 \\ 3x_1+x_2+2x_3+11x_4=0 \end{cases}$；　(2) $\begin{cases} 2x_1+x_2-5x_3+x_4=8 \\ x_1-3x_2-6x_4=9 \\ 2x_2-x_3+2x_4=-5 \\ x_1+4x_2-7x_3+6x_4=0 \end{cases}$.

2. 问 λ 取何值时，齐次线性方程组 $\begin{cases} (1-\lambda)x_1-2x_2+4x_3=0 \\ 2x_1+(3-\lambda)x_2+x_3=0 \\ x_1+x_2+(1-\lambda)x_3=0 \end{cases}$ 有非零解？

3. 求解下列线性方程组：

(1) $\begin{cases} 2x_1+3x_2-x_3-x_4=-6 \\ x_1+x_2+2x_3+3x_4=1 \\ x_2+x_3-4x_4=1 \\ x_1+2x_2+3x_3-x_4=4 \end{cases}$；　(2) $\begin{cases} 2x_1+3x_2+x_3=4 \\ x_1-2x_2+4x_3=-5 \\ 3x_1+8x_2-2x_3=13 \\ 4x_1-x_2+9x_3=-6 \end{cases}$；

(3) $\begin{cases} x_1+4x_2-5x_3+7x_4=-1 \\ x_1-3x_2-6x_4=9 \\ 2x_2-x_3+2x_4=-5 \\ x_1+2x_2-6x_3+4x_4=5 \end{cases}$；　(4) $\begin{cases} x_1+x_2+x_3+x_4=0 \\ x_1+2x_2-x_3+4x_4=0 \\ 2x_1-3x_2-x_3-5x_4=0 \\ 3x_1+x_2+2x_3-x_4=0 \end{cases}$；

(5) $\begin{cases} x_1-x_2+2x_3+x_4=0 \\ 2x_1-x_2+x_3+2x_4=0 \\ x_1-x_3+x_4=0 \\ 3x_1-x_2+3x_4=0 \end{cases}$；　(6) $\begin{cases} 2x_1+x_2-x_3+x_4=0 \\ 3x_1-2x_2+x_3-3x_4=0 \\ x_1+4x_2-3x_3+5x_4=0 \end{cases}$.

4. 问 λ 取何值时，下列线性方程组有唯一解、无解或有无穷多解？并在有无穷多解时求其一般解.

(1) $\begin{cases} \lambda x_1+x_2+x_3=1 \\ x_1+\lambda x_2+x_3=\lambda \\ x_1+x_2+\lambda x_3=\lambda^2 \end{cases}$；

(2) $\begin{cases} (2-\lambda)x_1+2x_2-2x_3=1 \\ 2x_1+(5-\lambda)x_2-4x_3=2 \\ -2x_1-4x_2+(5-\lambda)x_3=-\lambda-1 \end{cases}$.

5. 设向量 $\boldsymbol{\alpha}=(3,5,2,1)^{\mathrm{T}}$，$\boldsymbol{\beta}=(-1,2,4,3)^{\mathrm{T}}$，(1)求 $2\boldsymbol{\alpha}-3\boldsymbol{\beta}$；(2)若向量 $\boldsymbol{\gamma}$ 满足 $2(\boldsymbol{\alpha}+\boldsymbol{\gamma})-3(\boldsymbol{\beta}+\boldsymbol{\gamma})=\boldsymbol{\alpha}$，求向量 $\boldsymbol{\gamma}$.

6. 设 $3(\boldsymbol{\alpha}_1-\boldsymbol{\alpha})+2(\boldsymbol{\alpha}_2+\boldsymbol{\alpha})=5(\boldsymbol{\alpha}_3+\boldsymbol{\alpha})$，其中 $\boldsymbol{\alpha}_1=(2,5,1)^{\mathrm{T}}$，$\boldsymbol{\alpha}_2=(10,1,5)^{\mathrm{T}}$，$\boldsymbol{\alpha}_3=(4,1,-1)^{\mathrm{T}}$，求 $\boldsymbol{\alpha}$.

7. 下列向量 $\boldsymbol{\beta}$ 能否由其他向量组线性表示，若可以，并求出表达式：

(1) $\boldsymbol{\beta}=(2,0,0,3)^{\mathrm{T}},\boldsymbol{\alpha}_1=(1,1,1,1)^{\mathrm{T}},\boldsymbol{\alpha}_2=(-1,0,2,1)^{\mathrm{T}},\boldsymbol{\alpha}_3=(1,2,4,3)^{\mathrm{T}}$；

(2) $\boldsymbol{\beta}=(0,4,2,5)^{\mathrm{T}},\boldsymbol{\alpha}_1=(1,2,3,1)^{\mathrm{T}},\boldsymbol{\alpha}_2=(3,1,2,-2)^{\mathrm{T}},\boldsymbol{\alpha}_3=(2,3,1,2)^{\mathrm{T}}$.

8. 设有向量组 $\boldsymbol{\alpha}_1=(a,2,10)^{\mathrm{T}},\boldsymbol{\alpha}_2=(-2,1,5)^{\mathrm{T}},\boldsymbol{\alpha}_3=(-1,1,4)^{\mathrm{T}}$ 及 $\boldsymbol{\beta}=(1,b,c)^{\mathrm{T}}$，试问 a,b,c 取何值时：

(1) 向量 $\boldsymbol{\beta}$ 不能由向量组 $\boldsymbol{\alpha}_1,\boldsymbol{\alpha}_2,\boldsymbol{\alpha}_3$ 线性表示；

(2) 向量 $\boldsymbol{\beta}$ 能由向量组 $\boldsymbol{\alpha}_1,\boldsymbol{\alpha}_2,\boldsymbol{\alpha}_3$ 线性表示，且表示式唯一；

(3) 向量 $\boldsymbol{\beta}$ 能由向量组 $\boldsymbol{\alpha}_1,\boldsymbol{\alpha}_2,\boldsymbol{\alpha}_3$ 线性表示，且表示式不唯一，并求一般表示式.

9. 判断下列向量组的线性相关性：

(1) $\boldsymbol{\alpha}_1=(1,0,1)^{\mathrm{T}},\boldsymbol{\alpha}_2=(2,1,1)^{\mathrm{T}},\boldsymbol{\alpha}_3=(3,2,1)^{\mathrm{T}}$；

(2) $\boldsymbol{\alpha}_1=(2,-1,3)^{\mathrm{T}},\boldsymbol{\alpha}_2=(3,-1,5)^{\mathrm{T}},\boldsymbol{\alpha}_3=(1,-4,3)^{\mathrm{T}}$；

(3) $\boldsymbol{\alpha}_1=(1,-1,1,-3)^{\mathrm{T}},\boldsymbol{\alpha}_2=(5,-2,8,-9)^{\mathrm{T}},\boldsymbol{\alpha}_3=(-1,3,1,7)^{\mathrm{T}},\boldsymbol{\alpha}_4=(1,1,3,1)^{\mathrm{T}}$.

10. 若向量组 $\boldsymbol{\alpha}_1,\boldsymbol{\alpha}_2,\boldsymbol{\alpha}_3$ 线性无关，证明向量组 $2\boldsymbol{\alpha}_1+\boldsymbol{\alpha}_2,\boldsymbol{\alpha}_2+5\boldsymbol{\alpha}_3,3\boldsymbol{\alpha}_1+4\boldsymbol{\alpha}_3$ 线性无关.

11. 若向量组 $\boldsymbol{\alpha}_1,\boldsymbol{\alpha}_2,\cdots,\boldsymbol{\alpha}_s$ 线性无关，证明向量组 $\boldsymbol{\alpha}_1,\boldsymbol{\alpha}_1+\boldsymbol{\alpha}_2,\cdots,\boldsymbol{\alpha}_1+\boldsymbol{\alpha}_2+\cdots+\boldsymbol{\alpha}_s$ 线性无关.

12. 求下列向量组的秩和它的一个最大无关组：

(1) $\boldsymbol{\alpha}_1=(1,1,3,1)^{\mathrm{T}},\boldsymbol{\alpha}_2=(-1,1,-1,3)^{\mathrm{T}},\boldsymbol{\alpha}_3=(5,-2,8,9)^{\mathrm{T}},\boldsymbol{\alpha}_4=(-1,3,1,7)^{\mathrm{T}}$；

(2) $\boldsymbol{\alpha}_1=(2,1,2,3)^{\mathrm{T}},\boldsymbol{\alpha}_2=(-1,1,5,3)^{\mathrm{T}},\boldsymbol{\alpha}_3=(0,-1,-4,-3)^{\mathrm{T}},\boldsymbol{\alpha}_4=(1,0,-2,-1)^{\mathrm{T}}$.

13. 求下列向量组的秩及其一个最大无关组，并把其余向量用最大无关组线性表示：

(1) $\boldsymbol{\alpha}_1=(2,1,3,-1)^{\mathrm{T}},\boldsymbol{\alpha}_2=(3,-1,2,0)^{\mathrm{T}},\boldsymbol{\alpha}_3=(1,3,4,-2)^{\mathrm{T}},\boldsymbol{\alpha}_4=(4,-3,1,1)^{\mathrm{T}}$；

(2) $\boldsymbol{\alpha}_1=(-1,2,1,1)^{\mathrm{T}},\boldsymbol{\alpha}_2=(-2,3,-4,1)^{\mathrm{T}},\boldsymbol{\alpha}_3=(1,-4,2,-3)^{\mathrm{T}},\boldsymbol{\alpha}_4=(4,-5,14,-1)^{\mathrm{T}}$.

14. 设向量组 $\boldsymbol{\alpha}_1,\boldsymbol{\alpha}_2,\cdots,\boldsymbol{\alpha}_r$ 与向量组 $\boldsymbol{\alpha}_1,\boldsymbol{\alpha}_2,\cdots,\boldsymbol{\alpha}_r,\boldsymbol{\alpha}_{r+1},\cdots,\boldsymbol{\alpha}_s(s>r)$ 有相同的秩，证明向量组 $\boldsymbol{\alpha}_1,\boldsymbol{\alpha}_2,\cdots,\boldsymbol{\alpha}_r$ 与向量组 $\boldsymbol{\alpha}_1,\boldsymbol{\alpha}_2,\cdots,\boldsymbol{\alpha}_r,\boldsymbol{\alpha}_{r+1},\cdots,\boldsymbol{\alpha}_s$ 等价.

15. 证明一组 n 维向量 $\boldsymbol{\alpha}_1,\boldsymbol{\alpha}_2,\cdots,\boldsymbol{\alpha}_n$ 线性无关的充要条件是任一 n 维向量都可以由它们线性表示.

16. 求下列齐次线性方程组的基础解系，并写出其通解：

(1) $\begin{cases}x_1-x_2+2x_3+x_4=0\\2x_1-x_2+x_3+2x_4=0\\x_1-x_3+x_4=0\\3x_1-x_2+3x_4=0\end{cases}$；　　(2) $\begin{cases}x_1+2x_2-x_3+3x_4-6x_5=0\\2x_1+4x_2-2x_3-x_4+5x_5=0\\2x_1+4x_2-2x_3+4x_4-2x_5=0\end{cases}$.

17. 写出一个以

$$\boldsymbol{X}=c_1\begin{pmatrix}2\\-3\\1\\0\end{pmatrix}+c_2\begin{pmatrix}-2\\4\\0\\1\end{pmatrix}，（其中 c_1,c_2 为任意常数）$$

为通解的齐次线性方程组.

18. 设$\boldsymbol{A}=\begin{pmatrix}1 & -2 & 1 & 2\\ 2 & -3 & 4 & 6\end{pmatrix}$，试求一个矩阵$\boldsymbol{B}_{4\times 2}$满足$\boldsymbol{AB}=\boldsymbol{0}$，且$R(\boldsymbol{B})=2$.

19. 求一个齐次线性方程组，使它的基础解系为

$$\boldsymbol{\eta}_1=(0,1,2,3)^{\mathrm{T}},\boldsymbol{\eta}_2=(3,2,1,0)^{\mathrm{T}}.$$

20. 设四元齐次线性方程组

$$\text{Ⅰ}:\begin{cases}x_1+x_2=0\\ x_2-x_4=0\end{cases}，\text{Ⅱ}:\begin{cases}x_1-x_2+x_3=0\\ x_2-x_3+x_4=0\end{cases}$$

求：(1)方程组Ⅰ与Ⅱ的基础解系；(2)Ⅰ与Ⅱ的公共解.

21. 求下列非齐次方程组的一个解及导出组的一个基础解系，并求出线性方程组的通解：

$$(1)\begin{cases}x_1+2x_2+x_3-x_4=4\\ 3x_1+6x_2-x_3-3x_4=8\\ 5x_1+10x_2+x_3-5x_4=16\end{cases}；\qquad (2)\begin{cases}x_1+2x_2-3x_3+2x_4=2\\ 2x_1+5x_2-8x_3+6x_4=5\\ 3x_1+4x_2-5x_3+2x_4=4\end{cases}.$$

22. 设四元非齐次线性方程组的系数矩阵的秩为3，已知$\boldsymbol{\eta}_1,\boldsymbol{\eta}_2,\boldsymbol{\eta}_3$是它的三个解向量. 且

$\boldsymbol{\eta}_1=(1,0,2,-1)^{\mathrm{T}},\boldsymbol{\eta}_2+\boldsymbol{\eta}_3=(4,3,6,1)^{\mathrm{T}}$求该方程组的通解.

23. 设$\boldsymbol{\eta}^*$是非齐次线性方程组$\boldsymbol{AX}=\boldsymbol{b}$的一个特解，$\boldsymbol{\eta}_1,\boldsymbol{\eta}_2,\cdots,\boldsymbol{\eta}_{n-r}$是其对应的齐次线性方程组的一个基础解系，证明

(1) $\boldsymbol{\eta}^*,\boldsymbol{\eta}_1,\boldsymbol{\eta}_2,\cdots,\boldsymbol{\eta}_{n-r}$线性无关；

(2) $\boldsymbol{\eta}^*,\boldsymbol{\eta}^*+\boldsymbol{\eta}_1,\boldsymbol{\eta}^*+\boldsymbol{\eta}_2,\cdots,\boldsymbol{\eta}^*+\boldsymbol{\eta}_{n-r}$线性无关.

24. 设$V_1=\{\boldsymbol{X}=(x_1,x_2,\cdots,x_n)\mid x_1,x_2,\cdots,x_n\in\boldsymbol{R},x_1+x_2+\cdots+x_n=0\}$，

$V_2=\{\boldsymbol{X}=(x_1,x_2,\cdots,x_n)\mid x_1,x_2,\cdots,x_n\in\boldsymbol{R},x_1+x_2+\cdots+x_n=1\}$，

试问V_1,V_2是否构成向量空间？并说明理由.

25. 试证由$\boldsymbol{\alpha}_1=(1,1,1)^{\mathrm{T}},\boldsymbol{\alpha}_2=(1,-1,1)^{\mathrm{T}},\boldsymbol{\alpha}_3=(2,3,1)^{\mathrm{T}}$所生成的向量空间就是$R^3$.

26. 验证$\boldsymbol{\alpha}_1=(1,-1,0)^{\mathrm{T}},\boldsymbol{\alpha}_2=(2,1,3)^{\mathrm{T}},\boldsymbol{\alpha}_3=(3,1,2)^{\mathrm{T}}$为$R^3$的一个基，并把$\boldsymbol{\beta}=(5,0,7)^{\mathrm{T}}$用这个基线性表示.

27. 在$\boldsymbol{R}^3$中，取两个基

$$\begin{cases}\boldsymbol{\alpha}_1=(1,1,1)^{\mathrm{T}}\\ \boldsymbol{\alpha}_2=(1,0,-1)^{\mathrm{T}}\\ \boldsymbol{\alpha}_3=(1,0,1)^{\mathrm{T}}\end{cases}\quad\text{与}\quad\begin{cases}\boldsymbol{\beta}_1=(1,2,1)^{\mathrm{T}}\\ \boldsymbol{\beta}_2=(2,3,4)^{\mathrm{T}},\\ \boldsymbol{\beta}_3=(3,4,3)^{\mathrm{T}}\end{cases}$$

求从前一组基$\boldsymbol{\alpha}_1,\boldsymbol{\alpha}_2,\boldsymbol{\alpha}_3$到后一组基$\boldsymbol{\beta}_1,\boldsymbol{\beta}_2,\boldsymbol{\beta}_3$的过渡矩阵$\boldsymbol{P}$.

第3章　总复习题

一、填空题

1. 设 $\boldsymbol{A}=\begin{pmatrix}1 & 2 & -1\\ t & 4 & 1\\ 2 & 0 & 1\end{pmatrix}$，若齐次线性方程组 $\boldsymbol{AX}=\boldsymbol{0}$ 只有零解，则 t 满足的条件是____________.

2. 若线性方程组 $\begin{cases}x_1-x_3=2\\ x_1+2x_2=1\\ 3x_1+kx_3=k\end{cases}$ 无解，则 $k=$____________.

3. 设向量组 $\boldsymbol{\alpha}_1=(1,-1,2,4)^{\mathrm{T}}$，$\boldsymbol{\alpha}_2=(0,3,1,2)^{\mathrm{T}}$，$\boldsymbol{\alpha}_3=(3,0,7,14)^{\mathrm{T}}$，$\boldsymbol{\alpha}_4=(2,1,5,6)^{\mathrm{T}}$，$\boldsymbol{\alpha}_5=(1,-1,2,0)^{\mathrm{T}}$，则包含 $\boldsymbol{\alpha}_1,\boldsymbol{\alpha}_2$ 的最大线性无关组是____________.

4. 设向量组 $\boldsymbol{\alpha}_1=(2,0,t,0)^{\mathrm{T}}$，$\boldsymbol{\alpha}_2=(0,-4,5,-2)^{\mathrm{T}}$，$\boldsymbol{\alpha}_3=(1,2,-1,1)^{\mathrm{T}}$ 的秩为 2，则 $t=$____________.

5. 设 n 元非齐次线性方程组 $\boldsymbol{AX}=\boldsymbol{b}$ 的两个解为 $\boldsymbol{\xi}_1,\boldsymbol{\xi}_2,(\boldsymbol{\xi}_1\neq\boldsymbol{\xi}_2)$，且 $\boldsymbol{A}$ 的秩为 $n-1$，则 $\boldsymbol{AX}=\boldsymbol{b}$ 的一般解 $X=$________________________.

6. 设 $\boldsymbol{\alpha}_1=(1,1,1)^{\mathrm{T}}$，$\boldsymbol{\alpha}_2=(a,0,b)^{\mathrm{T}}$，$\boldsymbol{\alpha}_3=(1,3,2)^{\mathrm{T}}$ 线性相关，则 a,b 满足关系式______.

二、选择题

1. 若 n 元齐次线性方程组 $\boldsymbol{AX}=\boldsymbol{0}$ 有非零解，则 n 元非齐次线性方程组 $\boldsymbol{AX}=\boldsymbol{b}$ 必(　　).

(A) 有唯一解　　(B) 有非零解　　(C) 有无穷多解　　(D) 无法确定

2. 若 n 元非齐次线性方程组 $\boldsymbol{AX}=\boldsymbol{b}$ 有无穷多解，则对应的 n 元齐次线性方程组 $\boldsymbol{AX}=\boldsymbol{0}$(　　).

(A) 无解　　(B) 只有零解　　(C) 有无穷多解　　(D) 无法确定

3. 设向量组 $\boldsymbol{\alpha}_1=(1,2)^{\mathrm{T}}$，$\boldsymbol{\alpha}_2=(3,4)^{\mathrm{T}}$，$\boldsymbol{\alpha}_3=(-1,1)^{\mathrm{T}}$，则最大线性无关组的不同选择方法有(　　)种.

(A) 4　　(B) 3　　(C) 2　　(D) 1

4. 设向量组 $\boldsymbol{\alpha}_1,\boldsymbol{\alpha}_2,\boldsymbol{\alpha}_3,\boldsymbol{\alpha}_4,\boldsymbol{\alpha}_5$ 为 5 维列向量，若向量组的秩等于 3，且满足 $\boldsymbol{\alpha}_2=2\boldsymbol{\alpha}_4$，$\boldsymbol{\alpha}_1+2\boldsymbol{\alpha}_3-3\boldsymbol{\alpha}_5=\boldsymbol{0}$，则该向量组的最大线性无关组可以是(　　).

(A) $\boldsymbol{\alpha}_1,\boldsymbol{\alpha}_3,\boldsymbol{\alpha}_5$　　(B) $\boldsymbol{\alpha}_1,\boldsymbol{\alpha}_2,\boldsymbol{\alpha}_3$　　(C) $\boldsymbol{\alpha}_2,\boldsymbol{\alpha}_4,\boldsymbol{\alpha}_5$　　(D) $\boldsymbol{\alpha}_1,\boldsymbol{\alpha}_2,\boldsymbol{\alpha}_4$

5. 设 $\boldsymbol{\alpha}_1,\boldsymbol{\alpha}_2,\boldsymbol{\alpha}_3,\boldsymbol{\alpha}_4$ 是一个向量组，若 $\boldsymbol{\alpha}_1,\boldsymbol{\alpha}_2,\boldsymbol{\alpha}_3$ 线性相关，则(　　).

(A) $\boldsymbol{\alpha}_1,\boldsymbol{\alpha}_2,\boldsymbol{\alpha}_3$ 中必有零向量　　(B) $\boldsymbol{\alpha}_1,\boldsymbol{\alpha}_2$ 线性相关

(C) $\boldsymbol{\alpha}_2,\boldsymbol{\alpha}_3$ 线性无关　　(D) $\boldsymbol{\alpha}_1,\boldsymbol{\alpha}_2,\boldsymbol{\alpha}_3,\boldsymbol{\alpha}_4$ 线性相关

6. 齐次线性方程组 $x_1+x_2+\cdots+x_n=0$ 的基础解系含(　　)个解向量.

(A) n　　(B) $n-1$　　(C) 1　　(D) 2

7. 设向量组 $\boldsymbol{\alpha}_1,\boldsymbol{\alpha}_2,\boldsymbol{\alpha}_3$ 为 3 维列向量，若 $\boldsymbol{\alpha}_3$ 可以由 $\boldsymbol{\alpha}_1,\boldsymbol{\alpha}_2$ 线性表示，则（　　）.

(A) $\det(\boldsymbol{\alpha}_1,\boldsymbol{\alpha}_2,\boldsymbol{\alpha}_3)=0$　　(B) 秩$(\boldsymbol{\alpha}_1,\boldsymbol{\alpha}_2,\boldsymbol{\alpha}_3)=2$

(C) 秩$(\boldsymbol{\alpha}_1,\boldsymbol{\alpha}_2,\boldsymbol{\alpha}_3)=1$　　(D) 秩$(\boldsymbol{\alpha}_1,\boldsymbol{\alpha}_2,\boldsymbol{\alpha}_3)=0$

8. 设 $\boldsymbol{A}$ 为 $m\times n$ 矩阵，则齐次线性方程组 $\boldsymbol{AX}=\boldsymbol{0}$ 仅有零解的充分必要条件是（　　）.

(A) $\boldsymbol{A}$ 的列向量组线性无关

(B) $\boldsymbol{A}$ 的行向量组线性无关

(C) $\boldsymbol{A}$ 的列向量组线性相关

(D) $\boldsymbol{A}$ 的行向量组线性相关

9. 设四元齐次线性方程组 $\begin{cases}x_1+x_2=0\\x_2-x_4=0\end{cases}$，方程组的基础解系为（　　）.

(A) $(0,0,1,0)^{\mathrm{T}}$

(B) $(-1,1,0,1)^{\mathrm{T}}$

(C) $(0,0,1,0)^{\mathrm{T}}$，$(-1,1,0,1)^{\mathrm{T}}$

(D) 不存在

10. 若 $\begin{cases}(k+1)x-y-(k-1)z=0\\x+(k-1)y+z=0\\-x+y+(k-1)z=0\end{cases}$ 的基础解系含一个解向量，则 $k=$（　　）.

(A) 2　　(B) -2　　(C) 1　　(D) 0

三、解答题与证明题

1. 已知向量 $\boldsymbol{\alpha}_1=(3,1,5,2)^{\mathrm{T}},\boldsymbol{\alpha}_2=(10,5,1,10)^{\mathrm{T}},\boldsymbol{\alpha}_3=(1,-1,1,4)^{\mathrm{T}}$，若

$$3(\boldsymbol{\alpha}_1-\boldsymbol{\beta})+2(\boldsymbol{\alpha}_2-\boldsymbol{\beta})=5\boldsymbol{\alpha}_3+\boldsymbol{\beta},$$

求向量 $\boldsymbol{\beta}$.

2. 求向量组 $\boldsymbol{\alpha}_1=(2,2,1)^{\mathrm{T}},\boldsymbol{\alpha}_2=(-3,12,3)^{\mathrm{T}},\boldsymbol{\alpha}_3=(8,-2,1)^{\mathrm{T}},\boldsymbol{\alpha}_4=(2,12,4)^{\mathrm{T}}$ 的秩及一个最大线性无关组，并将其余的向量用该最大线性无关组线性表出.

3. 已知 $\boldsymbol{\alpha}_1,\boldsymbol{\alpha}_2,\cdots,\boldsymbol{\alpha}_s,\boldsymbol{\beta}$ 线性无关，证明 $\boldsymbol{\alpha}_1+\boldsymbol{\beta},\boldsymbol{\alpha}_2+\boldsymbol{\beta},\cdots,\boldsymbol{\alpha}_s+\boldsymbol{\beta}$ 也线性无关.

4. 求线性方程组 $\begin{cases}x_1+x_2+x_5=0\\x_1+x_2-x_3=0\\x_3+x_4+x_5=0\end{cases}$ 的一个基础解系，并写出其通解.

5. 求线性方程组 $\begin{cases}2x_1+x_2-x_3+x_4=1\\4x_1+2x_2-x_3+x_4=2\\2x_1+x_2-x_3-x_4=1\end{cases}$ 的通解.

6. 非齐次线性方程组 $\begin{cases}-2x_1+x_2+x_3=-2\\x_1-2x_2+x_3=\lambda\\x_1+x_2-2x_3=\lambda^2\end{cases}$，当 λ 取何值时有解？并求出它的解.

7. 设 4 元非齐次线性方程组的系数矩阵的秩为 3，且 $\boldsymbol{\eta}_1,\boldsymbol{\eta}_2,\boldsymbol{\eta}_3$ 是它的三个解向量，$\boldsymbol{\eta}_1=(1,3,4,-2)^{\mathrm{T}},\boldsymbol{\eta}_2+\boldsymbol{\eta}_3=(4,1,0,3)^{\mathrm{T}}$，求该非齐次线性方程组的解.

8. 问 λ 取何值时，线性方程组 $\begin{cases}(1+\lambda)x_1+x_2+x_3=0\\x_1+(1+\lambda)x_2+x_3=3\\x_1+x_2+(1+\lambda)x_3=\lambda\end{cases}$ 有唯一解、无解或有无穷多解？并在有无穷多解时求其通解.

9. 已知 $\boldsymbol{X}_1=(0,1,0)^{\mathrm{T}},\boldsymbol{X}_2=(-3,2,2)^{\mathrm{T}}$ 是方程组 $\begin{cases}x_1-x_2+2x_3=-1\\3x_1+x_2+4x_3=1\\ax_1+bx_2+cx_3=d\end{cases}$ 的两个解，其中 a,b,c,d 为已知常数，求此方程组的系数矩阵的秩，并写出其通解.

10. 设 $\boldsymbol{\eta}_1,\boldsymbol{\eta}_2$ 是 $\boldsymbol{AX}=\boldsymbol{b}(\boldsymbol{b}\neq\boldsymbol{0})$ 的两个不同解(其中 $\boldsymbol{A}$ 是 $m\times n$ 矩阵)，$\boldsymbol{\xi}$ 是 $\boldsymbol{AX}=\boldsymbol{0}$ 的一个非零解，证明 (1) 向量组 $\boldsymbol{\eta}_1,\boldsymbol{\eta}_1-\boldsymbol{\eta}_2$ 线性无关；(2) 若 $R(\boldsymbol{A})=n-1$，则向量组 $\boldsymbol{\xi},\boldsymbol{\eta}_1,\boldsymbol{\eta}_2$ 线性相关.

11. 设 $\boldsymbol{\alpha}_1,\boldsymbol{\alpha}_2,\boldsymbol{\alpha}_3$ 是齐次线性方程组 $\boldsymbol{AX}=\boldsymbol{0}$ 的一个基础解系，$\boldsymbol{\beta}_1=\boldsymbol{\alpha}_1-\boldsymbol{\alpha}_2+3\boldsymbol{\alpha}_3$，$\boldsymbol{\beta}_2=-2\boldsymbol{\alpha}_1+2\boldsymbol{\alpha}_2+\boldsymbol{\alpha}_3$，$\boldsymbol{\beta}_3=3\boldsymbol{\alpha}_1+2\boldsymbol{\alpha}_3$. 证明：$\boldsymbol{\beta}_1,\boldsymbol{\beta}_2,\boldsymbol{\beta}_3$ 也是齐次线性方程组的一个基础解系.

第 4 章　相似矩阵及二次型

矩阵的特征值、特征向量及相似矩阵是矩阵理论中重要的内容之一，矩阵的特征值和特征向量反映了矩阵最本质的特性，在数学的分支学科和信息科学及工程计算中有着广泛的应用．本章首先介绍了 n 维向量、向量的内积、长度、正交等基本概念，接着讨论了方阵的特征值和特征向量及其可对角化的条件，给出了实对称矩阵对角化的方法，最后介绍了二次型的相关知识．

§4.1　向量的内积及正交性

前面我们研究了向量的线性运算，并利用它讨论向量之间的线性关系，但尚未涉及向量的度量性质．本节将主要介绍向量内积的概念和性质．

本节要求重点掌握向量的内积、长度、正交等概念和性质，会使用施密特（Schimidt）正交化方法把线性无关向量组规范正交化．

一、两向量的内积

定义 1.1　设 n 维向量 $\boldsymbol{\alpha}=(a_1,a_2,\cdots,a_n)^{\mathrm{T}}$，$\boldsymbol{\beta}=(b_1,b_2,\cdots,b_n)^{\mathrm{T}}$，记

$$[\boldsymbol{\alpha},\boldsymbol{\beta}]=a_1b_1+a_2b_2+\cdots+a_nb_n=\boldsymbol{\alpha}^{\mathrm{T}}\boldsymbol{\beta},$$

则称数 $[\boldsymbol{\alpha},\boldsymbol{\beta}]$ 为向量 $\boldsymbol{\alpha}$ 与 $\boldsymbol{\beta}$ 的内积（或点积）．

注　内积是两个向量之间的一种运算，其结果是一个数，按矩阵的记法可表示为

$$[\boldsymbol{\alpha},\boldsymbol{\beta}]=\boldsymbol{\alpha}^{\mathrm{T}}\boldsymbol{\beta}=(a_1,a_2,\cdots,a_n)\begin{pmatrix}b_1\\b_2\\\vdots\\b_n\end{pmatrix}.$$

由内积的定义，容易得知下列性质（其中 $\boldsymbol{\alpha},\boldsymbol{\beta}$ 与 $\boldsymbol{\gamma}$ 是 n 维向量，k 是数）

(1) 对称性　$[\boldsymbol{\alpha},\boldsymbol{\beta}]=[\boldsymbol{\beta},\boldsymbol{\alpha}]$；

(2) 线性性　$[k\boldsymbol{\alpha},\boldsymbol{\beta}]=k[\boldsymbol{\alpha},\boldsymbol{\beta}]$；

(3) 正定性　$[\boldsymbol{\alpha}+\boldsymbol{\beta},\boldsymbol{\gamma}]=[\boldsymbol{\alpha},\boldsymbol{\gamma}]+[\boldsymbol{\beta},\boldsymbol{\gamma}]$；

当 $\boldsymbol{\alpha}=\mathbf{0}$ 时，$[\boldsymbol{\alpha},\boldsymbol{\alpha}]=0$；当 $\boldsymbol{\alpha}\neq\mathbf{0}$ 时，$[\boldsymbol{\alpha},\boldsymbol{\alpha}]>0$；

(4) 施瓦兹（Schwarz）不等式：$[\boldsymbol{\alpha},\boldsymbol{\beta}]^2\leqslant[\boldsymbol{\alpha},\boldsymbol{\alpha}][\boldsymbol{\beta},\boldsymbol{\beta}]$（令 $\boldsymbol{\gamma}=t\boldsymbol{\alpha}+\boldsymbol{\beta}$，$[\boldsymbol{\gamma},\boldsymbol{\gamma}]\geqslant0$ 即证）．证明留给读者作为练习．

例 1.1　设 $\boldsymbol{\alpha}=(1,-2,3)^{\mathrm{T}}$，$\boldsymbol{\beta}=(2,0,-1)^{\mathrm{T}}$，求 $[\boldsymbol{\alpha},\boldsymbol{\beta}]$ 及 $[2\boldsymbol{\alpha}-\boldsymbol{\beta},\boldsymbol{\alpha}+3\boldsymbol{\beta}]$．

解　$[\boldsymbol{\alpha},\boldsymbol{\beta}]=1\times2+(-2)\times0+3\times(-1)=-1$，

又$[\boldsymbol{\alpha},\boldsymbol{\alpha}]=1\times1+(-2)\times(-2)+3\times3=14$，$[\boldsymbol{\beta},\boldsymbol{\beta}]=2\times2+0\times0+(-1)\times(-1)=5$，

$$\begin{aligned}\text{故}[2\boldsymbol{\alpha}-\boldsymbol{\beta},\boldsymbol{\alpha}+3\boldsymbol{\beta}]&=2[\boldsymbol{\alpha},\boldsymbol{\alpha}]+6[\boldsymbol{\alpha},\boldsymbol{\beta}]-[\boldsymbol{\beta},\boldsymbol{\alpha}]-3[\boldsymbol{\beta},\boldsymbol{\beta}]\\&=2[\boldsymbol{\alpha},\boldsymbol{\alpha}]+5[\boldsymbol{\alpha},\boldsymbol{\beta}]-3[\boldsymbol{\beta},\boldsymbol{\beta}]\\&=2\times14+5\times(-1)-3\times5=8.\end{aligned}$$

在高等数学的空间解析几何部分，我们曾引入三维向量的数量积. n 维向量的内积可以看成是数量积的推广. 类似于几何空间中长度的概念，我们引入：

定义 1.2　设 n 维向量 $\boldsymbol{\alpha}=(a_1,a_2,\cdots,a_n)^{\mathrm{T}}$，记

$$\|\boldsymbol{\alpha}\|=\sqrt{(\boldsymbol{\alpha},\boldsymbol{\alpha})}=\sqrt{\sum_{i=1}^{n}a_i^2},$$

则 $\|\boldsymbol{\alpha}\|$ 称为向量 $\boldsymbol{\alpha}$ 的范数（或长度）. 特别地，当 $\|\boldsymbol{\alpha}\|=1$ 时，称 $\boldsymbol{\alpha}$ 为单位向量.

向量范数具有下列性质（其中 $\boldsymbol{\alpha}$ 与 $\boldsymbol{\beta}$ 是向量，k 是数）

(1) 非负性：当 $\boldsymbol{\alpha}\neq\mathbf{0}$ 时，$\|\boldsymbol{\alpha}\|>0$；当 $\boldsymbol{\alpha}=\mathbf{0}$ 时，$\|\boldsymbol{\alpha}\|=0$；

(2) 齐次性：$\|k\boldsymbol{\alpha}\|=|k|\|\boldsymbol{\alpha}\|$；

(3) 三角不等式：$\|\boldsymbol{\alpha}+\boldsymbol{\beta}\|\leqslant\|\boldsymbol{\alpha}\|+\|\boldsymbol{\beta}\|$.

证明　$\|\boldsymbol{\alpha}+\boldsymbol{\beta}\|^2=[\boldsymbol{\alpha}+\boldsymbol{\beta},\boldsymbol{\alpha}+\boldsymbol{\beta}]=[\boldsymbol{\alpha},\boldsymbol{\alpha}]+2[\boldsymbol{\alpha},\boldsymbol{\beta}]+[\boldsymbol{\beta},\boldsymbol{\beta}]$.

故由施瓦兹不等式可知

$$\begin{aligned}\|\boldsymbol{\alpha}+\boldsymbol{\beta}\|^2&\leqslant[\boldsymbol{\alpha},\boldsymbol{\alpha}]+2\sqrt{[\boldsymbol{\alpha},\boldsymbol{\alpha}][\boldsymbol{\beta},\boldsymbol{\beta}]}+[\boldsymbol{\beta},\boldsymbol{\beta}]\\&=\|\boldsymbol{\alpha}\|^2+2\|\boldsymbol{\alpha}\|\|\boldsymbol{\beta}\|+\|\boldsymbol{\beta}\|^2=(\|\boldsymbol{\alpha}\|+\|\boldsymbol{\beta}\|)^2.\end{aligned}$$

又 $\|\boldsymbol{\alpha}+\boldsymbol{\beta}\|\geqslant0$，所以 $\|\boldsymbol{\alpha}+\boldsymbol{\beta}\|\leqslant\|\boldsymbol{\alpha}\|+\|\boldsymbol{\beta}\|$.　　证毕

注　(1) 当 $\|\boldsymbol{\alpha}\|\neq0$ 时，用非零向量 $\boldsymbol{\alpha}$ 的长度分之一去乘以向量 $\boldsymbol{\alpha}$，得到一个单位向量，这一过程通常称为把向量 α 单位化（或规范化）. 即

$$\boldsymbol{\alpha}^0=\frac{1}{\|\boldsymbol{\alpha}\|}\boldsymbol{\alpha},$$

则 $\boldsymbol{\alpha}^0$ 为 $\boldsymbol{\alpha}$ 单位化向量.

例 1.2　设 $\boldsymbol{\alpha}=(1,-2,3,-1)^{\mathrm{T}}$，求 $\boldsymbol{\alpha}$ 单位化向量.

解　由于 $\|\boldsymbol{\alpha}\|=\sqrt{1^2+(-2)^2+3^2+(-1)^2}=\sqrt{15}$.

故所求的 $\boldsymbol{\alpha}$ 单位化向量为

$$\boldsymbol{\alpha}^0=\frac{1}{\|\boldsymbol{\alpha}\|}\boldsymbol{\alpha}=\frac{1}{\sqrt{15}}(1,-2,3,-1)^{\mathrm{T}}=\left(\frac{\sqrt{15}}{15},-\frac{2\sqrt{15}}{15},\frac{\sqrt{15}}{5},-\frac{\sqrt{15}}{15}\right)^{\mathrm{T}}.$$

由施瓦兹不等式，即$[\boldsymbol{\alpha},\boldsymbol{\beta}]^2\leqslant[\boldsymbol{\alpha},\boldsymbol{\alpha}][\boldsymbol{\beta},\boldsymbol{\beta}]$，当 $\boldsymbol{\alpha}\neq\mathbf{0},\boldsymbol{\beta}\neq\mathbf{0}$ 时，可得

$$\left|\frac{[\boldsymbol{\alpha},\boldsymbol{\beta}]}{\|\boldsymbol{\alpha}\|\|\boldsymbol{\beta}\|}\right|\leqslant\mathbf{1}.$$

定义 1.3　设 $\boldsymbol{\alpha},\boldsymbol{\beta}$ 是两个 n 维非零向量，称 $\theta=\arccos\dfrac{[\boldsymbol{\alpha},\boldsymbol{\beta}]}{\|\boldsymbol{\alpha}\|\|\boldsymbol{\beta}\|}$ 为向量 $\boldsymbol{\alpha},\boldsymbol{\beta}$ 的夹角. 当 $\boldsymbol{\alpha}=\mathbf{0}$ 或 $\boldsymbol{\beta}=\mathbf{0}$ 时，约定向量 $\boldsymbol{\alpha},\boldsymbol{\beta}$ 的夹角为 $\theta=\dfrac{\pi}{2}$.

例 1.3　(1) 求 $\boldsymbol{R}^3$ 中向量 $\boldsymbol{\alpha}=(4,0,3)^{\mathrm{T}},\boldsymbol{\beta}=(-\sqrt{3},3,2)^{\mathrm{T}}$ 之间的夹角 θ.

(2) 设 $\boldsymbol{\alpha}=(1,-1,2)^{\mathrm{T}},\boldsymbol{\beta}=(-1,1,1)^{\mathrm{T}}$，求 $\boldsymbol{\alpha}$ 与 $\boldsymbol{\beta}$ 的夹角.

解 (1) 由于

$\|\boldsymbol{\alpha}\|=\sqrt{4^2+0^2+3^2}=5$，$\|\boldsymbol{\beta}\|=\sqrt{(-\sqrt{3})^2+3^2+2^2}=4$，

$[\boldsymbol{\alpha},\boldsymbol{\beta}]=4(-\sqrt{3})+0\times3+3\times2=6-4\sqrt{3}$，

所以 $\cos\theta=\dfrac{[\boldsymbol{\alpha},\boldsymbol{\beta}]}{\|\boldsymbol{\alpha}\|\cdot\|\boldsymbol{\beta}\|}=\dfrac{6-4\sqrt{3}}{5\times4}=\dfrac{3-2\sqrt{3}}{10}$，从而 $\theta=\arccos\dfrac{3-2\sqrt{3}}{10}$.

(2) 由于 $\|\boldsymbol{\alpha}\|=\sqrt{1^2+(-1)^2+2^2}=\sqrt{6}$，$\|\boldsymbol{\beta}\|=\sqrt{(-1)^2+1^2+1^2}=\sqrt{3}$，

$[\boldsymbol{\alpha},\boldsymbol{\beta}]=1\times(-1)+(-1)\times1+2\times1=0$，

故 $\dfrac{[\boldsymbol{\alpha},\boldsymbol{\beta}]}{\|\boldsymbol{\alpha}\|\,\|\boldsymbol{\beta}\|}=\dfrac{0}{\sqrt{6}\cdot\sqrt{3}}=0$

从而 $\boldsymbol{\alpha}$ 与 $\boldsymbol{\beta}$ 的夹角 $\theta=\dfrac{\pi}{2}$.

二、正交向量组

定义 1.4 对于两个 n 维向量 $\boldsymbol{\alpha},\boldsymbol{\beta}$，若其内积 $[\boldsymbol{\alpha},\boldsymbol{\beta}]=0$，则称向量 $\boldsymbol{\alpha}$ 与向量 $\boldsymbol{\beta}$ 正交.

注 显然，零向量与任何向量都正交. 又如，例 1.3 中 (2) 的两向量也正交.

定义 1.5 设 $\boldsymbol{\alpha}_i(i=1,2\cdots,m)$ 都是非零 n 维向量，如果向量组 $\boldsymbol{\alpha}_1,\boldsymbol{\alpha}_2,\cdots,\boldsymbol{\alpha}_m$ 中的任意两向量都正交，则称 $\boldsymbol{\alpha}_1,\boldsymbol{\alpha}_2,\cdots,\boldsymbol{\alpha}_m$ 为正交向量组.

例如，在 $\boldsymbol{R}^3$ 中，向量组 $\boldsymbol{\varepsilon}_1=(1,0,0)^{\mathrm{T}},\boldsymbol{\varepsilon}_2=(0,1,0)^{\mathrm{T}},\boldsymbol{\varepsilon}_3=(0,0,1)^{\mathrm{T}}$ 为正交向量组.

例 1.4 已知 $\boldsymbol{R}^3$ 中两个向量

$$\boldsymbol{\alpha}_1=(1,-1,2)^{\mathrm{T}},\boldsymbol{\alpha}_2=(-1,1,1)^{\mathrm{T}}$$

正交，试求一非零向量 $\boldsymbol{\alpha}_3$，使 $\boldsymbol{\alpha}_1,\boldsymbol{\alpha}_2,\boldsymbol{\alpha}_3$ 为正交向量组.

解 设

$$\boldsymbol{\alpha}_3=(x_1,x_2,x_3)^{\mathrm{T}},$$

由 $[\boldsymbol{\alpha}_1,\boldsymbol{\alpha}_3]=0,[\boldsymbol{\alpha}_2,\boldsymbol{\alpha}_3]=0$ 得

$$\begin{cases}x_1-x_2+2x_3=0\\-x_1+x_2+x_3=0\end{cases},$$

对系数矩阵进行初等变换

$$\boldsymbol{A}=\begin{pmatrix}1&-1&2\\-1&1&1\end{pmatrix}\xrightarrow{r_2+r_1}\begin{pmatrix}1&-1&2\\0&0&3\end{pmatrix}\xrightarrow[r_1-2r_2]{\frac{1}{3}r_2}\begin{pmatrix}1&-1&0\\0&0&1\end{pmatrix},$$

由此得

$$\begin{cases}x_1=x_2\\x_3=0\end{cases}.$$

由于只要求一非零向量 $\boldsymbol{\alpha}_3$ 使得 $\boldsymbol{\alpha}_1,\boldsymbol{\alpha}_2,\boldsymbol{\alpha}_3$ 为正交向量组，
故可特别令 $x_2=1$，得 $\boldsymbol{\alpha}_3=(1,1,0)^{\mathrm{T}}$.

接下来，讨论正交向量组的性质.

定理 1.1　若 $\boldsymbol{\alpha}_1,\boldsymbol{\alpha}_2,\cdots,\boldsymbol{\alpha}_m$ 是 $\boldsymbol{R}^n$ 中一个正交向量组，则向量组 $\boldsymbol{\alpha}_1,\boldsymbol{\alpha}_2,\cdots,\boldsymbol{\alpha}_m$ 必线性无关.

证明　设有 $k_1,k_2,\cdots,k_m$，使得

$$k_1\boldsymbol{\alpha}_1+k_2\boldsymbol{\alpha}_2+\cdots+k_m\boldsymbol{\alpha}_m=\boldsymbol{0},$$

上式两边同时用 $\boldsymbol{\alpha}_i$ 作内积，得

$$k_1[\boldsymbol{\alpha}_i,\boldsymbol{\alpha}_1]+\cdots+k_i[\boldsymbol{\alpha}_i,\boldsymbol{\alpha}_i]+\cdots+k_m[\boldsymbol{\alpha}_i,\boldsymbol{\alpha}_m]=0(i=1,2,3,\cdots m),$$

又 $\boldsymbol{\alpha}_1,\boldsymbol{\alpha}_2,\cdots,\boldsymbol{\alpha}_m$ 是一个非零正交向量组，故$[\boldsymbol{\alpha}_i,\boldsymbol{\alpha}_j]=0,j=1,2,\cdots,i-1,i+1,\cdots,m.$

从而

$$k_i[\boldsymbol{\alpha}_i,\boldsymbol{\alpha}_i]=0.$$

因为 $\boldsymbol{\alpha}_i\neq\boldsymbol{0}$，有$[\boldsymbol{\alpha}_i,\boldsymbol{\alpha}_i]\neq 0$，所以 $k_i=0$，$i=1,2,3,\cdots m$.

所以向量组 $\boldsymbol{\alpha}_1,\boldsymbol{\alpha}_2,\cdots,\boldsymbol{\alpha}_m$ 线性无关.　　证毕

注　(1) 定理 1.1 的逆命题不成立，即线性无关的向量组不一定是正交的.

(2) 由于 $\boldsymbol{R}^n$ 中线性无关的向量个数最多不会超过 n 个，所以，$\boldsymbol{R}^n$ 中任一正交向量组中所含有的向量个数不会超过 n 个.

定义 1.6　若向量空间 V 的一组基是正交向量组，则该组基称为向量空间的正交基. 若向量空间 V 的一组基是正交的单位向量组，则该组基称为向量空间的规范正交基（或标准正交基）.

注 (1) 如向量组 $\boldsymbol{\varepsilon}_1=\left(\frac{1}{\sqrt{2}},-\frac{1}{\sqrt{2}},0,0\right)^{\mathrm{T}},\boldsymbol{\varepsilon}_2=\left(\frac{1}{\sqrt{2}},\frac{1}{\sqrt{2}},0,0\right)^{\mathrm{T}},\boldsymbol{\varepsilon}_3=\left(0,0,-\frac{1}{\sqrt{2}},\frac{1}{\sqrt{2}}\right)^{\mathrm{T}}$，$\boldsymbol{\varepsilon}_4=\left(0,0,\frac{1}{\sqrt{2}},\frac{1}{\sqrt{2}}\right)^{\mathrm{T}}$ 是 $\boldsymbol{R}^4$ 的一个规范正交基. 而 n 维单位向量组 $\boldsymbol{\varepsilon}_1=(1,0,\cdots,0)^{\mathrm{T}},\boldsymbol{\varepsilon}_2=(0,1,\cdots,0)^{\mathrm{T}},\cdots,\boldsymbol{\varepsilon}_n=(0,0,\cdots,1)^{\mathrm{T}}$ 是 $\boldsymbol{R}^n$ 的一个规范正交基.

(2) 设 $\boldsymbol{\varepsilon}_1,\boldsymbol{\varepsilon}_2,\cdots,\boldsymbol{\varepsilon}_s$ 是向量空间 V 的一个规范正交基，则对 V 中任一向量 $\boldsymbol{\alpha}$，有

$$\boldsymbol{\alpha}=x_1\boldsymbol{\varepsilon}_1+\cdots+x_i\boldsymbol{\varepsilon}_i+\cdots+x_s\boldsymbol{\varepsilon}_s,$$

为求其中的系数 $x_i(i=1,2,3,\cdots s)$，可用 $\boldsymbol{\varepsilon}_i$ 对上式作内积，有

$$[\boldsymbol{\varepsilon}_i,\boldsymbol{\alpha}]=x_1[\boldsymbol{\varepsilon}_i,\boldsymbol{\varepsilon}_1]+\cdots+x_i[\boldsymbol{\varepsilon}_i,\boldsymbol{\varepsilon}_i]+\cdots+x_s[\boldsymbol{\varepsilon}_i,\boldsymbol{\varepsilon}_s]=x_i.$$

因为 $x_i=[\boldsymbol{\varepsilon}_i,\boldsymbol{\alpha}]=\boldsymbol{\varepsilon}_i^{\mathrm{T}}\boldsymbol{\alpha}$，从而

$$\boldsymbol{\alpha}=[\boldsymbol{\varepsilon}_1,\boldsymbol{\alpha}]\boldsymbol{\varepsilon}_1+[\boldsymbol{\varepsilon}_2,\boldsymbol{\alpha}]\boldsymbol{\varepsilon}_2+\cdots+[\boldsymbol{\varepsilon}_s,\boldsymbol{\alpha}]\boldsymbol{\varepsilon}_s.$$

该结论表明，与向量空间 V 的一组普通基相比较而言，在规范正交基下，更易于计算向量 $\boldsymbol{\alpha}$ 的坐标，其坐标就为 $\boldsymbol{\alpha}$ 与该基中各个向量的内积. 因此，我们在给出向量空间的基时常常取规范正交基.

但是求向量空间 V 的一组规范正交基往往是比较困难的，但若只是找出 V 的一组基，相对来说还是比较容易的. 那么能不能把 V 的一组基进一步转化为规范正交基呢? 接下来的施密特正交化方法给出了明确的回答.

三、施密特（Schimidt）正交化方法

本节主要介绍如何把一个线性无关的向量组改造为一个规范正交向量组的方法，即施密特正交化方法.

设 $\boldsymbol{\alpha}_1,\boldsymbol{\alpha}_2,\cdots,\boldsymbol{\alpha}_s$ 为向量空间 V 的一个线性无关向量组，

第一步：先正交化．令 $\boldsymbol{\beta}_1=\boldsymbol{\alpha}_1$；$\boldsymbol{\beta}_2=\boldsymbol{\alpha}_2+k_1\boldsymbol{\beta}_1$，$k_1$ 为待定常数. 为使 $\boldsymbol{\beta}_1,\boldsymbol{\beta}_2$ 正交，有

$$0=[\boldsymbol{\beta}_1,\boldsymbol{\beta}_2]=[\boldsymbol{\beta}_1,\boldsymbol{\alpha}_2+k_1\boldsymbol{\beta}_1]=[\boldsymbol{\beta}_1,\boldsymbol{\alpha}_2]+k_1[\boldsymbol{\beta}_1,\boldsymbol{\beta}_1],$$

所以 $k_1=-\dfrac{[\boldsymbol{\beta}_1,\boldsymbol{\alpha}_2]}{[\boldsymbol{\beta}_1,\boldsymbol{\beta}_1]}$,

从而
$$\boldsymbol{\beta}_2=\boldsymbol{\alpha}_2-\frac{[\boldsymbol{\beta}_1,\boldsymbol{\alpha}_2]}{[\boldsymbol{\beta}_1,\boldsymbol{\beta}_1]}\boldsymbol{\beta}_1.$$

同样，令 $\boldsymbol{\beta}_3=\boldsymbol{\alpha}_3+k_2\boldsymbol{\beta}_2+k_1\boldsymbol{\beta}_1$，$k_1,k_2$ 为待定常数，要求$[\boldsymbol{\beta}_1,\boldsymbol{\beta}_3]=0$，$[\boldsymbol{\beta}_2,\boldsymbol{\beta}_3]=0$，由此求得 $k_2=-\dfrac{[\boldsymbol{\beta}_2,\boldsymbol{\alpha}_3]}{[\boldsymbol{\beta}_2,\boldsymbol{\beta}_2]}$，$k_1=-\dfrac{[\boldsymbol{\beta}_1,\boldsymbol{\alpha}_3]}{[\boldsymbol{\beta}_1,\boldsymbol{\beta}_1]}$，

从而
$$\boldsymbol{\beta}_3=\boldsymbol{\alpha}_3-\frac{[\boldsymbol{\beta}_2,\boldsymbol{\alpha}_3]}{[\boldsymbol{\beta}_2,\boldsymbol{\beta}_2]}\boldsymbol{\beta}_2-\frac{[\boldsymbol{\beta}_1,\boldsymbol{\alpha}_3]}{[\boldsymbol{\beta}_1,\boldsymbol{\beta}_1]}\boldsymbol{\beta}_1.$$

类似的，最后得

$$\boldsymbol{\beta}_s=\boldsymbol{\alpha}_s-\frac{[\boldsymbol{\beta}_{s-1},\boldsymbol{\alpha}_s]}{[\boldsymbol{\beta}_{s-1},\boldsymbol{\beta}_{s-1}]}\boldsymbol{\beta}_{s-1}-\cdots-\frac{[\boldsymbol{\beta}_1,\boldsymbol{\alpha}_s]}{[\boldsymbol{\beta}_1,\boldsymbol{\beta}_1]}\boldsymbol{\beta}_1.$$

第二步：再单位化，可得向量空间 V 的一组规范正交向量组，

$$\boldsymbol{e}_1=\frac{1}{\|\boldsymbol{\beta}_1\|}\boldsymbol{\beta}_1,\boldsymbol{e}_2=\frac{1}{\|\boldsymbol{\beta}_2\|}\boldsymbol{\beta}_2,\cdots,\boldsymbol{e}_s=\frac{1}{\|\boldsymbol{\beta}_s\|}\boldsymbol{\beta}_s.$$

注 施密特正交化过程就是将 $\boldsymbol{R}^n$ 中的任一组线性无关的向量组 $\boldsymbol{\alpha}_1,\boldsymbol{\alpha}_2,\cdots,\boldsymbol{\alpha}_s$ 化为与之等价的正交组 $\boldsymbol{\beta}_1,\cdots,\boldsymbol{\beta}_s$；再经过单位化，得到一组与 $\boldsymbol{\alpha}_1,\boldsymbol{\alpha}_2,\cdots,\boldsymbol{\alpha}_s$ 等价的规范正交向量组 $\boldsymbol{e}_1,\boldsymbol{e}_2,\cdots,\boldsymbol{e}_s$.

例 1.5 用施密特正交化方法，将向量组规范正交化

$$\boldsymbol{\alpha}_1=(1,1,1,1)^{\mathrm{T}},\boldsymbol{\alpha}_2=(1,-1,0,4)^{\mathrm{T}},\boldsymbol{\alpha}_3=(3,5,1,-1)^{\mathrm{T}}.$$

解 显然，$\boldsymbol{\alpha}_1,\boldsymbol{\alpha}_2,\boldsymbol{\alpha}_3$ 是线性无关的. 先正交化，

令 $\boldsymbol{\beta}_1=\boldsymbol{\alpha}_1=(1,1,1,1)^{\mathrm{T}}$，

$$\boldsymbol{\beta}_2=\boldsymbol{\alpha}_2-\frac{[\boldsymbol{\beta}_1,\boldsymbol{\alpha}_2]}{[\boldsymbol{\beta}_1,\boldsymbol{\beta}_1]}\boldsymbol{\beta}_1=(1,-1,0,4)^{\mathrm{T}}-\frac{1-1+4}{1+1+1+1}(1,1,1,1)^{\mathrm{T}}=(0,-2,-1,3)^{\mathrm{T}},$$

$$\begin{aligned}\boldsymbol{\beta}_3&=\boldsymbol{\alpha}_3-\frac{[\boldsymbol{\beta}_1,\boldsymbol{\alpha}_3]}{[\boldsymbol{\beta}_1,\boldsymbol{\beta}_1]}\boldsymbol{\beta}_1-\frac{[\boldsymbol{\beta}_2,\boldsymbol{\alpha}_3]}{[\boldsymbol{\beta}_2,\boldsymbol{\beta}_2]}\boldsymbol{\beta}_2\\&=(3,5,1,-1)^{\mathrm{T}}-\frac{8}{4}(1,1,1,1)^{\mathrm{T}}-\frac{-14}{14}(0,-2,-1,3)^{\mathrm{T}}\\&=(1,1,-2,0)^{\mathrm{T}},\end{aligned}$$

再单位化，得规范正交向量如下

$$\boldsymbol{e}_1=\frac{\boldsymbol{\beta}_1}{\|\boldsymbol{\beta}_1\|}=\frac{1}{2}(1,1,1,1)^{\mathrm{T}}=\left(\frac{1}{2},\frac{1}{2},\frac{1}{2},\frac{1}{2}\right)^{\mathrm{T}},$$

$$\boldsymbol{e}_2=\frac{\boldsymbol{\beta}_2}{\|\boldsymbol{\beta}_2\|}=\frac{1}{\sqrt{14}}(0,-2,-1,3)^{\mathrm{T}}=\left(0,\frac{-2}{\sqrt{14}},\frac{-1}{\sqrt{14}},\frac{3}{\sqrt{14}}\right)^{\mathrm{T}},$$

$$\boldsymbol{e}_3=\frac{\boldsymbol{\beta}_3}{\|\boldsymbol{\beta}_3\|}=\frac{1}{\sqrt{6}}(1,1,-2,0)^{\mathrm{T}}=\left(\frac{1}{\sqrt{6}},\frac{1}{\sqrt{6}},\frac{-2}{\sqrt{6}},0\right)^{\mathrm{T}}.$$

四、正交矩阵

定义 1.7 若 n 阶方阵 $\boldsymbol{A}$ 满足 $\boldsymbol{A}\boldsymbol{A}^{\mathrm{T}}=\boldsymbol{E}$，则 $\boldsymbol{A}$ 称为正交矩阵.

注　显然，n 阶单位矩阵 $\boldsymbol{E}$ 为正交矩阵，再如 $\boldsymbol{A}=\begin{pmatrix} \frac{\sqrt{2}}{2} & 0 & \frac{\sqrt{2}}{2} \\ 0 & 1 & 0 \\ -\frac{\sqrt{2}}{2} & 0 & \frac{\sqrt{2}}{2} \end{pmatrix}$ 亦为正交矩阵.

正交矩阵具有下列性质：

性质 1.1　设 $\boldsymbol{A}$ 是正交矩阵，则 $|\boldsymbol{A}|=\pm 1$.

证明　由于 $\boldsymbol{A}$ 是正交矩阵，故由正交矩阵的定义知 $\boldsymbol{A}\boldsymbol{A}^{\mathrm{T}}=\boldsymbol{E}$.
从而 $|\boldsymbol{A}|^2=1$，所以 $|\boldsymbol{A}|=\pm 1$.　　证毕

性质 1.2　正交矩阵 $\boldsymbol{A}$ 的逆矩阵仍为正交矩阵.

证明　由于 $\boldsymbol{A}\boldsymbol{A}^{\mathrm{T}}=\boldsymbol{E}$，故 $(\boldsymbol{A}^{\mathrm{T}})^{-1}=\boldsymbol{A}$.　　证毕
从而 $\boldsymbol{A}^{-1}(\boldsymbol{A}^{-1})^{\mathrm{T}}=\boldsymbol{A}^{-1}(\boldsymbol{A}^{\mathrm{T}})^{-1}=\boldsymbol{A}^{-1}\boldsymbol{A}=\boldsymbol{E}$.

性质 1.3　若 $\boldsymbol{A},\boldsymbol{B}$ 都是正交矩阵，则 $\boldsymbol{AB}$ 也是正交矩阵.

证明　$\boldsymbol{A},\boldsymbol{B}$ 都是正交矩阵，则 $\boldsymbol{A}\boldsymbol{A}^{\mathrm{T}}=\boldsymbol{E},\boldsymbol{B}\boldsymbol{B}^{\mathrm{T}}=\boldsymbol{E}$.
从而 $(\boldsymbol{AB})(\boldsymbol{AB})^{\mathrm{T}}=\boldsymbol{A}(\boldsymbol{B}\boldsymbol{B}^{\mathrm{T}})\boldsymbol{A}^{\mathrm{T}}=\boldsymbol{A}\boldsymbol{E}\boldsymbol{A}^{\mathrm{T}}=\boldsymbol{A}\boldsymbol{A}^{\mathrm{T}}=\boldsymbol{E}$.
所以 $\boldsymbol{AB}$ 也是正交矩阵.　　证毕

定理 1.2　n 阶方阵 $\boldsymbol{A}$ 为正交矩阵的充要条件是 $\boldsymbol{A}$ 的列向量组是单位正交向量组.

证明　先证必要性.

不妨设 $\boldsymbol{A}=(\boldsymbol{\alpha}_1,\boldsymbol{\alpha}_2,\cdots,\boldsymbol{\alpha}_n)$，则由 $\boldsymbol{A}^{\mathrm{T}}\boldsymbol{A}=\boldsymbol{E}$ 得

$$\begin{pmatrix} \boldsymbol{\alpha}_1^{\mathrm{T}} \\ \boldsymbol{\alpha}_2^{\mathrm{T}} \\ \vdots \\ \boldsymbol{\alpha}_n^{\mathrm{T}} \end{pmatrix}(\boldsymbol{\alpha}_1,\boldsymbol{\alpha}_2,\cdots,\boldsymbol{\alpha}_n)=\begin{pmatrix} \boldsymbol{\alpha}_1^{\mathrm{T}}\boldsymbol{\alpha}_1 & \boldsymbol{\alpha}_1^{\mathrm{T}}\boldsymbol{\alpha}_2 & \cdots & \boldsymbol{\alpha}_1^{\mathrm{T}}\boldsymbol{\alpha}_n \\ \boldsymbol{\alpha}_2^{\mathrm{T}}\boldsymbol{\alpha}_1 & \boldsymbol{\alpha}_2^{\mathrm{T}}\boldsymbol{\alpha}_2 & \cdots & \boldsymbol{\alpha}_2^{\mathrm{T}}\boldsymbol{\alpha}_n \\ \vdots & \vdots & \vdots & \vdots \\ \boldsymbol{\alpha}_n^{\mathrm{T}}\boldsymbol{\alpha}_1 & \boldsymbol{\alpha}_n^{\mathrm{T}}\boldsymbol{\alpha}_2 & \cdots & \boldsymbol{\alpha}_n^{\mathrm{T}}\boldsymbol{\alpha}_n \end{pmatrix}=\begin{pmatrix} 1 & 0 & \cdots & 0 \\ 0 & 1 & \cdots & 0 \\ \vdots & \vdots & \vdots & \vdots \\ 0 & 0 & \cdots & 1 \end{pmatrix}.$$

从而有

$$\boldsymbol{\alpha}_i^{\mathrm{T}}\boldsymbol{\alpha}_j=\begin{cases} 0, i\neq j \\ 1, i=j \end{cases}, i,j=1,2,\cdots,n.$$

充分性类似可证得.　　证毕

注　由于 $\boldsymbol{A}^{\mathrm{T}}\boldsymbol{A}=\boldsymbol{E}$ 与 $\boldsymbol{A}\boldsymbol{A}^{\mathrm{T}}=\boldsymbol{E}$ 等价，所以上述结论对 $\boldsymbol{A}$ 的行向量组也成立.

例 1.6　设对称方阵 $\boldsymbol{A}$ 满足 $\boldsymbol{A}^2+6\boldsymbol{A}+8\boldsymbol{E}=\boldsymbol{0}$. 试证 $\boldsymbol{A}+3\boldsymbol{E}$ 为正交矩阵.

证明　因为

$$\begin{aligned}(\boldsymbol{A}+3\boldsymbol{E})^{\mathrm{T}}(\boldsymbol{A}+3\boldsymbol{E})&=(\boldsymbol{A}^{\mathrm{T}}+3\boldsymbol{E})(\boldsymbol{A}+3\boldsymbol{E})=(\boldsymbol{A}+3\boldsymbol{E})(\boldsymbol{A}+3\boldsymbol{E})\\&=\boldsymbol{A}^2+6\boldsymbol{A}+9\boldsymbol{E}=(\boldsymbol{A}^2+6\boldsymbol{A}+8\boldsymbol{E})+\boldsymbol{E}=\boldsymbol{E},\end{aligned}$$

所以 $\boldsymbol{A}+3\boldsymbol{E}$ 为正交矩阵.

§4.2　方阵的特征值与特征向量

方阵的特征值与特征向量是应用广泛的数学概念之一，如工程技术中的振动问题和稳定性问题，经济学中动态经济模型与计量经济学，数学中方阵的对角化及解微分方程组的问题等. 这些问题往往都可归结为求一个方阵的特征值和特征向量.

本节要求重点掌握矩阵的特征值和特征向量的概念和性质，会求矩阵的特征值和特征向量.

一、特征值与特征向量的概念

定义 2.1 对于 n 阶方阵 $\boldsymbol{A}$，如果存在数 λ 以及 n 维非零列向量 $\boldsymbol{\alpha}$，满足

$$\boldsymbol{A\alpha}=\lambda\boldsymbol{\alpha}, \tag{2.1}$$

则数 λ 称为 $\boldsymbol{A}$ 的特征值，非零向量 $\boldsymbol{\alpha}$ 称为 $\boldsymbol{A}$ 的属于特征值 λ 的特征向量.

注 (1) 例如对于 $\boldsymbol{A}=\begin{pmatrix}1&2&2\\1&-1&1\\4&-12&1\end{pmatrix}$，不难验算：$\begin{pmatrix}1&2&2\\1&-1&1\\4&-12&1\end{pmatrix}\begin{pmatrix}3\\1\\-1\end{pmatrix}=1\cdot\begin{pmatrix}3\\1\\-1\end{pmatrix}$，

因此，1 是 $\boldsymbol{A}$ 的特征值，$\begin{pmatrix}3\\1\\-1\end{pmatrix}$ 是 $\boldsymbol{A}$ 的属于特征值 1 的特征向量. 容易看出，对于任意非零数 k，$k\begin{pmatrix}3\\1\\-1\end{pmatrix}$ 也是 $\boldsymbol{A}$ 的属于特征值 1 的特征向量.

(2) 一般地，若 $\boldsymbol{\alpha}$ 是 $\boldsymbol{A}$ 的属于特征值 λ 的特征向量，则对于任意非零数 k，$k\boldsymbol{\alpha}$ 也是 $\boldsymbol{A}$ 的属于特征值 λ 的特征向量，即与 λ 对应的特征向量不是唯一的.

(3) 与 $\boldsymbol{A}$ 的不同特征值所对应的特征向量绝不会相同，就是说，特征向量只能从属于一个特征值.（请读者自证）

二、特征值与特征向量的求法

对于任给的 n 方阶 $\boldsymbol{A}$，它是否一定有特征值？当 $\boldsymbol{A}$ 有特征值时，如何求出它的全部特征值和全部的特征向量？下面就来讨论这两个问题. 为了叙述上的方便，我们先引入一个定义.

定义 2.2 设 $\boldsymbol{A}$ 是 n 阶矩阵，λ 是一个文字，矩阵 $\boldsymbol{A}-\lambda\boldsymbol{E}$ 称为 $\boldsymbol{A}$ 的特征矩阵，它的行列式

$$|\boldsymbol{A}-\lambda\boldsymbol{E}|=\begin{vmatrix}a_{11}-\lambda&a_{12}&\cdots&a_{1n}\\a_{21}&a_{22}-\lambda&\cdots&a_{2n}\\\vdots&\vdots&\vdots&\vdots\\a_{n1}&a_{n2}&\cdots&a_{nn}-\lambda\end{vmatrix}$$

是关于 λ 的一个 n 次多项式，称为 $\boldsymbol{A}$ 的特征多项式. 方程 $|\boldsymbol{A}-\lambda\boldsymbol{E}|=0$ 称为 $\boldsymbol{A}$ 的特征方程.

设 $\boldsymbol{A}$ 是 n 阶方阵，$\boldsymbol{\alpha}$ 是 $\boldsymbol{A}$ 的属于特征值 λ 的特征向量，则

$\boldsymbol{A\alpha}=\lambda\boldsymbol{\alpha}$，其中 $\boldsymbol{\alpha}\neq\boldsymbol{0}$. 即 $(\boldsymbol{A}-\lambda\boldsymbol{E})\boldsymbol{\alpha}=\boldsymbol{0}$，

这表明 $\boldsymbol{\alpha}$ 是齐次线性方程组 $(\boldsymbol{A}-\lambda\boldsymbol{E})\boldsymbol{X}=\boldsymbol{0}$ 的非零解，从而其系数行列式 $|\boldsymbol{A}-\lambda\boldsymbol{E}|=0$.

反之，若 λ 是特征方程 $|\boldsymbol{A}-\lambda\boldsymbol{E}|=0$ 的根，从而 $(\boldsymbol{A}-\lambda\boldsymbol{E})\boldsymbol{X}=\boldsymbol{0}$ 必有非零解. 不妨设其为 $\boldsymbol{\alpha}$，则 $(\boldsymbol{A}-\lambda\boldsymbol{E})\boldsymbol{\alpha}=\boldsymbol{0}$. 因此，$\boldsymbol{A\alpha}=\lambda\boldsymbol{\alpha}$.

结合上面的讨论可直接得到下面的结论：

定理 2.1　设 $\boldsymbol{A}$ 是 n 阶方阵，则 $\boldsymbol{\alpha}$ 是 $\boldsymbol{A}$ 的属于 λ_0 的特征向量的充要条件是 λ_0 为 $|\boldsymbol{A}-\lambda\boldsymbol{E}|=0$ 的根，$\boldsymbol{\alpha}$ 为 $(\boldsymbol{A}-\lambda_0\boldsymbol{E})\boldsymbol{X}=\boldsymbol{0}$ 的非零解.

注　由定理 2.1，求 n 阶方阵 $\boldsymbol{A}$ 的特征值与特征向量的步骤为：

(1) 解特征方程 $|\boldsymbol{A}-\lambda\boldsymbol{E}|=0$. 求出全部根 $\lambda_i(i=1,2,\cdots,k)$，则 λ_i 就是 $\boldsymbol{A}$ 的全部特征值.

(2) 对每个 λ_i 求出齐次方程组 $(\boldsymbol{A}-\lambda_i\boldsymbol{E})\boldsymbol{X}=\boldsymbol{0}$ 的基础解系：$\boldsymbol{\xi}_{i1},\boldsymbol{\xi}_{i2},\cdots,\boldsymbol{\xi}_{i,n-r_i}$，其中 r_i 为系数矩阵 $\boldsymbol{A}-\lambda_i\boldsymbol{E}$ 的秩，则 $\boldsymbol{A}$ 的属于 λ_i 的特征向量为 $k_1\boldsymbol{\xi}_{i1}+k_2\boldsymbol{\xi}_{i2}+\cdots+k_{n-r_i}\boldsymbol{\xi}_{i,n-r_i}$，其中 $k_1,k_2,\cdots,k_{n-r_i}$ 为不全为零的数.

例 2.1　求矩阵 $\boldsymbol{A}=\begin{pmatrix}2&1\\4&-1\end{pmatrix}$ 的特征值与特征向量.

解　$\boldsymbol{A}$ 的特征方程为

$$|\boldsymbol{A}-\lambda\boldsymbol{E}|=\begin{vmatrix}2-\lambda&1\\4&-1-\lambda\end{vmatrix}=0,$$

得 $(\lambda+2)(\lambda-3)=0$，所以 $\lambda_1=-2,\lambda_2=3$ 是矩阵 $\boldsymbol{A}$ 的两个不同的特征值.

当 $\lambda_1=-2$ 时，解齐次方程组 $(\boldsymbol{A}+2\boldsymbol{E})\boldsymbol{X}=\boldsymbol{0}$. 由

$$\boldsymbol{A}+2\boldsymbol{E}=\begin{pmatrix}4&1\\4&1\end{pmatrix}\xrightarrow[\frac{1}{4}r_1]{r_2-r_1}\begin{pmatrix}1&\frac{1}{4}\\0&0\end{pmatrix},$$

得同解方程组：$x_1+\frac{1}{4}x_2=0$，即 $x_1=-\frac{1}{4}x_2$（x_2 为自由未知量）.

故可取原方程组的基础解系是 $\boldsymbol{\eta}_1=\begin{pmatrix}1\\-4\end{pmatrix}$.

所以 $\boldsymbol{A}$ 的属于特征值 $\lambda_1=-2$ 的全部特征向量为 $k_1\boldsymbol{\eta}_1$（k_1 是任意的非零常数）.

当 $\lambda_2=3$ 时，解齐次方程组 $(\boldsymbol{A}-3\boldsymbol{E})\boldsymbol{X}=\boldsymbol{0}$. 由

$$\boldsymbol{A}-3\boldsymbol{E}=\begin{pmatrix}-1&1\\4&-4\end{pmatrix}\xrightarrow[-r_1]{r_2+4r_1}\begin{pmatrix}1&-1\\0&0\end{pmatrix},$$

得同解方程组：$x_1-x_2=0$，即 $x_1=x_2$（x_2 为自由未知量），

故可取原方程组的基础解系是 $\boldsymbol{\eta}_2=\begin{pmatrix}1\\1\end{pmatrix}$.

所以 $\boldsymbol{A}$ 的属于特征值 $\lambda_2=3$ 的全部特征向量为 $k_2\boldsymbol{\eta}_2$（k_2 是任意的非零常数）.

例 2.2　求矩阵

$$\boldsymbol{A}=\begin{pmatrix}4&-1&-2\\2&1&-4\\-1&1&5\end{pmatrix}$$

的特征值与特征向量.

解　$\boldsymbol{A}$ 的特征方程为

$$|\boldsymbol{A}-\lambda\boldsymbol{E}|=\begin{vmatrix}4-\lambda & -1 & -2\\ 2 & 1-\lambda & -4\\ -1 & 1 & 5-\lambda\end{vmatrix}\xrightarrow[r_3+r_1]{r_2+(1-\lambda)r_1}\begin{vmatrix}4-\lambda & -1 & -2\\ \lambda^2-5\lambda+6 & 0 & 2\lambda-6\\ 3-\lambda & 0 & 3-\lambda\end{vmatrix}$$

$$\xlongequal[\text{展开}]{\text{第 2 列}}\begin{vmatrix}\lambda^2-5\lambda+6 & 2(\lambda-3)\\ 3-\lambda & 3-\lambda\end{vmatrix}=(4-\lambda)(\lambda-3)^2=0,$$

所以 $\boldsymbol{A}$ 的特征值为 $\lambda_1=\lambda_2=3$，$\lambda_3=4$.

当 $\lambda_1=3$ 时，解齐次方程组 $(\boldsymbol{A}-3\boldsymbol{E})\boldsymbol{X}=\boldsymbol{0}$. 由

$$\boldsymbol{A}-3\boldsymbol{E}=\begin{pmatrix}1 & -1 & -2\\ 2 & -2 & -4\\ -1 & 1 & 2\end{pmatrix}\xrightarrow[r_3+r_1]{r_2-2r_1}\begin{pmatrix}1 & -1 & -2\\ 0 & 0 & 0\\ 0 & 0 & 0\end{pmatrix},$$

得同解方程组 $x_1-x_2-2x_3=0$，即 $x_1=x_2+2x_3$（x_2，x_3 为自由未知量），

故原方程组的基础解系可以取为 $\boldsymbol{\eta}_1=\begin{pmatrix}1\\1\\0\end{pmatrix}$，$\boldsymbol{\eta}_2=\begin{pmatrix}2\\0\\1\end{pmatrix}$.

所以 $\boldsymbol{A}$ 的属于特征值 $\lambda_1=3$ 的全部特征向量为 $k_1\boldsymbol{\eta}_1+k_2\boldsymbol{\eta}_2$（$k_1,k_2$ 是任意的不全为零的常数）.

当 $\lambda_3=4$ 时，解齐次方程组 $(\boldsymbol{A}-4\boldsymbol{E})\boldsymbol{X}=\boldsymbol{0}$. 由

$$\boldsymbol{A}-4\boldsymbol{E}=\begin{pmatrix}0 & -1 & -2\\ 2 & -3 & -4\\ -1 & 1 & 1\end{pmatrix}\xrightarrow[-r_1]{r_3\leftrightarrow r_1}\begin{pmatrix}1 & -1 & -1\\ 2 & -3 & -4\\ 0 & -1 & -2\end{pmatrix}\xrightarrow{r_2-2r_1}$$

$$\begin{pmatrix}1 & -1 & -1\\ 0 & -1 & -2\\ 0 & -1 & -2\end{pmatrix}\xrightarrow[r_1+r_2]{r_3-r_2,\ -r_2}\begin{pmatrix}1 & 0 & 1\\ 0 & 1 & 2\\ 0 & 0 & 0\end{pmatrix},$$

得同解方程组 $\begin{cases}x_1+x_3=0\\ x_2+2x_3=0\end{cases}$，即 $\begin{cases}x_1=-x_3\\ x_2=-2x_3\end{cases}$（$x_3$ 为自由未知量），

故原方程组的基础解系可以取为 $\boldsymbol{\eta}_3=\begin{pmatrix}-1\\-2\\1\end{pmatrix}$.

所以 $\boldsymbol{A}$ 的属于特征值 $\lambda_3=4$ 的全部特征向量为 $k_3\boldsymbol{\eta}_3$（k_1,k_2 是任意的不全为零的常数）.

三、特征值与特征向量的性质

性质 2.1 n 阶矩阵 $\boldsymbol{A}$ 与它的转置矩阵 $\boldsymbol{A}^{\mathrm{T}}$ 有相同的特征值.

性质 2.2 $\sum\limits_{i=1}^{n}\lambda_i=\sum\limits_{i=1}^{n}a_{ii}$；$\prod\limits_{i=1}^{n}\lambda_i=|\boldsymbol{A}|$. 其中 $\lambda_i(i=1,2,\cdots,n)$ 是 n 阶矩阵 $\boldsymbol{A}$ 的全部特征值.

推论 2.1 n 阶方阵 $\boldsymbol{A}$ 可逆的充要条件是 $\boldsymbol{A}$ 的任意一个特征值都不为零.

性质 2.3 设 λ 是方阵 $\boldsymbol{A}$ 的特征值，则 λ^k 是 $\boldsymbol{A}^k$ 的特征值（k 为正整数）.

证明 因为 λ 是 $\boldsymbol{A}$ 的特征值，所以存在 $\boldsymbol{\alpha}\neq\boldsymbol{0}$，使 $\boldsymbol{A\alpha}=\lambda\boldsymbol{\alpha}$. 由此有

$$\boldsymbol{A}^2\boldsymbol{\alpha}=\boldsymbol{A}(\boldsymbol{A\alpha})=\boldsymbol{A}(\lambda\boldsymbol{\alpha})=\lambda(\boldsymbol{A\alpha})=\lambda^2\boldsymbol{\alpha}.$$

以此类推，得 $\boldsymbol{A}^k\boldsymbol{\alpha}=\lambda^k\boldsymbol{\alpha}$，所以 λ^k 是 $\boldsymbol{A}^k$ 的特征值.　　证毕

注　一般地，设 $\varphi(\boldsymbol{A})=a_0\boldsymbol{E}+a_1\boldsymbol{A}+a_2\boldsymbol{A}^2+\cdots+a_m\boldsymbol{A}^m$，其中 $\boldsymbol{A}$ 为方阵，m 为正整数. 若 λ 是 $\boldsymbol{A}$ 的特征值，即 $\boldsymbol{A\alpha}=\lambda\boldsymbol{\alpha}$，因为

$$\begin{aligned}\varphi(\boldsymbol{A})\boldsymbol{\alpha}&=(a_0\boldsymbol{E}+a_1\boldsymbol{A}+a_2\boldsymbol{A}^2+\cdots+a_m\boldsymbol{A}^m)\boldsymbol{\alpha}\\&=a_0\boldsymbol{\alpha}+a_1\boldsymbol{A\alpha}+a_2\boldsymbol{A}^2\boldsymbol{\alpha}+\cdots+a_m\boldsymbol{A}^m\boldsymbol{\alpha}\\&=a_0\boldsymbol{\alpha}+a_1\lambda\boldsymbol{\alpha}+a_2\lambda^2\boldsymbol{\alpha}+\cdots+a_m\lambda^m\boldsymbol{\alpha}\\&=(a_0+a_1\lambda+a_2\lambda^2+\cdots+a_m\lambda^m)\boldsymbol{\alpha},\end{aligned}$$

所以 $\varphi(\lambda)=a_0+a_1\lambda+a_2\lambda^2+\cdots+a_m\lambda^m$ 是矩阵 $\varphi(\boldsymbol{A})$ 的特征值.

性质 2.4　设 λ 是方阵 $\boldsymbol{A}$ 的特征值，且 $\boldsymbol{A}$ 可逆，则 $\frac{1}{\lambda}$ 是 $\boldsymbol{A}^{-1}$ 的特征值.

证明　当 $\boldsymbol{A}$ 可逆时，由 $\boldsymbol{A\alpha}=\lambda\boldsymbol{\alpha}$ 得 $\boldsymbol{\alpha}=\lambda\boldsymbol{A}^{-1}\boldsymbol{\alpha}$. 因为 $\boldsymbol{A}$ 可逆，所以 $\lambda\neq0$. 从而得

$$\boldsymbol{A}^{-1}\boldsymbol{\alpha}=\frac{1}{\lambda}\boldsymbol{\alpha},$$

所以 $\frac{1}{\lambda}$ 是 $\boldsymbol{A}^{-1}$ 的特征值.

定理 2.2　设 $\lambda_1,\lambda_2,\cdots,\lambda_m$ 是方阵 $\boldsymbol{A}$ 的 m 个互异的特征值，$\boldsymbol{\alpha}_1,\boldsymbol{\alpha}_2,\cdots,\boldsymbol{\alpha}_m$ 是对应的特征向量，则 $\boldsymbol{\alpha}_1,\boldsymbol{\alpha}_2,\cdots,\boldsymbol{\alpha}_m$ 线性无关.

即 $\boldsymbol{A}$ 的不同特征值所对应的特征向量是线性无关的.

证明　设有数 $k_1,k_2,\cdots,k_m$，使得

$$k_1\boldsymbol{\alpha}_1+k_2\boldsymbol{\alpha}_2+\cdots+k_m\boldsymbol{\alpha}_m=\boldsymbol{0},$$

则 $\boldsymbol{A}(k_1\boldsymbol{\alpha}_1+k_2\boldsymbol{\alpha}_2+\cdots+k_m\boldsymbol{\alpha}_m)=\boldsymbol{0}$，即

$$k_1\boldsymbol{A\alpha}_1+k_2\boldsymbol{A\alpha}_2+\cdots+k_m\boldsymbol{A\alpha}_m=\boldsymbol{0},$$

亦即

$$\lambda_1k_1\boldsymbol{\alpha}_1+\lambda_2k_2\boldsymbol{\alpha}_2+\cdots+\lambda_mk_m\boldsymbol{\alpha}_m=\boldsymbol{0},$$

再用 $\boldsymbol{A}$ 左乘上式，得

$$\lambda_1^2k_1\boldsymbol{\alpha}_1+\lambda_2^2k_2\boldsymbol{\alpha}_2+\cdots+\lambda_m^2k_m\boldsymbol{\alpha}_m=\boldsymbol{0},$$

依此类推，有

$$\lambda_1^{m-1}k_1\boldsymbol{\alpha}_1+\lambda_2^{m-1}k_2\boldsymbol{\alpha}_2+\cdots+\lambda_m^{m-1}k_m\boldsymbol{\alpha}_m=\boldsymbol{0}.$$

把上列各式合写成矩阵形式，得

$$(k_1\boldsymbol{\alpha}_1,k_2\boldsymbol{\alpha}_2,\cdots,k_m\boldsymbol{\alpha}_m)\begin{pmatrix}1&\lambda_1&\cdots&\lambda_1^{m-1}\\1&\lambda_2&\cdots&\lambda_2^{m-1}\\\vdots&\vdots&\vdots&\vdots\\1&\lambda_m&\cdots&\lambda_m^{m-1}\end{pmatrix}=\boldsymbol{0}.$$

因为矩阵 $\begin{pmatrix}1&\lambda_1&\cdots&\lambda_1^{m-1}\\1&\lambda_2&\cdots&\lambda_2^{m-1}\\\vdots&\vdots&\vdots&\vdots\\1&\lambda_m&\cdots&\lambda_m^{m-1}\end{pmatrix}$ 的行列式为范德蒙行列式，而 $\lambda_1,\lambda_2,\cdots,\lambda_m$ 是互不相同的，所以行列式不为 0，故该矩阵可逆，从而有

$$(k_1\boldsymbol{\alpha}_1,k_2\boldsymbol{\alpha}_2,\cdots,k_m\boldsymbol{\alpha}_m)=(\boldsymbol{0},\boldsymbol{0},\cdots,\boldsymbol{0}),$$

即 $k_i\boldsymbol{\alpha}_i=\boldsymbol{0}(i=1,2,\cdots,m)$. 因为 $\boldsymbol{\alpha}_i\neq\boldsymbol{0}$，所以 $k_i=0(i=1,2,\cdots,m)$.

从而 $\boldsymbol{\alpha}_1,\boldsymbol{\alpha}_2,\cdots,\boldsymbol{\alpha}_m$ 线性无关.　　证毕

注　可以证明，n 阶方阵 $\boldsymbol{A}$ 的属于各个不同特征值的线性无关的特征向量组成的向

量组也是线性无关的.

例 2.3 设 λ_1 和 λ_2 是方阵 $\boldsymbol{A}$ 的两个不同的特征值，对应的特征向量依次为 $\boldsymbol{p}_1$ 和 $\boldsymbol{p}_2$，证明 $\boldsymbol{p}_1+\boldsymbol{p}_2$ 不是 $\boldsymbol{A}$ 的特征向量.

证明 用反证法，设 $\boldsymbol{p}_1+\boldsymbol{p}_2$ 是 $\boldsymbol{A}$ 的特征向量，则应存在数 λ，使得

$$\boldsymbol{A}(\boldsymbol{p}_1+\boldsymbol{p}_2)=\lambda(\boldsymbol{p}_1+\boldsymbol{p}_2).$$

又由题设有 $\boldsymbol{A}\boldsymbol{p}_1=\lambda_1\boldsymbol{p}_1$，$\boldsymbol{A}\boldsymbol{p}_2=\lambda_2\boldsymbol{p}_2$，

故
$$\boldsymbol{A}(\boldsymbol{p}_1+\boldsymbol{p}_2)=\lambda_1\boldsymbol{p}_1+\lambda_2\boldsymbol{p}_2.$$

于是
$$\lambda(\boldsymbol{p}_1+\boldsymbol{p}_2)=\lambda_1\boldsymbol{p}_1+\lambda_2\boldsymbol{p}_2,$$

即
$$(\lambda_1-\lambda)\boldsymbol{p}_1+(\lambda_2-\lambda)\boldsymbol{p}_2=\boldsymbol{0}.$$

由本节定理知 $\boldsymbol{p}_1,\boldsymbol{p}_2$ 线性无关，故由上式得

$$\lambda_1-\lambda=\lambda_2-\lambda=0,$$

即 $\lambda_1=\lambda_2$，与题设 $\lambda_1\neq\lambda_2$ 矛盾.

因此 $\boldsymbol{p}_1+\boldsymbol{p}_2$ 不是 $\boldsymbol{A}$ 的特征向量.

例 2.4 求三阶矩阵 $\boldsymbol{A}=\begin{pmatrix}1&-1&1\\1&3&-1\\1&1&1\end{pmatrix}$ 的特征值、特征向量以及相应的线性无关的特征向量组.

解 $\boldsymbol{A}$ 的特征多项式为

$$|\boldsymbol{A}-\lambda\boldsymbol{E}|=\begin{vmatrix}1-\lambda&-1&1\\1&3-\lambda&-1\\1&1&1-\lambda\end{vmatrix}=-\lambda^3+5\lambda^2-8\lambda+4=-(\lambda-2)^2(\lambda-1)=0.$$

解得 $\lambda_1=1$，　$\lambda_{2,3}=2$.

当 $\lambda_1=1$ 时，解齐次方程组 $(\boldsymbol{A}-\boldsymbol{E})\boldsymbol{X}=\boldsymbol{0}$. 由

$$\boldsymbol{A}-\boldsymbol{E}=\begin{pmatrix}0&-1&1\\1&2&-1\\1&1&0\end{pmatrix}\xrightarrow[r_2-r_1]{r_3\leftrightarrow r_1}\begin{pmatrix}1&1&0\\0&1&-1\\0&-1&1\end{pmatrix}\xrightarrow[r_1-r_2]{r_3+r_2}\begin{pmatrix}1&0&1\\0&1&-1\\0&0&0\end{pmatrix}.$$

得同解方程组
$$\begin{cases}x_1+x_3=0\\x_2-x_3=0\end{cases}.$$

即
$$\begin{cases}x_1=-x_3\\x_2=x_3\end{cases}\quad(x_3\text{ 为自由未知量}),$$

故该方程组的基础解系可以取为 $\boldsymbol{\eta}_1=\begin{pmatrix}-1\\1\\1\end{pmatrix}$.

从而属于特征值 $\lambda_1=1$ 的线性无关的特征向量可以取为 $\boldsymbol{\eta}_1$，属于特征值 $\lambda_1=1$ 的所有特征向量为 $k_1\boldsymbol{\eta}_1$，其中 k_1 为非零常数.

当 $\lambda_{2,3}=2$ 时，解齐次方程组 $(\boldsymbol{A}-2\boldsymbol{E})\boldsymbol{X}=\boldsymbol{0}$. 由

$$\boldsymbol{A}-2\boldsymbol{E}=\begin{pmatrix}-1&-1&1\\1&1&-1\\1&1&-1\end{pmatrix}\xrightarrow{\substack{r_3+r_1\\r_2+r_1\\-r_1}}\begin{pmatrix}1&1&-1\\0&0&0\\0&0&0\end{pmatrix}.$$

得同解方程组
$$x_1+x_2-x_3=0$$
即
$$x_1=-x_2+x_3 \quad (x_2,x_3 \text{ 为自由未知量})$$

故该方程组的基础解系可以取为 $\boldsymbol{\eta}_2=\begin{pmatrix}-1\\1\\0\end{pmatrix}$，$\boldsymbol{\eta}_3=\begin{pmatrix}1\\0\\1\end{pmatrix}$.

从而属于特征值 $\lambda_{2,3}=2$ 的线性无关的特征向量可以取为 $\boldsymbol{\eta}_2,\boldsymbol{\eta}_3$，属于特征值 $\lambda_{2,3}=2$ 的所有特征向量为 $k_2\boldsymbol{\eta}_2+k_3\boldsymbol{\eta}_3$，其中 k_2,k_3 是不全为零的常数．

因此 $\boldsymbol{A}$ 的线性无关的特征向量组共含有 3 个向量，可以取为 $\boldsymbol{\eta}_1,\boldsymbol{\eta}_2,\boldsymbol{\eta}_3$.

例 2.5　求 n 阶数量矩阵 $\boldsymbol{A}=\begin{pmatrix}a&0&\cdots&0\\0&a&\cdots&0\\\vdots&\vdots&\vdots&\vdots\\0&0&\cdots&a\end{pmatrix}$的特征值与特征向量.

解　$|\boldsymbol{A}-\lambda\boldsymbol{E}|=\begin{vmatrix}a-\lambda&0&\cdots&0\\0&a-\lambda&\cdots&0\\\vdots&\vdots&\vdots&\vdots\\0&0&\cdots&a-\lambda\end{vmatrix}=(a-\lambda)^n=0$，

故 $\boldsymbol{A}$ 的特征值为 $\lambda_1=\lambda_2=\cdots=\lambda_n=a$.

把 $\lambda=a$ 代入 $(\boldsymbol{A}-\lambda\boldsymbol{E})\boldsymbol{X}=\boldsymbol{0}$ 得 $0\cdot x_1=0,0\cdot x_2=0,\cdots,0\cdot x_n=0$.

这个方程组的系数矩阵是零矩阵，所以任意 n 个线性无关的向量都是它的基础解系，取单位向量组

$$\boldsymbol{\varepsilon}_1=\begin{pmatrix}1\\0\\\vdots\\0\end{pmatrix},\boldsymbol{\varepsilon}_2=\begin{pmatrix}0\\1\\\vdots\\0\end{pmatrix},\cdots,\boldsymbol{\varepsilon}_n=\begin{pmatrix}0\\0\\\vdots\\1\end{pmatrix}$$

作为基础解系，于是，$\boldsymbol{A}$ 的全部特征向量为

$$k_1\boldsymbol{\varepsilon}_1+k_2\boldsymbol{\varepsilon}_2+\cdots+k_n\boldsymbol{\varepsilon}_n \quad (k_1,k_2,\cdots,k_n \text{ 是不全为零的数}).$$

例 2.6　设 3 阶方阵 $\boldsymbol{A}$ 的特征值为 $-1,2,3$. 求 $|\boldsymbol{A}^*+\boldsymbol{A}^2+2\boldsymbol{A}-3\boldsymbol{E}|$.

解　由于 $\boldsymbol{A}$ 的特征值为 $-1,2,3$，所以 $|\boldsymbol{A}|=-6$. 又因为

$$\boldsymbol{A}^*=|\boldsymbol{A}|\boldsymbol{A}^{-1}=-6\boldsymbol{A}^{-1},$$

所以

$$\boldsymbol{A}^*+\boldsymbol{A}^2+2\boldsymbol{A}-3\boldsymbol{E}=-6\boldsymbol{A}^{-1}+\boldsymbol{A}^2+2\boldsymbol{A}-3\boldsymbol{E},$$

记 $\varphi(\boldsymbol{A})=-6\boldsymbol{A}^{-1}+\boldsymbol{A}^2+2\boldsymbol{A}-3\boldsymbol{E}$，则有

$$\varphi(\lambda)=-\frac{6}{\lambda}+\lambda^2+2\lambda-3,$$

故 $\varphi(\boldsymbol{A})$ 的特征值为 $2,2,10$. 于是

$$|\boldsymbol{A}^*+\boldsymbol{A}^2+2\boldsymbol{A}-3\boldsymbol{E}|=2\times2\times10=40.$$

例 2.7　设 $\boldsymbol{A}$ 为正交矩阵，证明 $\boldsymbol{A}$ 的实特征值的绝对值为 1.

证明　设 $\boldsymbol{p}$ 是方阵 $\boldsymbol{A}$ 的对应于特征值 λ 的特征向量，则 $\boldsymbol{Ap}=\lambda\boldsymbol{p}$，

故
$$(\boldsymbol{Ap})^{\mathrm{T}}\boldsymbol{Ap}=(\lambda\boldsymbol{p})^{\mathrm{T}}(\lambda\boldsymbol{p})=\lambda^2\boldsymbol{p}^{\mathrm{T}}\boldsymbol{p}=\lambda^2\|\boldsymbol{p}\|^2.$$

另一方面 $$(A p)^{\mathrm{T}} A p=p^{\mathrm{T}}(A^{\mathrm{T}} A) p=p^{\mathrm{T}} p=\|p\|^{2},$$
又 $p\neq 0$，所以 $\|p\|>0$，由上面两式得 $\lambda^2=1$，即 $|\lambda|=1$.

四、矩阵的迹

定义 2.3 数域 P 上的 n 阶方阵 $A=(a_{ij})_{n\times n}$ 的主对角线上的元素之和称为 A 的迹，记作 $Tr(A)$，即

$$Tr(A)=a_{11}+a_{22}+\cdots+a_{nn}.$$

虽然矩阵的乘法不满足交换律，但是可以证得下面的结论.

定理 2.3 设 A 与 B 都是 n 阶方阵，则 $Tr(AB)=Tr(BA)$.

证明 设 $A=(a_{ij})_{n\times n}, B=(b_{ij})_{n\times n}$，则 $AB=C$ 的第 i 行第 i 列元素为

$$c_{ii}=a_{i1}b_{1i}+a_{i2}b_{2i}+\cdots+a_{in}b_{ni}\text{，故 } Tr(AB)=\sum_{i=1}^{n}c_{ii}=\sum_{i=1}^{n}\sum_{m=1}^{n}a_{im}b_{mi},$$

且 $BA=D$ 的第 i 行第 i 列元素为 $d_{ii}=b_{1i}a_{i1}+b_{2i}a_{i2}+\cdots+b_{ni}a_{in}$，

故 $$Tr(BA)=\sum_{i=1}^{n}d_{ii}=\sum_{i=1}^{n}\sum_{t=1}^{n}b_{it}a_{ti}=\sum_{i=1}^{n}\sum_{m=1}^{n}a_{im}b_{mi},$$

因此 $$Tr(AB)=Tr(BA).$$ 证毕

矩阵的迹还有以下简单性质：

(1) $Tr(A+B)=Tr(A)+Tr(B)$.

(2) $Tr(kA)=kTr(A)$，k 为任意常数.

(3) $Tr(A^{\mathrm{T}})=Tr(A)$.

证明留给读者作为练习.

§4.3 相似矩阵

本节首先介绍相似矩阵的概念，接着研究相似矩阵的性质，最后讨论矩阵可对角化的条件.

本节要求重点掌握相似矩阵的概念与性质及矩阵可相似对角化的充分必要条件，掌握将矩阵化为相似对角矩阵的方法.

一、相似矩阵的概念及性质

定义 3.1 设 A，B 都是 n 阶矩阵，若存在 n 阶可逆矩阵 P，使得 $P^{-1}AP=B$，则称 B 是 A 的相似矩阵，或称矩阵 A 与 B 相似，同时，对 A 进行运算 $P^{-1}AP$ 称为对方阵 A 进行相似变换. 可逆矩阵 P 称为把 A 变为 B 的相似变换矩阵.

相似是同阶矩阵间的一种等价关系，即这种关系具有以下性质：

(1) 反身性：任意一个 n 阶方阵 A，都有 A 与 A 相似；

(2) 对称性：若 A 与 B 相似，则 B 与 A 相似；

(3) 传递性：若 A 与 B 相似，且 B 与 C 相似，则 A 与 C 相似.

证明 (1) 因为 $A=E^{-1}AE$，所以 A 与 A 相似.

(2) 若 A 与 B 相似，则存在可逆矩阵 P，使得 $P^{-1}AP=B$，于是 $A=(P^{-1})^{-1}BP^{-1}$，

从而 $\boldsymbol{B}$ 与 $\boldsymbol{A}$ 相似.

(3) 若 $\boldsymbol{A}$ 与 $\boldsymbol{B}$ 相似，且 $\boldsymbol{B}$ 与 $\boldsymbol{C}$ 相似，则有可逆矩阵 $\boldsymbol{P}$，$\boldsymbol{Q}$，使得 $\boldsymbol{B}=\boldsymbol{P}^{-1}\boldsymbol{AP}$，$\boldsymbol{C}=\boldsymbol{Q}^{-1}\boldsymbol{BQ}$，于是

$$\boldsymbol{C}=\boldsymbol{Q}^{-1}\boldsymbol{BQ}=\boldsymbol{Q}^{-1}(\boldsymbol{P}^{-1}\boldsymbol{AP})\boldsymbol{Q}=(\boldsymbol{PQ})^{-1}\boldsymbol{A}(\boldsymbol{PQ}).$$

因此 $\boldsymbol{A}$ 与 $\boldsymbol{C}$ 相似. 证毕

定理 3.1 若 n 阶矩阵 $\boldsymbol{A}$ 与 $\boldsymbol{B}$ 相似，则 $\boldsymbol{A}$ 与 $\boldsymbol{B}$ 有相同的特征多项式，进而 $\boldsymbol{A}$ 与 $\boldsymbol{B}$ 有相同的特征值.

证明 因为 $\boldsymbol{A}$ 与 $\boldsymbol{B}$ 相似，所以存在可逆阵 $\boldsymbol{P}$，使 $\boldsymbol{P}^{-1}\boldsymbol{AP}=\boldsymbol{B}$. 故

$$\begin{aligned}|\boldsymbol{B}-\lambda\boldsymbol{E}| &= |\boldsymbol{P}^{-1}\boldsymbol{AP}-\boldsymbol{P}^{-1}(\lambda\boldsymbol{E})\boldsymbol{P}| = |\boldsymbol{P}^{-1}(\boldsymbol{A}-\lambda\boldsymbol{E})\boldsymbol{P}| \\ &= |\boldsymbol{P}^{-1}|\,|\boldsymbol{A}-\lambda\boldsymbol{E}|\,|\boldsymbol{P}| = |\boldsymbol{A}-\lambda\boldsymbol{E}|.\end{aligned}$$

即 $\boldsymbol{A}$ 与 $\boldsymbol{B}$ 有相同的特征多项式，从而 $\boldsymbol{A}$ 与 $\boldsymbol{B}$ 有相同的特征值. 证毕

注 由 $\boldsymbol{A}$,$\boldsymbol{B}$ 有相同的特征值推不出 $\boldsymbol{A}$ 与 $\boldsymbol{B}$ 相似. 若增加条件：$\boldsymbol{A}$,$\boldsymbol{B}$ 均是对称矩阵，则结论成立.

如 $\boldsymbol{A}=\begin{pmatrix}1&0\\0&1\end{pmatrix}$,$\boldsymbol{B}=\begin{pmatrix}1&1\\0&1\end{pmatrix}$. 容易算出 $\boldsymbol{A}$ 与 $\boldsymbol{B}$ 的特征多项式均为$(\lambda-1)^2$. 但可以证明 $\boldsymbol{A}$ 与 $\boldsymbol{B}$ 不相似. 事实上，$\boldsymbol{A}$ 是一个单位阵，对任意的非奇异阵 $\boldsymbol{P}$ 有

$$\boldsymbol{P}^{-1}\boldsymbol{AP}=\boldsymbol{P}^{-1}\boldsymbol{EP}=\boldsymbol{P}^{-1}\boldsymbol{P}=\boldsymbol{E},$$

因此若 $\boldsymbol{B}$ 与 $\boldsymbol{A}$ 相似，$\boldsymbol{B}$ 也必须是单位阵，而现在 $\boldsymbol{B}$ 不是单位阵．所以 $\boldsymbol{A}$ 与 $\boldsymbol{B}$ 不相似

推论 3.1 若 n 阶矩阵 $\boldsymbol{A}$ 与对角矩阵

$$\boldsymbol{\Lambda}=\begin{pmatrix}\lambda_1&&&\\&\lambda_2&&\\&&\ddots&\\&&&\lambda_n\end{pmatrix}$$

相似，则 $\lambda_1,\lambda_2,\cdots,\lambda_n$ 是 $\boldsymbol{A}$ 的特征值.

证明 因为 $\lambda_1,\lambda_2,\cdots,\lambda_n$ 是对角阵 $\mathrm{diag}(\lambda_1,\lambda_2,\cdots,\lambda_n)$的特征值，所以由定理 3.1 知，$\lambda_1,\lambda_2,\cdots,\lambda_n$ 也是 $\boldsymbol{A}$ 的特征值. 证毕

注 (1) 推论表明，如果 $\boldsymbol{A}$ 能与对角阵相似，那么 $\mathrm{diag}(\lambda_1,\lambda_2,\cdots,\lambda_n)$的对角线上元素必然是 $\boldsymbol{A}$ 的特征值.

(2) 计算 $\boldsymbol{A}^k$ 的一个简便方法.

若有可逆阵 $\boldsymbol{P}$，使

$$\boldsymbol{P}^{-1}\boldsymbol{AP}=\boldsymbol{\Lambda}=\begin{pmatrix}\lambda_1&&&\\&\lambda_2&&\\&&\ddots&\\&&&\lambda_n\end{pmatrix},$$

则

$$\boldsymbol{A}=\boldsymbol{P}\begin{pmatrix}\lambda_1&&&\\&\lambda_2&&\\&&\ddots&\\&&&\lambda_n\end{pmatrix}\boldsymbol{P}^{-1}=\boldsymbol{P\Lambda P}^{-1},$$

从而

$$A^k=AA\cdots A=(P\Lambda P^{-1})\cdots(P\Lambda P^{-1})(P\Lambda P^{-1})=P\Lambda^kP^{-1}=P\begin{pmatrix}\lambda_1^k & & \\ & \ddots & \\ & & \lambda_2^k\end{pmatrix}P^{-1}.$$

上式为我们提供了计算 A^k 的一个简便方法.

（3）类似地，若

$$P^{-1}AP=\Lambda=\begin{pmatrix}\lambda_1 & & & \\ & \lambda_2 & & \\ & & \ddots & \\ & & & \lambda_n\end{pmatrix},$$

则对于矩阵 A 多项式 $\varphi(A)$ 有

$$\varphi(A)=P\varphi(\Lambda)P^{-1}=P\begin{pmatrix}\varphi(\lambda_1) & & & \\ & \varphi(\lambda_2) & & \\ & & \ddots & \\ & & & \varphi(\lambda_n)\end{pmatrix}P^{-1}.$$

相似矩阵还有下列简单性质：

性质 3.1 若 A 与 B 相似，则 A^T 与 B^T，kA 与 kB，A^m 与 B^m 也相似（其中 k 为常数，m 为正整数）.

性质 3.2 若 A 与 B 相似，则 $|A|=|B|$.

性质 3.3 若 A 与 B 相似，且 A 与 B 均可逆，则 A^{-1} 与 B^{-1}，A^* 与 B^* 也相似.

性质 3.4 若 A 与 B 相似，则 A 与 B 有相同的秩，即 $R(A)=R(B)$.

性质 3.5 若 A 与 B 相似，则 A 与 B 有相同的迹，即 $Tr(A)=Tr(B)$.

以上性质证明留给读者作为练习.

二、矩阵的对角化

设 A 为 n 阶矩阵，若 A 与对角矩阵 Λ 相似，即有可逆矩阵 P，使得 $P^{-1}AP=\Lambda$ 为对角阵，则称 A 可对角化，同时也称 Λ 为 A 的相似标准形. 下面来讨论对于给定 n 阶矩阵 A，能否找到可逆阵 P，使得 $P^{-1}AP=\Lambda$ 为对角阵.

定理 3.2 n 阶矩阵 A 与对角阵相似的充要条件是 A 有 n 个线性无关的特征向量.

证明 先证必要性.

设 A 可与对角阵 $\Lambda=\begin{pmatrix}\lambda_1 & & & \\ & \lambda_2 & & \\ & & \ddots & \\ & & & \lambda_n\end{pmatrix}$ 相似，则存在可逆矩阵 $P=(p_1,p_2,\cdots,p_n)$，

使得

$$P^{-1}AP=\Lambda.$$

于是

$$AP=P\Lambda.$$

即

$$A(p_1,p_2,\cdots,p_n)=(p_1,p_2,\cdots,p_n)\begin{pmatrix}\lambda_1&&&\\&\lambda_2&&\\&&\ddots&\\&&&\lambda_n\end{pmatrix}$$

$$=(\lambda_1 p_1,\lambda_2 p_2,\cdots,\lambda_n p_n),$$

可得

$$Ap_i=\lambda_i p_i,\ i=1,2,\cdots,n.$$

由此知 p_i 是 A 的与 λ_i 对应的特征向量. 因为 P 可逆，所以 $p_1,p_2,\cdots,p_n$ 线性无关.

再证充分性.

设 A 有 n 个线性无关的特征向量 $p_1,p_2,\cdots,p_n$，与之对应的特征值为 $\lambda_1,\lambda_2,\cdots,\lambda_n$. 则有

$$Ap_i=\lambda_i p_i,\ i=1,2,\cdots,n.$$

以 $p_1,p_2,\cdots,p_n$ 为列向量作矩阵 P，即 $P=(p_1,p_2,\cdots,p_n)$. 因为 $p_1,p_2,\cdots,p_n$ 线性无关，所以 P 可逆. 又因为

$$AP=A(p_1,p_2,\cdots,p_n)=(\lambda_1 p_1,\lambda_2 p_2,\cdots,\lambda_n p_n)$$

$$=(p_1,p_2,\cdots,p_n)\begin{pmatrix}\lambda_1&&&\\&\lambda_2&&\\&&\ddots&\\&&&\lambda_n\end{pmatrix}=P\begin{pmatrix}\lambda_1&&&\\&\lambda_2&&\\&&\ddots&\\&&&\lambda_n\end{pmatrix},$$

故

$$P^{-1}AP=\begin{pmatrix}\lambda_1&&&\\&\lambda_2&&\\&&\ddots&\\&&&\lambda_n\end{pmatrix},$$

即 A 与对角阵相似.　　　　证毕

结合定理 3.2，我们可以得到以下推论：

推论 3.2　若 n 阶矩阵 A 的 n 个特征值互不相等，则 A 可与对角阵相似.

推论 3.3　n 阶矩阵 A 可对角化的充要条件是对应于 A 的每个特征值的线性无关的特征向量的个数恰好等于该特征值的重数. 即设 $\lambda_i(i=1, 2, \cdots, m)$ 是矩阵 A 的 n_i 重特征值，则

A 与 Λ 相似的充要条件是 $R(A-\lambda_i E)=n-n_i(i=1,2,\cdots,m$ 且 $\sum_{i=1}^{m}n_i=n)$.

注　由定理 3.2 的证明，可以归纳出矩阵对角化的步骤如下：

(1) 求出 A 的全部特征值 λ_i，其对应的重数为 $n_i(i=1,2,\cdots,m)$；

(2) 对每一个特征值 λ_i，求解出对应齐次方程组

$$(A-\lambda_i E)X=0$$

的基础解系由 s_i 个向量 $\xi_{i1},\xi_{i2}\cdots,\xi_{is_i}$ 构成.

(3) 若对于所有 $i=1,2,\cdots,m$，都有 $s_i=n_i$，则 A 可以对角化. 否则，A 不可以对角化.

(4) 当 A 可以对角化时，上面求出的特征向量

$$\xi_{11},\xi_{12},\cdots,\xi_{1n_1},\xi_{21},\xi_{22},\cdots,\xi_{2n_2},\cdots,\xi_{m1},\xi_{m2},\cdots,\xi_{mn_m}$$

恰好为矩阵 $\boldsymbol{A}$ 的 n 个线性无关的特征向量；此时我们只要令

$$\boldsymbol{P}=(\xi_{11},\xi_{12},\cdots,\xi_{1n_1},\xi_{21},\xi_{22},\cdots,\xi_{2n_2},\cdots,\xi_{m1},\xi_{m2},\cdots,\xi_{mn_m})，则$$

$$\boldsymbol{P}^{-1}\boldsymbol{AP}=\boldsymbol{\Lambda}=\begin{pmatrix}\lambda_1 & & & & & & & & \\ & \ddots & & & & & & & \\ & & \lambda_1 & & & & & & \\ & & & \lambda_2 & & & & & \\ & & & & \ddots & & & & \\ & & & & & \lambda_2 & & & \\ & & & & & & \ddots & & \\ & & & & & & & \lambda_m & \\ & & & & & & & & \ddots \\ & & & & & & & & & \lambda_m\end{pmatrix}$$

例 3.1 设

$$\boldsymbol{A}=\begin{pmatrix}-2 & 1 & 1\\ 0 & 2 & 0\\ -4 & 1 & 3\end{pmatrix},$$

问 $\boldsymbol{A}$ 能否与对角阵相似. 若能，试求可逆矩阵 $\boldsymbol{P}$，使得 $\boldsymbol{P}^{-1}\boldsymbol{AP}$ 为对角阵.

解 因为

$$|\boldsymbol{A}-\lambda\boldsymbol{E}|=\begin{vmatrix}-2-\lambda & 1 & 1\\ 0 & 2-\lambda & 0\\ -4 & 1 & 3-\lambda\end{vmatrix}=-(\lambda+1)(\lambda-2)^2,$$

所以 $\boldsymbol{A}$ 的特征值为 $\lambda_1=-1$，$\lambda_{2,3}=2$.

当 $\lambda_1=-1$ 时，解齐次方程组 $(\boldsymbol{A}+\boldsymbol{E})\boldsymbol{X}=\boldsymbol{0}$. 由

$$\boldsymbol{A}+\boldsymbol{E}=\begin{pmatrix}-1 & 1 & 1\\ 0 & 3 & 0\\ -4 & 1 & 4\end{pmatrix}\xrightarrow[r_2+4r_1]{-r_1}\begin{pmatrix}1 & -1 & -1\\ 0 & 3 & 0\\ 0 & -3 & 0\end{pmatrix}\xrightarrow[r_1+r_2]{\substack{r_3+r_2\\ \frac{1}{3}r_2}}\begin{pmatrix}1 & 0 & -1\\ 0 & 1 & 0\\ 0 & 0 & 0\end{pmatrix}.$$

得同解方程组
$$\begin{cases}x_1-x_3=0\\ x_2=0\end{cases}.$$

即
$$\begin{cases}x_1=x_3\\ x_2=0\end{cases}\quad(x_3\text{ 为自由未知量}),$$

故该方程组的基础解系可以取为 $\boldsymbol{p}_1=\begin{pmatrix}1\\0\\1\end{pmatrix}$.

从而属于特征值 $\lambda_1=-1$ 的线性无关的特征向量可以取为 $\boldsymbol{p}_1$.

当 $\lambda_{2,3}=2$ 时，解齐次方程组 $(\boldsymbol{A}-2\boldsymbol{E})\boldsymbol{X}=\boldsymbol{0}$. 由

$$A-2E=\begin{pmatrix}-4&1&1\\0&0&0\\-4&1&1\end{pmatrix}\xrightarrow[r_3-r_1]{-\frac{1}{4}r_1}\begin{pmatrix}1&-\frac{1}{4}&-\frac{1}{4}\\0&0&0\\0&0&0\end{pmatrix}.$$

得同解方程组
$$x_1-\frac{1}{4}x_2-\frac{1}{4}x_3=0.$$

即
$$x_1=\frac{1}{4}x_2+\frac{1}{4}x_3\,(x_2,x_3\text{ 为自由未知量}),$$

故该方程组的基础解系可以取为 $p_2=\begin{pmatrix}1\\4\\0\end{pmatrix}$，$p_3=\begin{pmatrix}1\\0\\4\end{pmatrix}$.

从而属于特征值 $\lambda_{2,3}=2$ 的线性无关的特征向量可以取为 p_2,p_3.
这表明 3 阶矩阵 A 有 3 个线性无关的特征向量，所以 A 能与对角阵相似. 令

$$P=(p_1,p_2,p_3)=\begin{pmatrix}1&1&1\\0&4&0\\1&0&4\end{pmatrix},$$

则有

$$P^{-1}AP=\begin{pmatrix}-1&&\\&2&\\&&2\end{pmatrix}.$$

例 3.2　设

$$A=\begin{pmatrix}0&0&1\\1&1&k\\1&0&0\end{pmatrix},$$

问 k 为何值时矩阵 A 可对角化?

解　因为

$$|A-\lambda E|=\begin{vmatrix}-\lambda&0&1\\1&1-\lambda&k\\1&0&-\lambda\end{vmatrix}=(1-\lambda)\begin{vmatrix}-\lambda&1\\1&-\lambda\end{vmatrix}=-(\lambda-1)^2(\lambda+1),$$

所以 A 的特征值为 $\lambda_1=-1,\lambda_2=\lambda_3=1$.

当 $\lambda_1=-1$ 时，对应的线性无关特征向量恰有一个.
所以 A 可对角化等价于，对应的 $\lambda_2=\lambda_3=1$，矩阵 A 有两个线性无关的特征向量，即方程组（$A-E$）$X=0$ 有两个线性无关的解，亦即 $R(A-E)=1$. 由于

$$A-E=\begin{pmatrix}-1&0&1\\1&0&k\\1&0&-1\end{pmatrix}\xrightarrow[r_3+r_1]{r_2+r_1}\begin{pmatrix}1&0&-1\\0&0&k+1\\0&0&0\end{pmatrix},$$

所以，要 $R(A-E)=1$ 必须 $k+1=0$，即 $k=-1$. 因此当 $k=-1$ 时 A 可对角化.

例 3.3　已知矩阵 $A=\begin{pmatrix}1&-2&-4\\-2&x&-2\\-4&-2&1\end{pmatrix}$ 与矩阵 $\Lambda=\begin{pmatrix}5&0&0\\0&-4&0\\0&0&y\end{pmatrix}$ 相似，试求(1) x,y;

(2) 求可逆矩阵 $\boldsymbol{P}$，使得 $\boldsymbol{P}^{-1}\boldsymbol{AP}=\boldsymbol{\Lambda}$.

解 由于相似矩阵有相同的特征值，显然 $\lambda_1=5,\lambda_2=-4,\lambda_3=y$ 是 $\boldsymbol{\Lambda}$ 的特征值，故它们也是 $\boldsymbol{A}$ 的特征值. 因为 $\lambda_2=-4$ 是 $\boldsymbol{A}$ 的特征值，所以

$$|\boldsymbol{A}+4\boldsymbol{E}|=\begin{vmatrix}5 & -2 & -4\\ -2 & x+4 & -2\\ -4 & -2 & 5\end{vmatrix}=9(x-4)=0\text{，解之得 } x=4.$$

又相似矩阵的迹相同，即 $1+x+1=5-4+y$，所以 $y=5$.

当 $\lambda_{1,3}=5$ 时，解齐次方程组 $(\boldsymbol{A}-5\boldsymbol{E})\boldsymbol{X}=\boldsymbol{0}$. 由

$$\boldsymbol{A}-5\boldsymbol{E}=\begin{pmatrix}-4 & -2 & -4\\ -2 & -1 & -2\\ -4 & -2 & -4\end{pmatrix}\xrightarrow[\substack{r_2-2r_1\\ r_3-2r_1}]{r_1\leftrightarrow r_2}\begin{pmatrix}-2 & -1 & -2\\ 0 & 0 & 0\\ 0 & 0 & 0\end{pmatrix}\xrightarrow{-\frac{1}{2}r_1}\begin{pmatrix}1 & \frac{1}{2} & 1\\ 0 & 0 & 0\\ 0 & 0 & 0\end{pmatrix}.$$

得同解方程组
$$x_1+\frac{1}{2}x_2+x_3=0.$$

即
$$x_1=-\frac{1}{2}x_2-x_3\quad(x_2,x_3\text{ 为自由未知量}),$$

故该方程组的基础解系可以取为 $\boldsymbol{p}_1=\begin{pmatrix}1\\0\\-1\end{pmatrix}$，$\boldsymbol{p}_3=\begin{pmatrix}1\\-2\\0\end{pmatrix}$.

这表明属于特征值 $\lambda_{1,3}=5$ 的线性无关的特征向量有两个.

当 $\lambda_2=-4$ 时，解齐次方程组 $(\boldsymbol{A}+4\boldsymbol{E})\boldsymbol{X}=\boldsymbol{0}$. 由

$$\boldsymbol{A}+4\boldsymbol{E}=\begin{pmatrix}5 & -2 & -4\\ -2 & 8 & -2\\ -4 & -2 & 5\end{pmatrix}\xrightarrow[-\frac{1}{2}r_1]{r_1\leftrightarrow r_2}\begin{pmatrix}1 & -4 & 1\\ 5 & -2 & -4\\ -4 & -2 & 5\end{pmatrix}\xrightarrow[r_3+4r_1]{r_2-5r_1}\begin{pmatrix}1 & -4 & 1\\ 0 & 18 & -9\\ 0 & -18 & 9\end{pmatrix}$$

$$\xrightarrow{r_3+r_2}\begin{pmatrix}1 & -4 & 1\\ 0 & 18 & -9\\ 0 & 0 & 0\end{pmatrix}\xrightarrow[r_1+4r_2]{\frac{1}{18}r_2}\begin{pmatrix}1 & 0 & -1\\ 0 & 1 & -\frac{1}{2}\\ 0 & 0 & 0\end{pmatrix}.$$

得同解方程组
$$\begin{cases}x_1-x_3=0\\ x_2-\frac{1}{2}x_3=0\end{cases}.$$

即
$$\begin{cases}x_1=x_3\\ x_2=\frac{1}{2}x_3\end{cases}\quad(x_3\text{ 为自由未知量}),$$

故该方程组的基础解系可以取为 $\boldsymbol{p}_2=\begin{pmatrix}2\\1\\2\end{pmatrix}$.

这表明此时属于特征值 $\lambda_2=-4$ 的线性无关的特征向量有一个.

因为 3 阶矩阵 $\boldsymbol{A}$ 有 3 个线性无关的特征向量，所以 $\boldsymbol{A}$ 能与对角阵相似. 令

$$\boldsymbol{P}=(\boldsymbol{p}_1,\boldsymbol{p}_3,\boldsymbol{p}_2)=\begin{pmatrix}1&2&1\\0&1&-2\\-1&2&0\end{pmatrix},$$

则有

$$\boldsymbol{P}^{-1}\boldsymbol{A}\boldsymbol{P}=\begin{pmatrix}5&0&0\\0&-4&0\\0&0&5\end{pmatrix}.$$

§4.4　实对称矩阵的对角化

由上一节知识我们知道，一般的矩阵不一定可以对角化，那么有没有一定可以对角化的矩阵呢？接下来要研究的实对称矩阵就一定可以对角化．这是由实对称矩阵的特征值与特征向量具有的特殊性决定的．

本节要求重点掌握实对称矩阵的特征值和特征向量的性质，会求实对称矩阵的相似标准形．

一、实对称矩阵的特征值与特征向量

所有元素都为实数的对称矩阵称为实对称矩阵，为了研究实对称矩阵的对角化问题，我们先研究实对称矩阵的特征值与特征向量的一些性质．

定理 4.1　实对称矩阵的特征值必为实数．

证　设复数 λ 为实对称矩阵 $\boldsymbol{A}$ 的特征值，复向量 $\boldsymbol{\alpha}$ 为对应的特征向量，则 $\boldsymbol{A\alpha}=\lambda\boldsymbol{\alpha}$．两边取共轭，得$\overline{\boldsymbol{A\alpha}}=\overline{\lambda\boldsymbol{\alpha}}$，即 $\overline{\boldsymbol{A}}\,\overline{\boldsymbol{\alpha}}=\overline{\lambda}\,\overline{\boldsymbol{\alpha}}$．

因为 $\boldsymbol{A}$ 为实矩阵，所以 $\overline{\boldsymbol{A}}=\boldsymbol{A}$，从而有 $\boldsymbol{A}\overline{\boldsymbol{\alpha}}=\overline{\lambda}\,\overline{\boldsymbol{\alpha}}$．两边取转置，得

$$\overline{\boldsymbol{\alpha}}^{\mathrm{T}}\boldsymbol{A}^{\mathrm{T}}=\overline{\boldsymbol{\alpha}}^{\mathrm{T}}\boldsymbol{A}=\overline{\lambda}\,\overline{\boldsymbol{\alpha}}^{\mathrm{T}}.$$

上式两边右乘 $\boldsymbol{\alpha}$，得

$$\overline{\boldsymbol{\alpha}}^{\mathrm{T}}\boldsymbol{A\alpha}=\overline{\boldsymbol{\alpha}}^{\mathrm{T}}\lambda\boldsymbol{\alpha}=\lambda\overline{\boldsymbol{\alpha}}^{\mathrm{T}}\boldsymbol{\alpha}=\overline{\lambda}\,\overline{\boldsymbol{\alpha}}^{\mathrm{T}}\boldsymbol{\alpha},$$

移项得

$$(\lambda-\overline{\lambda})\ \overline{\boldsymbol{\alpha}}^{\mathrm{T}}\boldsymbol{\alpha}=\boldsymbol{0},$$

因为 $\boldsymbol{\alpha}\neq\boldsymbol{0}$，即

$$\overline{\boldsymbol{\alpha}}^{\mathrm{T}}\boldsymbol{\alpha}=(\overline{a}_1,\overline{a}_2,\cdots,\overline{a}_n)\begin{pmatrix}a_1\\a_2\\\vdots\\a_n\end{pmatrix}=\sum_{i=1}^{n}\overline{a}_ia_i=\sum_{i=1}^{n}|a_i|^2\neq0,$$

故 $\overline{\lambda}=\lambda$，这表明 λ 为实数．　　证毕

显然，当特征值 λ_i 为实数时，齐次方程组 $(\boldsymbol{A}-\lambda_i\boldsymbol{E})\boldsymbol{X}=\boldsymbol{0}$ 是实系数方程组，由 $|\boldsymbol{A}-\lambda_i\boldsymbol{E}|=0$ 知必有实的基础解系，所以对应的特征向量可以取实向量．

定理 4.2　设 λ_1，λ_2 是实对称矩阵 $\boldsymbol{A}$ 的两个不同的特征值，$\boldsymbol{\alpha}_1$，$\boldsymbol{\alpha}_2$ 为对应的特征向量，则 $\boldsymbol{\alpha}_1$ 与 $\boldsymbol{\alpha}_2$ 正交．

证 因为 $A\alpha_1=\lambda_1\alpha_1$，$A\alpha_2=\lambda_2\alpha_2$，由 $(A\alpha_1)^T=(\lambda_1\alpha_1)^T$，得

$$\alpha_1^T A^T=\lambda_1\alpha_1^T,$$

又 $A^T=A$，所以

$$\alpha_1^T A=\lambda_1\alpha_1^T,$$

上式两边右乘 α_2，得

$$\alpha_1^T A\alpha_2=\alpha_1^T\lambda_2\alpha_2=\lambda_2\alpha_1^T\alpha_2=\lambda_1\alpha_1^T\alpha_2,$$

移项，得

$$(\lambda_2-\lambda_1)\ \alpha_1^T\alpha_2=0.$$

因为 $\lambda_1\neq\lambda_2$，所以 $\alpha_1^T\alpha_2=[\alpha_1,\ \alpha_2]=0$，即 α_1 与 α_2 正交. 证毕

定理 4.3 设 A 为 n 阶实对称矩阵，λ 是 A 的特征方程的 r 重根，则 $R(A-\lambda E)=n-r$，从而与特征值 λ 对应的线性无关的特征向量有 r 个.

定理 4.4 若 A 为 n 阶实对称矩阵，则必有正交矩阵 P，使得

$$P^{-1}AP=P^TAP=\begin{pmatrix}\lambda_1 & & & \\ & \lambda_2 & & \\ & & \ddots & \\ & & & \lambda_n\end{pmatrix},$$

其中 $\lambda_1,\lambda_2,\cdots,\lambda_n$ 为 A 的特征值.

以上两个定理不予证明.

二、实对称矩阵的对角化

结合上一节定理 3.2 的证明，可以归纳出实矩阵 A 对角化（即求一个正交矩阵 P，使得 $P^{-1}AP$ 为对角阵）的步骤如下：

(1) 求出 A 的全部特征值 λ_i，其对应的重数为 $n_i(i=1,2,\cdots,m)$，且 $\sum\limits_{i=1}^{m}n_i=n$；

(2) 对每一个特征值 λ_i，求解出对应齐次方程组

$$(A-\lambda_i E)X=0$$

的基础解系，得到 n_i 个线性无关的特征向量，再把它们正交化、单位化，这样就得到 n_i 个两两正交的单位特征向量. 由于 $\sum\limits_{i=1}^{m}n_i=n$，最终就可以得到 n 个两两正交的单位特征向量.

(3) 把这 n 个两两正交的单位特征向量构成正交矩阵 P，便有 $P^{-1}AP=\Lambda$.

例 4.1 设

$$A=\begin{pmatrix}1 & 2 & 2\\ 2 & 1 & 2\\ 2 & 2 & 1\end{pmatrix},$$

求一个正交矩阵 P，使得 $P^{-1}AP=\Lambda$ 为对角阵.

解 由特征多项式

$$|A-\lambda E|=\begin{vmatrix}1-\lambda & 2 & 2\\ 2 & 1-\lambda & 2\\ 2 & 2 & 1-\lambda\end{vmatrix}=-(\lambda+1)^2(\lambda-5),$$

得 $\boldsymbol{A}$ 的特征值为 $\lambda_{1,2}=-1$，$\lambda_3=5$.

当 $\lambda_{1,2}=-1$ 时，解齐次方程组 $(\boldsymbol{A}+\boldsymbol{E})\boldsymbol{X}=\boldsymbol{0}$. 由

$$\boldsymbol{A}+\boldsymbol{E}=\begin{pmatrix}2&2&2\\2&2&2\\2&2&2\end{pmatrix}\xrightarrow[\frac{1}{2}r_1]{\substack{r_2-r_1\\r_3-r_1}}\begin{pmatrix}1&1&1\\0&0&0\\0&0&0\end{pmatrix},$$

得同解方程组 $$x_1+x_2+x_3=0,$$

即 $$x_1=-x_2-x_3,\quad (x_2,x_3\text{ 为自由未知量})$$

所以该方程的基础解系可以取为

$$\boldsymbol{\eta}_1=\begin{pmatrix}-1\\1\\0\end{pmatrix},\ \boldsymbol{\eta}_2=\begin{pmatrix}-1\\0\\1\end{pmatrix}.$$

这表明属于特征值 $\lambda_{1,2}=-1$ 的线性无关的特征向量有两个.

将 $\boldsymbol{\eta}_1,\boldsymbol{\eta}_2$ 正交化，令

$$\boldsymbol{\beta}_1=\boldsymbol{\eta}_1=\begin{pmatrix}-1\\1\\0\end{pmatrix};$$

$$\boldsymbol{\beta}_2=\boldsymbol{\eta}_2-\frac{[\boldsymbol{\beta}_1,\boldsymbol{\eta}_2]}{[\boldsymbol{\beta}_1,\boldsymbol{\beta}_1]}\boldsymbol{\eta}_1=\begin{pmatrix}-1\\0\\1\end{pmatrix}-\frac{1}{2}\begin{pmatrix}-1\\1\\0\end{pmatrix}=\frac{1}{2}\begin{pmatrix}-1\\-1\\1\end{pmatrix}.$$

再单位化，得

$$\boldsymbol{p}_1=\frac{1}{\|\boldsymbol{\beta}_1\|}\boldsymbol{\beta}_1=\begin{pmatrix}-\frac{1}{\sqrt{2}}\\\frac{1}{\sqrt{2}}\\0\end{pmatrix};\ \boldsymbol{p}_2=\frac{1}{\|\boldsymbol{\beta}_2\|}\boldsymbol{\beta}_2=\begin{pmatrix}-\frac{1}{\sqrt{6}}\\-\frac{1}{\sqrt{6}}\\\frac{2}{\sqrt{6}}\end{pmatrix}.$$

当 $\lambda_3=5$ 时，解齐次方程组 $(\boldsymbol{A}-5\boldsymbol{E})\boldsymbol{X}=\boldsymbol{0}$. 由

$$\boldsymbol{A}-5\boldsymbol{E}=\begin{pmatrix}-4&2&2\\2&-4&2\\2&2&-4\end{pmatrix}\xrightarrow{\substack{r_1\leftrightarrow r_3\\r_2-r_1\\r_3+2r_1}}\begin{pmatrix}2&2&-4\\0&-6&6\\0&6&-6\end{pmatrix}\xrightarrow{\substack{\frac{1}{6}r_2\\r_3-6r_2\\r_1-2r_2\\\frac{1}{2}r_1}}\begin{pmatrix}1&0&-1\\0&1&-1\\0&0&0\end{pmatrix}.$$

得同解方程组 $$\begin{cases}x_1-x_3=0\\x_2-x_3=0\end{cases}.$$

即 $$\begin{cases}x_1=x_3\\x_2=x_3\end{cases}\quad (x_3\text{ 为自由未知量}),$$

故该方程组的基础解系可以取为 $$\boldsymbol{\eta}_3=\begin{pmatrix}1\\1\\1\end{pmatrix},$$

单位化得

$$p_3=\frac{1}{\|\eta_3\|}\eta_3=\begin{pmatrix}\frac{1}{\sqrt{3}}\\ \frac{1}{\sqrt{3}}\\ \frac{1}{\sqrt{3}}\end{pmatrix}.$$

所以正交矩阵可以取为

$$P=(p_1,p_2,p_3)=\begin{pmatrix}-\frac{1}{\sqrt{2}} & -\frac{1}{\sqrt{6}} & \frac{1}{\sqrt{3}}\\ \frac{1}{\sqrt{2}} & -\frac{1}{\sqrt{6}} & \frac{1}{\sqrt{3}}\\ 0 & \frac{2}{\sqrt{6}} & \frac{1}{\sqrt{3}}\end{pmatrix},$$

则有

$$P^{-1}AP=\begin{pmatrix}-1 & 0 & 0\\ 0 & -1 & 0\\ 0 & 0 & 5\end{pmatrix}.$$

例 4.2 已知$A=\begin{pmatrix}2 & 0 & 0\\ 0 & a & 2\\ 0 & 2 & a\end{pmatrix}$(其中 $a>0$)有一特征值为 1，求正交矩阵 P 使得 $P^{-1}AP$ 为对角矩阵.

解 A 的特征多项式为

$$|A-\lambda E|=\begin{vmatrix}2-\lambda & 0 & 0\\ 0 & a-\lambda & 2\\ 0 & 2 & a-\lambda\end{vmatrix}=-(\lambda-2)(\lambda-a+2)(\lambda-a-2).$$

从而 $\lambda_1=2$，$\lambda_2=a-2$，$\lambda_3=a+2$.

由于 A 有特征值 1，故有两种可能：

若 $a-2=1$，则 $a=3$；若 $a+2=1$，则 $a=-1$.

但 $a>0$，所以只能是 $a=3$. 从而得 A 的特征值为 2,1,5.

对 $\lambda_1=2$，解齐次线性方程组 $(A-2E)X=0$. 由

$$A-2E=\begin{pmatrix}0 & 0 & 0\\ 0 & 1 & 2\\ 0 & 2 & 1\end{pmatrix}\xrightarrow[r_1-r_2]{r_1\leftrightarrow r_3}\begin{pmatrix}0 & 1 & -1\\ 0 & 1 & 2\\ 0 & 0 & 0\end{pmatrix}\xrightarrow{r_2-r_1}\begin{pmatrix}0 & 1 & -1\\ 0 & 0 & 3\\ 0 & 0 & 0\end{pmatrix}\xrightarrow[r_1+r_2]{\frac{1}{3}r_2}\begin{pmatrix}0 & 1 & 0\\ 0 & 0 & 1\\ 0 & 0 & 0\end{pmatrix}.$$

得同解方程组 $\begin{cases}x_2=0\\ x_3=0\end{cases}$ （x_1 为自由未知量），

故该方程组的基础解系可以取为 $\eta_1=(1,0,0)^T$.

对 $\lambda_2=1$，解齐次线性方程组 $(A-E)X=0$. 由

$$A-E=\begin{pmatrix}1 & 0 & 0\\ 0 & 2 & 2\\ 0 & 2 & 2\end{pmatrix}\xrightarrow{\substack{r_3-r_2\\ \frac{1}{2}r_2}}\begin{pmatrix}1 & 0 & 0\\ 0 & 1 & 1\\ 0 & 0 & 0\end{pmatrix}.$$

得同解方程组 $$\begin{cases}x_1=0\\x_2+x_3=0\end{cases}.$$

即 $$\begin{cases}x_1=0\\x_2=-x_3\end{cases}\quad（x_3\text{ 为自由未知量}），$$

故该方程组的基础解系可以取为 $\boldsymbol{\eta}_2=(0,1,-1)^{\mathrm{T}}$.

对 $\lambda_3=5$，解齐次线性方程组 $(\boldsymbol{A}-5\boldsymbol{E})\boldsymbol{X}=\boldsymbol{0}$. 由

$$\boldsymbol{A}-5\boldsymbol{E}=\begin{pmatrix}-3&0&0\\0&-2&2\\0&2&-2\end{pmatrix}\xrightarrow[\frac{1}{2}r_2]{\substack{r_3+r_2\\-\frac{1}{3}r_1}}\begin{pmatrix}1&0&0\\0&1&-1\\0&0&0\end{pmatrix}.$$

得同解方程组 $$\begin{cases}x_1=0\\x_2-x_3=0\end{cases}.$$

即 $$\begin{cases}x_1=0\\x_2=x_3\end{cases}\quad（x_3\text{ 为自由未知量}），$$

故该方程组的基础解系可以取为 $\boldsymbol{\eta}_3=(0,1,1)^{\mathrm{T}}$.

因实对称矩阵的属于不同特征值的特征向量必相互正交，故特征向量 $\boldsymbol{\eta}_1,\boldsymbol{\eta}_2,\boldsymbol{\eta}_3$ 已是正交向量组，只需单位化，令

$$\boldsymbol{p}_1=\frac{1}{\|\boldsymbol{\eta}_1\|}\boldsymbol{\eta}_1=(1,0,0)^{\mathrm{T}}；\ \boldsymbol{p}_2=\frac{1}{\|\boldsymbol{\eta}_2\|}\boldsymbol{\eta}_2=\left(0,\frac{1}{\sqrt{2}},-\frac{1}{\sqrt{2}}\right)^{\mathrm{T}}；\ \boldsymbol{p}_3=\frac{1}{\|\boldsymbol{\eta}_3\|}\boldsymbol{\eta}_3=\left(0,\frac{1}{\sqrt{2}},\frac{1}{\sqrt{2}}\right)^{\mathrm{T}}.$$

则有 $$\boldsymbol{P}=(\boldsymbol{p}_1,\boldsymbol{p}_2,\boldsymbol{p}_3)=\begin{pmatrix}1&0&0\\0&\frac{1}{\sqrt{2}}&\frac{1}{\sqrt{2}}\\0&-\frac{1}{\sqrt{2}}&\frac{1}{\sqrt{2}}\end{pmatrix},$$

从而 $$\boldsymbol{P}^{-1}\boldsymbol{A}\boldsymbol{P}=\begin{pmatrix}2&0&0\\0&1&0\\0&0&5\end{pmatrix}.$$

例 4.3　设 $\boldsymbol{A}=\begin{pmatrix}2&-1\\-1&2\end{pmatrix}$，求 $\boldsymbol{A}^n$.

解　由于 $|\boldsymbol{A}-\lambda\boldsymbol{E}|=\begin{vmatrix}2-\lambda&-1\\-1&2-\lambda\end{vmatrix}=\lambda^2-4\lambda+3=(\lambda-1)(\lambda-3)=0$，

得 $\boldsymbol{A}$ 的特征值 $\lambda_1=1$，$\lambda_2=3$.

当 $\lambda_1=1$，解齐次线性方程组 $(\boldsymbol{A}-\boldsymbol{E})\boldsymbol{X}=\boldsymbol{0}$. 由

$$\boldsymbol{A}-\boldsymbol{E}=\begin{pmatrix}1&-1\\-1&1\end{pmatrix}\xrightarrow{r_2+r_1}\begin{pmatrix}1&-1\\0&0\end{pmatrix}$$

得同解方程组 $$x_1-x_2=0,$$

即 $$x_1=x_2\quad（x_2\text{ 为自由未知量}），$$

所以该方程的基础解系可以取为 $\boldsymbol{p}_1=\begin{pmatrix}1\\1\end{pmatrix}$.

这表明属于 $\lambda_1=1$ 的线性无关的特征向量可以取为 $\boldsymbol{p}_1$.

当 $\lambda_2=3$，解齐次线性方程组 $(\boldsymbol{A}-3\boldsymbol{E})\boldsymbol{X}=\boldsymbol{0}$. 由

$$\boldsymbol{A}-3\boldsymbol{E}=\begin{pmatrix}-1&-1\\-1&-1\end{pmatrix}\xrightarrow[-r_1]{r_2-r_1}\begin{pmatrix}1&1\\0&0\end{pmatrix}.$$

得同解方程组
$$x_1+x_2=0,$$
即
$$x_1=-x_2\quad(x_2\text{ 为自由未知量}),$$

所以该方程的基础解系可以取为 $\boldsymbol{p}_2=\begin{pmatrix}1\\-1\end{pmatrix}$.

这表明属于 $\lambda_1=1$ 的线性无关的特征向量可以取为 $\boldsymbol{p}_2$.

令 $\boldsymbol{P}=(\boldsymbol{p}_1,\boldsymbol{p}_2)=\begin{pmatrix}1&1\\1&-1\end{pmatrix}$，则 $\boldsymbol{P}^{-1}=\dfrac{1}{2}\begin{pmatrix}1&1\\1&-1\end{pmatrix}$. 于是

$$\boldsymbol{P}^{-1}\boldsymbol{A}\boldsymbol{P}=\boldsymbol{\Lambda}=\begin{pmatrix}1&0\\0&3\end{pmatrix}.$$

从而
$$\boldsymbol{A}=\boldsymbol{P}\boldsymbol{\Lambda}\boldsymbol{P}^{-1},$$

故
$$\boldsymbol{A}^n=\boldsymbol{P}\boldsymbol{\Lambda}^n\boldsymbol{P}^{-1}=\frac{1}{2}\begin{pmatrix}1&1\\1&-1\end{pmatrix}\begin{pmatrix}1&0\\0&3^n\end{pmatrix}\begin{pmatrix}1&1\\1&-1\end{pmatrix}=\frac{1}{2}\begin{pmatrix}1+3^n&1-3^n\\1-3^n&1+3^n\end{pmatrix}.$$

例 4.4 设 3 阶实对称阵 $\boldsymbol{A}$ 的特征值为 $\lambda_1=1,\lambda_2=-1,\lambda_3=0$，$\lambda_1,\lambda_2$ 对应的特征向量依次为 $\boldsymbol{p}_1=(1,2,2)^{\mathrm{T}},\boldsymbol{p}_2=(2,1,-2)^{\mathrm{T}}$，求 $\boldsymbol{A}$.

解 方法 1

设特征值 $\lambda_3=0$ 对应的特征向量为 $\boldsymbol{p}_3=(x_1,x_2,x_3)^{\mathrm{T}}$，由于实对称阵不同特征值对应的特征向量正交，故 $[\boldsymbol{p}_1,\boldsymbol{p}_3]=0,[\boldsymbol{p}_2,\boldsymbol{p}_3]=0$，即

$$\begin{cases}x_1+2x_2+2x_3=0\\2x_1+x_2-2x_3=0\end{cases}$$

由于系数矩阵 $\boldsymbol{B}=\begin{pmatrix}1&2&2\\2&1&-2\end{pmatrix}\xrightarrow{r_2-2r_1}\begin{pmatrix}1&2&2\\0&-3&-6\end{pmatrix}\xrightarrow[r_1-2r_2]{-\frac{1}{3}r_2}\begin{pmatrix}1&0&-2\\0&1&2\end{pmatrix}$.

得同解方程组
$$\begin{cases}x_1-2x_3=0\\x_2+2x_3=0\end{cases}$$

即
$$\begin{cases}x_1=2x_3\\x_2=-2x_3\end{cases}\quad(x_3\text{ 为自由未知量}),$$

故该方程组的基础解系可以取为 $\boldsymbol{p}_3=(2,-2,1)^{\mathrm{T}}$.

取 $\boldsymbol{p}_3=(2,-2,1)^{\mathrm{T}}$ 为 $\lambda_3=0$ 对应的线性无关特征向量.

并令 $\boldsymbol{P}=(\boldsymbol{p}_1,\boldsymbol{p}_2,\boldsymbol{p}_3)=\begin{pmatrix}1&2&2\\2&1&-2\\2&-2&1\end{pmatrix}$，可求得 $\boldsymbol{P}^{-1}=\dfrac{1}{9}\begin{pmatrix}1&2&2\\2&1&-2\\2&-2&1\end{pmatrix}$.

则
$$P^{-1}AP=\begin{pmatrix}1&0&0\\0&-1&0\\0&0&0\end{pmatrix}.$$

故
$$A=P\begin{pmatrix}1&0&0\\0&-1&0\\0&0&0\end{pmatrix}P^{-1}=\frac{1}{3}\begin{pmatrix}-1&0&2\\0&1&2\\2&2&0\end{pmatrix}.$$

方法 2

设 $A=\begin{pmatrix}x_1&x_2&x_3\\x_2&x_4&x_5\\x_3&x_5&x_6\end{pmatrix}$，则 $Ap_1=p_1$，$Ap_2=-p_2$，即

$$\begin{cases}x_1+2x_2+2x_3=1\\x_2+2x_4+2x_5=2\\x_3+2x_5+2x_6=2\end{cases},\qquad \begin{cases}2x_1+x_2-2x_3=-2\\2x_2+x_4-2x_5=-1\\2x_3+x_5-2x_6=2\end{cases}.$$

再由特征值的性质，有 $x_1+x_4+x_6=0$.

联立以上方程组写出增广矩阵,并进行初等变换可得

$$B=\begin{pmatrix}1&2&2&0&0&0&1\\0&1&0&2&2&0&2\\0&0&1&0&2&2&2\\2&1&-2&0&0&0&-2\\0&2&0&1&-2&0&-1\\0&0&2&0&1&-2&2\\1&0&0&1&0&1&0\end{pmatrix}\xrightarrow[r_7-r_1]{r_4-2r_1}\begin{pmatrix}1&2&2&0&0&0&1\\0&1&0&2&2&0&2\\0&0&1&0&2&2&2\\0&-3&-6&0&0&0&-4\\0&2&0&1&-2&0&-1\\0&0&2&0&1&-2&2\\0&-2&-2&1&0&1&-1\end{pmatrix}$$

$$\xrightarrow[\substack{r_5-2r_2\\r_7+2r_2}]{r_4+3r_2}\begin{pmatrix}1&2&2&0&0&0&1\\0&1&0&2&2&0&2\\0&0&1&0&2&2&2\\0&0&-6&6&6&0&2\\0&0&0&-3&-6&0&-5\\0&0&2&0&1&-2&2\\0&0&-2&5&4&1&3\end{pmatrix}\xrightarrow[\substack{r_6-2r_3\\r_7+2r_3}]{r_4+6r_3}\begin{pmatrix}1&2&2&0&0&0&1\\0&1&0&2&2&0&2\\0&0&1&0&2&2&2\\0&0&0&6&18&12&14\\0&0&0&-3&-6&0&-5\\0&0&0&0&-3&-6&-2\\0&0&0&5&8&5&7\end{pmatrix}$$

$$\xrightarrow[\substack{-\frac{1}{3}r_4\\r_5-6r_4\\r_7-5r_4}]{r_4\leftrightarrow r_5}\begin{pmatrix}1&2&2&0&0&0&1\\0&1&0&2&2&0&2\\0&0&1&0&2&2&2\\0&0&0&1&2&0&5/3\\0&0&0&0&6&12&4\\0&0&0&0&-3&-6&-2\\0&0&0&0&-2&5&-4/3\end{pmatrix}\xrightarrow[\substack{r_6+3r_5\\r_7+2r_5}]{\frac{1}{6}r_5}\begin{pmatrix}1&2&2&0&0&0&1\\0&1&0&2&2&0&2\\0&0&1&0&2&2&2\\0&0&0&1&2&0&5/3\\0&0&0&0&1&2&2/3\\0&0&0&0&0&0&0\\0&0&0&0&0&9&0\end{pmatrix}$$

$$\xrightarrow[\substack{r_6 \leftrightarrow r_7 \\ r_5-2r_6 \\ r_3-2r_6}]{\frac{1}{9}r_7} \begin{pmatrix} 1 & 2 & 2 & 0 & 0 & 0 & 1 \\ 0 & 1 & 0 & 2 & 2 & 0 & 2 \\ 0 & 0 & 1 & 0 & 2 & 0 & 2 \\ 0 & 0 & 0 & 1 & 2 & 0 & 5/3 \\ 0 & 0 & 0 & 0 & 1 & 0 & 2/3 \\ 0 & 0 & 0 & 0 & 0 & 1 & 0 \\ 0 & 0 & 0 & 0 & 0 & 0 & 0 \end{pmatrix} \xrightarrow{\substack{r_4-2r_5 \\ r_3-2r_5 \\ r_2-2r_5}} \begin{pmatrix} 1 & 2 & 2 & 0 & 0 & 0 & 1 \\ 0 & 1 & 0 & 2 & 0 & 0 & 2/3 \\ 0 & 0 & 1 & 0 & 0 & 0 & 2/3 \\ 0 & 0 & 0 & 1 & 0 & 0 & 1/3 \\ 0 & 0 & 0 & 0 & 1 & 0 & 2/3 \\ 0 & 0 & 0 & 0 & 0 & 1 & 0 \\ 0 & 0 & 0 & 0 & 0 & 0 & 0 \end{pmatrix}$$

$$\xrightarrow{\substack{r_2-2r_4 \\ r_1-2r_3 \\ r_1-2r_2}} \begin{pmatrix} 1 & 0 & 0 & 0 & 0 & 0 & -1/3 \\ 0 & 1 & 0 & 0 & 0 & 0 & 0 \\ 0 & 0 & 1 & 0 & 0 & 0 & 2/3 \\ 0 & 0 & 0 & 1 & 0 & 0 & 1/3 \\ 0 & 0 & 0 & 0 & 1 & 0 & 2/3 \\ 0 & 0 & 0 & 0 & 0 & 1 & 0 \\ 0 & 0 & 0 & 0 & 0 & 0 & 0 \end{pmatrix}.$$

从而可得 $x_1=-\dfrac{1}{3}, x_2=0, x_3=\dfrac{2}{3}, x_4=\dfrac{1}{3}, x_5=\dfrac{2}{3}, x_6=0.$

因此 $\boldsymbol{A}=\dfrac{1}{3}\begin{pmatrix} -1 & 0 & 2 \\ 0 & 1 & 2 \\ 2 & 2 & 0 \end{pmatrix}.$

§4.5 二次型及其标准形

在解析几何中，为了便于研究二次曲线

$$ax^2+bxy+cy^2=1 \tag{5.1}$$

的几何性质，适当选择坐标旋转变换

$$\begin{cases} x=x'\cos\theta-y'\sin\theta \\ y=x'\sin\theta+y'\cos\theta \end{cases},$$

可以把方程（5.1）化为标准形

$$mx'^2+ny'^2=1.$$

式（5.1）左边为一个二次齐次多项式，从线性代数的观点看，化标准形的过程就是通过一个变量的线性变换化简一个二次齐次多项式，使它只含有平方项，这样一个问题，在许多理论问题或实际问题中常会用到.

本节要求重点掌握二次型、二次型的矩阵表示、二次型的秩、合同矩阵等概念与相关性质.

一、二次型的概念

定义 5.1 含有 n 个变量 x_1，x_2，…，x_n 的二次齐次函数

$$f(x_1, \cdots, x_n) = a_{11}x_1^2 + 2a_{12}x_1x_2 + 2a_{13}x_1x_3 + \cdots + 2a_{1n}x_1x_n \\ + a_{22}x_2^2 + 2a_{23}x_2x_3 + \cdots + 2a_{2n}x_2x_n \\ + \cdots + a_{nn}x_n^2, \tag{5.2}$$

称为二次型．当 a_{ij} 为实数时，f 称为实二次型．当 a_{ij} 为复数时，f 称为复二次型.

取 $a_{ij}=a_{ji}$，则 $2a_{ij}x_ix_j$ 可以改写成 $a_{ij}x_ix_j+a_{ji}x_jx_i$，则（5.2）式可以写成

$$\begin{aligned} f(x_1, \cdots, x_n) &= a_{11}x_1^2 + a_{12}x_1x_2 + \cdots + a_{1n}x_1x_n \\ &+ a_{21}x_2x_1 + a_{22}x_2^2 + \cdots + a_{2n}x_2x_n \\ &+ \cdots + a_{n1}x_nx_1 + a_{n2}x_nx_2 + \cdots + a_{nn}x_n^2 \\ &= \sum_{i,j=1}^{n} a_{ij}x_ix_j. \end{aligned} \tag{5.3}$$

利用矩阵的乘法，可将二次型（5.3）式改写成

$$\begin{aligned} f(x_1,\cdots,x_n) &= x_1(a_{11}x_1 + a_{12}x_2 + \cdots + a_{1n}x_n) \\ &+ x_2(a_{21}x_1 + a_{22}x_2 + \cdots + a_{2n}x_n) \\ &+ \cdots + x_n(a_{n1}x_1 + a_{n2}x_2 + \cdots + a_{nn}x_n) \\ &= (x_1, x_2, \cdots, x_n)\begin{pmatrix} a_{11} & a_{12} & \cdots & a_{1n} \\ a_{21} & a_{22} & \cdots & a_{2n} \\ \vdots & \vdots & \vdots & \vdots \\ a_{n1} & a_{n2} & \cdots & a_{nn} \end{pmatrix}\begin{pmatrix} x_1 \\ x_2 \\ \vdots \\ x_n \end{pmatrix}. \end{aligned}$$

记

$$\boldsymbol{A}=\begin{pmatrix} a_{11} & a_{12} & \cdots & a_{1n} \\ a_{21} & a_{22} & \cdots & a_{2n} \\ \vdots & \vdots & \vdots & \vdots \\ a_{n1} & a_{n2} & \cdots & a_{nn} \end{pmatrix}, \quad \boldsymbol{X}=\begin{pmatrix} x_1 \\ x_2 \\ \vdots \\ x_n \end{pmatrix},$$

则二次型可记为

$$f(x_1,\cdots,x_n)=\boldsymbol{X}^{\mathrm{T}}\boldsymbol{A}\boldsymbol{X}, \tag{5.4}$$

其中 $\boldsymbol{A}$ 为对称矩阵，它称为二次型 f 的矩阵，也把 f 称为对称矩阵 $\boldsymbol{A}$ 的二次型，对称矩阵 $\boldsymbol{A}$ 的秩称为二次型 f 的秩．

特别地对于只含有平方项的二次型 f，即

$$f(x_1,\cdots,x_n)=d_1x_1^2+d_2x_2^2++\cdots+d_n x_n^2,$$

称为二次型的标准形．其二次型矩阵为 $\boldsymbol{A}=\begin{pmatrix} d_1 & 0 & \cdots & 0 \\ 0 & d_2 & \cdots & 0 \\ \vdots & \vdots & \vdots & \vdots \\ 0 & 0 & \cdots & d_n \end{pmatrix}$.

更进一步地，若该二次型的标准形的系数 $d_i(i=1,2,\cdots,n)$ 只能取数 $-1,0,1$，则此标准形称为二次型的规范形.

注　(1) 任给一个二次型，我们可以唯一地给定其对称矩阵；反之，对于任给的一个对称矩阵，可唯一确定一个二次型，因此，二次型与对称矩阵之间是一一对应的．它们之间的关系为：

① 二次型的平方项系数为对称矩阵主对角线上的元素；

② 对于合并同类项后的二次型，交叉乘积项系数的一半为对称矩阵中相应的元素.

(2) 例如，三元二次型 $f(x_1,x_2,x_3)=x_1^2-2x_2^2-x_1x_2+2x_1x_3-4x_2x_3$ 的矩阵为

$$\boldsymbol{A}=\begin{pmatrix}1 & -\frac{1}{2} & 1\\ -\frac{1}{2} & -2 & -2\\ 1 & -2 & 0\end{pmatrix},$$

而对称矩阵 $\boldsymbol{A}=\begin{pmatrix}1 & -2 & -1\\ -2 & 0 & 3\\ -1 & 3 & -4\end{pmatrix}$ 对应的三元二次型为

$$f(x_1,x_2,x_3)=x_1^2-4x_3^2-4x_1x_2-2x_1x_3+6x_2x_3.$$

例 5.1 写出二次型 $f=(x_1,x_2)\begin{pmatrix}2 & 1\\ -3 & 3\end{pmatrix}\begin{pmatrix}x_1\\ x_2\end{pmatrix}$ 的矩阵，并指出该二次型的秩.

解 二次型 $f(x_1,x_2)=(x_1,x_2)\begin{pmatrix}2 & 1\\ -3 & 3\end{pmatrix}\begin{pmatrix}x_1\\ x_2\end{pmatrix}=2x_1^2+3x_2^2-2x_1x_2$,

故二次型 f 的矩阵为 $\boldsymbol{A}=\begin{pmatrix}2 & -1\\ -1 & 3\end{pmatrix}$.

又 $|\boldsymbol{A}|=\begin{vmatrix}2 & -1\\ -1 & 3\end{vmatrix}=5\neq 0$，所以矩阵 $\boldsymbol{A}$ 的秩为 2，从而二次型 f 的秩为 2.

例 5.2 设有实对称矩阵 $\boldsymbol{A}=\begin{pmatrix}-1 & 1 & 0\\ 1 & 0 & -\frac{1}{2}\\ 0 & -\frac{1}{2} & \sqrt{2}\end{pmatrix}$，求 $\boldsymbol{A}$ 对应的实二次型.

解 $\boldsymbol{A}$ 是三阶阵，故有 3 个变量，则实二次型为

$$f(x_1,x_2,x_3)=(x_1,x_2,x_3)\begin{pmatrix}-1 & 1 & 0\\ 1 & 0 & -\frac{1}{2}\\ 0 & -\frac{1}{2} & \sqrt{2}\end{pmatrix}\begin{pmatrix}x_1\\ x_2\\ x_3\end{pmatrix}=-x_1^2+2x_1x_2-x_2x_3+\sqrt{2}x_3^2.$$

例 5.3 求二次型 $f(x_1,x_2,x_3)=x_1^2-4x_1x_2+2x_1x_3-2x_2^2+6x_3^2$ 的秩.

解 二次型的矩阵为

$\boldsymbol{A}=\begin{pmatrix}1 & -2 & 1\\ -2 & -2 & 0\\ 1 & 0 & 6\end{pmatrix}$，对 $\boldsymbol{A}$ 作初等变换，

$$\boldsymbol{A}\to\begin{pmatrix}1 & -2 & 1\\ 0 & -6 & 2\\ 0 & 2 & 5\end{pmatrix}\to\begin{pmatrix}1 & -2 & 1\\ 0 & 2 & 5\\ 0 & 0 & 17\end{pmatrix},$$

即 $R(\boldsymbol{A})=3$，所以二次型的秩为 3.

和解析几何中一样，对于一般的二次型 $f(x_1,\cdots,x_n)=\boldsymbol{X}^{\mathrm{T}}\boldsymbol{A}\boldsymbol{X}$，在研究许多问题时也常希望通过变量的线性替换来化简有关的二次型. 为此，我们先引入线性变换的概念.

定义 5.2　设有关系式

$$\begin{cases}x_1=c_{11}y_1+c_{12}y_2+\cdots+c_{1n}y_n\\x_2=c_{21}y_1+c_{22}y_2+\cdots+c_{1n}y_n\\\quad\vdots\\x_n=c_{n1}y_1+c_{n2}y_2+\cdots+c_{nn}y_n\end{cases}.$$

利用矩阵的乘法，上式可以记为

$$\boldsymbol{X}=\boldsymbol{C}\boldsymbol{Y},$$

其中 $$\boldsymbol{X}=\begin{pmatrix}x_1\\x_2\\\vdots\\x_n\end{pmatrix},\ \boldsymbol{C}=(c_{ij})_{n\times n}=\begin{pmatrix}c_{11}&c_{12}&\cdots&c_{1n}\\c_{21}&c_{22}&\cdots&c_{2n}\\\vdots&\vdots&\vdots&\vdots\\c_{n1}&c_{n2}&\cdots&c_{nn}\end{pmatrix},\ \boldsymbol{Y}=\begin{pmatrix}y_1\\y_2\\\vdots\\y_n\end{pmatrix}$$

称为一个由变量 $x_1,x_2,\cdots,x_n$ 到变量 $y_1,y_2,\cdots,y_n$ 的线性变换，矩阵 $\boldsymbol{C}$ 称为该线性变换的系数矩阵.

特别地，若线性变换的系数矩阵 $\boldsymbol{C}$ 可逆，则称 $\boldsymbol{X}=\boldsymbol{C}\boldsymbol{Y}$ 为可逆的线性变换.

接下来，结合线性变换的概念，给出两矩阵合同的概念.

二、合同矩阵

对给定的二次型 $f=\boldsymbol{X}^{\mathrm{T}}\boldsymbol{A}\boldsymbol{X}$，将线性变换 $\boldsymbol{X}=\boldsymbol{C}\boldsymbol{Y}$ 代入，有

$$f=\boldsymbol{X}^{\mathrm{T}}\boldsymbol{A}\boldsymbol{X}\overset{\boldsymbol{X}=\boldsymbol{C}\boldsymbol{Y}}{=}(\boldsymbol{C}\boldsymbol{Y})^{\mathrm{T}}\boldsymbol{A}(\boldsymbol{C}\boldsymbol{Y})=\boldsymbol{Y}^{\mathrm{T}}(\boldsymbol{C}^{\mathrm{T}}\boldsymbol{A}\boldsymbol{C})\boldsymbol{Y}.$$

若令 $\boldsymbol{B}=\boldsymbol{C}^{\mathrm{T}}\boldsymbol{A}\boldsymbol{C}$，则有 $f=\boldsymbol{Y}^{\mathrm{T}}\boldsymbol{B}\boldsymbol{Y}$.

因为

$$\boldsymbol{B}^{\mathrm{T}}=(\boldsymbol{C}^{\mathrm{T}}\boldsymbol{A}\boldsymbol{C})^{\mathrm{T}}=\boldsymbol{C}^{\mathrm{T}}\boldsymbol{A}^{\mathrm{T}}\boldsymbol{C}=\boldsymbol{C}^{\mathrm{T}}\boldsymbol{A}\boldsymbol{C}=\boldsymbol{B},$$

所以 $\boldsymbol{B}$ 是对称阵. 因此，$f=\boldsymbol{Y}^{\mathrm{T}}\boldsymbol{B}\boldsymbol{Y}$ 还是一个二次型. 又因 $\boldsymbol{B}=\boldsymbol{C}^{\mathrm{T}}\boldsymbol{A}\boldsymbol{C}$，而 $\boldsymbol{C}$ 可逆，从而 $\boldsymbol{C}^{\mathrm{T}}$ 可逆，由逆矩阵的性质易知 $R(\boldsymbol{B})=R(\boldsymbol{A})$.

定义 5.3　设 $\boldsymbol{A}$，$\boldsymbol{B}$ 是 n 阶方阵，若存在可逆阵 $\boldsymbol{C}$，使得 $\boldsymbol{C}^{\mathrm{T}}\boldsymbol{A}\boldsymbol{C}=\boldsymbol{B}$，则称 $\boldsymbol{A}$ 与 $\boldsymbol{B}$ 合同.

合同是矩阵之间的一个等价关系，具有下列性质：

(1) 反身性：$\boldsymbol{A}$ 与 $\boldsymbol{A}$ 自身合同.

(2) 对称性：若 $\boldsymbol{A}$ 与 $\boldsymbol{B}$ 合同，则 $\boldsymbol{B}$ 与 $\boldsymbol{A}$ 合同.

(3) 传递性：若 $\boldsymbol{A}$ 与 $\boldsymbol{B}$ 合同，$\boldsymbol{B}$ 与 $\boldsymbol{C}$ 合同，则 $\boldsymbol{A}$ 与 $\boldsymbol{C}$ 合同.

注 (1) 由上述讨论表明，二次型 $f=\boldsymbol{X}^{\mathrm{T}}\boldsymbol{A}\boldsymbol{X}$ 通过可逆线性变换 $\boldsymbol{X}=\boldsymbol{C}\boldsymbol{Y}$ 后所得到的二次型的秩不会改变，新二次型的矩阵与原二次型的矩阵是合同的.

(2) 如果选择适当可逆线性变换 $\boldsymbol{X}=\boldsymbol{C}\boldsymbol{Y}$，使得

$$\boldsymbol{C}^{\mathrm{T}}\boldsymbol{A}\boldsymbol{C}=\begin{pmatrix}d_1&&\\&\ddots&\\&&d_n\end{pmatrix},$$

那么

$$f = \boldsymbol{X}^{\mathrm{T}}\boldsymbol{A}\boldsymbol{X} \overset{X=CY}{=} \boldsymbol{Y}^{\mathrm{T}}(\boldsymbol{C}^{\mathrm{T}}\boldsymbol{A}\boldsymbol{C})\boldsymbol{Y}$$

$$=(y_1,\cdots,y_n)\begin{pmatrix} d_1 & & \\ & \ddots & \\ & & d_n \end{pmatrix}\begin{pmatrix} y_1 \\ \vdots \\ y_n \end{pmatrix}$$

$$=d_1y_1^2+\cdots+d_ny_n^2,$$

即可以将二次型 $f=\boldsymbol{X}^{\mathrm{T}}\boldsymbol{A}\boldsymbol{X}$ 化成只含平方项的二次型(f 的标准形).

研究二次型的重点就是寻找适当的可逆线性变换 $\boldsymbol{X}=\boldsymbol{C}\boldsymbol{Y}$ 化二次型为标准形，显然可以通过对二次型的矩阵进行合同变换得到.

例 5.4 设二次型 $f(x_1,x_2,x_3)=2x_1x_2-4x_1x_3+10x_2x_3$，且

$$\begin{cases} x_1=y_1-y_2-5y_3 \\ x_2=y_1+y_2+2y_3, \\ x_3=y_3 \end{cases}$$

求经过上述线性变换后所得新的二次型.

解 因二次型 $f(x_1x_2x_3)$ 的矩阵 $\boldsymbol{A}=\begin{pmatrix} 0 & 1 & -2 \\ 1 & 0 & 5 \\ -2 & 5 & 0 \end{pmatrix}$.

而线性变换的变换矩阵 $\boldsymbol{C}=\begin{pmatrix} 1 & -1 & -5 \\ 1 & 1 & 2 \\ 0 & 0 & 1 \end{pmatrix}$,

$$\boldsymbol{C}^{\mathrm{T}}\boldsymbol{A}\boldsymbol{C}=\begin{pmatrix} 1 & 1 & 0 \\ -1 & 1 & 0 \\ -5 & 2 & 1 \end{pmatrix}\begin{pmatrix} 0 & 1 & -2 \\ 1 & 0 & 5 \\ -2 & 5 & 0 \end{pmatrix}\begin{pmatrix} 1 & -1 & -5 \\ 1 & 1 & 2 \\ 0 & 0 & 1 \end{pmatrix}=\begin{pmatrix} 2 & 0 & 0 \\ 0 & -2 & 0 \\ 0 & 0 & 20 \end{pmatrix},$$

于是经过线性变换后新的二次型为 $2y_1^2-2y_2^2+20y_3^2$.

§4.6 化二次型为标准形

本节讨论如何将一个二次型化为一个标准形的问题. 根据要求不同，有不同的方法. 本节主要介绍正交变换法、拉格朗日配方法、初等变换法.

本节要求重点掌握二次型化为一个标准形的常用方法：正交变换法、拉格朗日配方法、初等变换法.

一、正交变换法

定义 6.1 若 $\boldsymbol{C}$ 为正交矩阵，则线性变换 $\boldsymbol{X}=\boldsymbol{C}\boldsymbol{Y}$ 称为正交变换.

注 设 $\boldsymbol{X}=\boldsymbol{C}\boldsymbol{Y}$ 为正交变换，则有

$$\|\boldsymbol{X}\|=\sqrt{\boldsymbol{X}^{\mathrm{T}}\boldsymbol{X}}=\sqrt{\boldsymbol{Y}^{\mathrm{T}}\boldsymbol{C}^{\mathrm{T}}\boldsymbol{C}\boldsymbol{Y}}=\sqrt{\boldsymbol{Y}^{\mathrm{T}}\boldsymbol{Y}}=\|\boldsymbol{Y}\|.$$

上式表明：用正交变换可保持向量长度不变.

定理 6.1　任给实二次型 $f=\boldsymbol{X}^{\mathrm{T}}\boldsymbol{A}\boldsymbol{X}$，总有正交变换 $\boldsymbol{X}=\boldsymbol{C}\boldsymbol{Y}$，使 f 化为标准形

$$f=\lambda_1 y_1^2+\cdots+\lambda_n y_n^2$$

其中 $\lambda_1,\lambda_2,\cdots,\lambda_n$ 是 $\boldsymbol{A}$ 的特征值.

证明　因为 $\boldsymbol{A}$ 为实对称矩阵，所以必存在正交矩阵 $\boldsymbol{C}$，使得

$$\boldsymbol{C}^{-1}\boldsymbol{A}\boldsymbol{C}=\boldsymbol{C}^{\mathrm{T}}\boldsymbol{A}\boldsymbol{C}=\begin{pmatrix}\lambda_1 & & \\ & \ddots & \\ & & \lambda_n\end{pmatrix}.$$

将正交变换 $\boldsymbol{X}=\boldsymbol{C}\boldsymbol{Y}$ 代入二次型 $f=\boldsymbol{X}^{\mathrm{T}}\boldsymbol{A}\boldsymbol{X}$ 得

$$\begin{aligned}f=\boldsymbol{X}^{\mathrm{T}}\boldsymbol{A}\boldsymbol{X}&\overset{\boldsymbol{X}=\boldsymbol{C}\boldsymbol{Y}}{=}\boldsymbol{Y}^{\mathrm{T}}(\boldsymbol{C}^{\mathrm{T}}\boldsymbol{A}\boldsymbol{C})\boldsymbol{Y}\\ &=(y_1,\cdots,y_n)\begin{pmatrix}\lambda_1 & & \\ & \ddots & \\ & & \lambda_n\end{pmatrix}\begin{pmatrix}y_1\\ \vdots\\ y_n\end{pmatrix}\\ &=\lambda_1 y_1^2+\cdots+\lambda_n y_n^2,\end{aligned}$$

其中 $\lambda_1,\lambda_2,\cdots,\lambda_n$ 是 $\boldsymbol{A}$ 的特征值.　　证毕

注　用正交变换化二次型为标准形步骤：

(1) 将二次型表成矩阵形式 $f=\boldsymbol{X}^{\mathrm{T}}\boldsymbol{A}\boldsymbol{X}$，求出 $\boldsymbol{A}$；

(2) 求出 $\boldsymbol{A}$ 的所有特征值 $\lambda_1,\lambda_2,\cdots,\lambda_n$；

(3) 求出对应于特征值的特征向量 $\boldsymbol{\eta}_1,\boldsymbol{\eta}_2,\cdots,\boldsymbol{\eta}_n$；

(4) 将特征向量 $\boldsymbol{\eta}_1,\boldsymbol{\eta}_2,\cdots,\boldsymbol{\eta}_n$ 正交化，单位化，得 $\boldsymbol{p}_1,\boldsymbol{p}_2,\cdots,\boldsymbol{p}_n$，记 $\boldsymbol{C}=(\boldsymbol{p}_1,\boldsymbol{p}_2,\cdots,\boldsymbol{p}_n)$；

(5) 作正交变换 $\boldsymbol{X}=\boldsymbol{C}\boldsymbol{Y}$，则得 f 的标准形

$$f=\lambda_1 y_1^2+\lambda_2 y_2^2+\cdots+\lambda_n y_n^2.$$

例 6.1　试求一正交变换 $\boldsymbol{X}=\boldsymbol{P}\boldsymbol{Y}$，将二次型

$$f(x_1,x_2,x_3)=x_1^2+x_2^2-3x_3^2-2x_1x_2+6x_1x_3+6x_2x_3$$

化成标准形.

解　二次型 f 的矩阵为

$$\boldsymbol{A}=\begin{pmatrix}1 & -1 & 3\\ -1 & 1 & 3\\ 3 & 3 & -3\end{pmatrix}.$$

第一步　求 $\boldsymbol{A}$ 的特征值：

$$|\boldsymbol{A}-\lambda\boldsymbol{E}|=\begin{vmatrix}1-\lambda & -1 & 3\\ -1 & 1-\lambda & 3\\ 3 & 3 & -3-\lambda\end{vmatrix}=\begin{vmatrix}1-\lambda & -1 & 3\\ -2+\lambda & 2-\lambda & 0\\ 3 & 3 & -3-\lambda\end{vmatrix}$$

$$=(2-\lambda)\begin{vmatrix}1-\lambda & -1 & 3\\ -1 & 1 & 0\\ 3 & 3 & -3-\lambda\end{vmatrix}=-(\lambda-2)(\lambda-3)(\lambda+6),$$

所以特征值 $\lambda_1=-6$，$\lambda_2=2$，$\lambda_3=3$.

第二步 求 $\boldsymbol{A}$ 的线性无关特征向量：

当 $\lambda_1=-6$ 时，解齐次方程组 $(\boldsymbol{A}+6\boldsymbol{E})\boldsymbol{X}=\boldsymbol{0}$. 由

$$\boldsymbol{A}+6\boldsymbol{E}=\begin{pmatrix}7&-1&3\\-1&7&3\\3&3&3\end{pmatrix}\xrightarrow[\substack{r_2+7r_1\\r_3+3r_1}]{r_1\leftrightarrow r_2}\begin{pmatrix}-1&7&3\\0&48&24\\0&24&12\end{pmatrix}\xrightarrow[\substack{r_1-7r_2\\-r_1}]{\substack{\frac{1}{48}r_2\\r_3-24r_2}}\begin{pmatrix}1&0&\frac{1}{2}\\0&1&\frac{1}{2}\\0&0&0\end{pmatrix}.$$

得同解方程组 $\begin{cases}x_1+\dfrac{1}{2}x_3=0\\x_2+\dfrac{1}{2}x_3=0\end{cases}$.

即 $\begin{cases}x_1=-\dfrac{1}{2}x_3\\x_2=-\dfrac{1}{2}x_3\end{cases}$ （x_3 为自由未知量），

故该方程组的基础解系可以取为 $\boldsymbol{\eta}_1=(-1,-1,2)^{\mathrm{T}}$.

即属于特征值 $\lambda_1=-6$ 的线性无关特征向量可选取 $\boldsymbol{\eta}_1=(-1,-1,2)^{\mathrm{T}}$.

当 $\lambda_2=2$ 时，解齐次方程组 $(\boldsymbol{A}-2\boldsymbol{E})\boldsymbol{X}=\boldsymbol{0}$. 由

$$\boldsymbol{A}-2\boldsymbol{E}=\begin{pmatrix}-1&-1&3\\-1&-1&3\\3&3&-5\end{pmatrix}\xrightarrow[\substack{r_3+3r_1\\-r_1}]{r_2-r_1}\begin{pmatrix}1&1&3\\0&0&0\\0&0&4\end{pmatrix}\xrightarrow[r_1-3r_2]{\substack{r_2\leftrightarrow r_3\\\frac{1}{4}r_2}}\begin{pmatrix}1&1&0\\0&0&1\\0&0&0\end{pmatrix}.$$

得同解方程组 $\begin{cases}x_1+x_2=0\\x_3=0\end{cases}$.

即 $\begin{cases}x_1=-x_2\\x_3=0\end{cases}$ （x_2 为自由未知量），

故该方程组的基础解系可以取为 $\boldsymbol{\eta}_2=(-1,1,0)^{\mathrm{T}}$.

即属于特征值 $\lambda_2=2$ 的线性无关特征向量可选取 $\boldsymbol{\eta}_2=(-1,1,0)^{\mathrm{T}}$.

当 $\lambda_3=3$ 时，解齐次方程组 $(\boldsymbol{A}-3\boldsymbol{E})\boldsymbol{X}=\boldsymbol{0}$. 由

$$\boldsymbol{A}-3\boldsymbol{E}=\begin{pmatrix}-2&-1&3\\-1&-2&3\\3&3&-6\end{pmatrix}\xrightarrow[\substack{r_2-2r_1\\r_3+3r_1}]{r_1\leftrightarrow r_2}\begin{pmatrix}-1&-2&3\\0&3&-3\\0&-3&3\end{pmatrix}\xrightarrow[\substack{r_1+2r_2\\-r_1}]{\substack{r_3+r_2\\\frac{1}{3}r_2}}\begin{pmatrix}1&0&-1\\0&1&-1\\0&0&0\end{pmatrix}$$

得同解方程组 $\begin{cases}x_1-x_3=0\\x_2-x_3=0\end{cases}$.

即 $\begin{cases}x_1=x_3\\x_2=x_3\end{cases}$ （x_3 为自由未知量），

故该方程组的基础解系可以取为 $\boldsymbol{\eta}_3=(1,1,1)^{\mathrm{T}}$.

即属于特征值 $\lambda_3=3$ 的线性无关特征向量可选取 $\boldsymbol{\eta}_3=(1,1,1)^{\mathrm{T}}$.

第三步　求正交变换：将 $\boldsymbol{\eta}_1$，$\boldsymbol{\eta}_2$，$\boldsymbol{\eta}_3$ 单位化，得

$$\boldsymbol{p}_1=\frac{1}{\|\boldsymbol{\eta}_1\|}\boldsymbol{\eta}_1=\left(-\frac{1}{\sqrt{6}},\ -\frac{1}{\sqrt{6}},\ \frac{2}{\sqrt{6}}\right)^{\mathrm{T}};$$

$$\boldsymbol{p}_2=\frac{1}{\|\boldsymbol{\eta}_2\|}\boldsymbol{\eta}_2=\left(-\frac{1}{\sqrt{2}},\ \frac{1}{\sqrt{2}},\ 0\right)^{\mathrm{T}};$$

$$\boldsymbol{p}_3=\frac{1}{\|\boldsymbol{\eta}_3\|}\boldsymbol{\eta}_3=\left(\frac{1}{\sqrt{3}},\ \frac{1}{\sqrt{3}},\ \frac{1}{\sqrt{3}}\right)^{\mathrm{T}}.$$

令

$$\boldsymbol{P}=(\boldsymbol{p}_1,\boldsymbol{p}_2,\boldsymbol{p}_3)=\begin{pmatrix}-\frac{1}{\sqrt{6}} & -\frac{1}{\sqrt{2}} & \frac{1}{\sqrt{3}}\\ -\frac{1}{\sqrt{6}} & \frac{1}{\sqrt{2}} & \frac{1}{\sqrt{3}}\\ \frac{2}{\sqrt{6}} & 0 & \frac{1}{\sqrt{3}}\end{pmatrix},$$

则 $\boldsymbol{X}=\boldsymbol{PY}$ 为所求的正交变换，原二次型的标准形为

$$f(x_1,x_2,x_3)=-6y_1^2+2y_2^2+3y_3^2.$$

例 6.2　试求正交变换 $\boldsymbol{X}=\boldsymbol{PY}$，将二次型

$$f(x_1,x_2,x_3)=3x_1^2+3x_2^2+6x_3^2+8x_1x_2-4x_1x_3+4x_2x_3$$

化为标准形.

解　二次型 f 的矩阵为

$$\boldsymbol{A}=\begin{pmatrix}3 & 4 & -2\\ 4 & 3 & 2\\ -2 & 2 & 6\end{pmatrix}.$$

解特征方程

$$|\boldsymbol{A}-\lambda\boldsymbol{E}|=\begin{vmatrix}3-\lambda & 4 & -2\\ 4 & 3-\lambda & 2\\ -2 & 2 & 6-\lambda\end{vmatrix}=-(\lambda-7)^2(\lambda+2)=0,$$

得 $\boldsymbol{A}$ 的特征值为 $\lambda_{1,2}=7,\lambda_3=-2$.

当 $\lambda_{1,2}=7$ 时，解齐次方程组 $(\boldsymbol{A}-7\boldsymbol{E})\boldsymbol{X}=\boldsymbol{0}$. 由

$$\boldsymbol{A}-7\boldsymbol{E}=\begin{pmatrix}-4 & 4 & -2\\ 4 & -4 & 2\\ -2 & 2 & -1\end{pmatrix}\xrightarrow[\substack{r_2+2r_1\\ r_3-2r_1}]{r_1\leftrightarrow r_3}\begin{pmatrix}-2 & 2 & -1\\ 0 & 0 & 0\\ 0 & 0 & 0\end{pmatrix}\xrightarrow{-\frac{1}{2}r_1}\begin{pmatrix}1 & -1 & \frac{1}{2}\\ 0 & 0 & 0\\ 0 & 0 & 0\end{pmatrix}.$$

得同解方程组

$$x_1-x_2+\frac{1}{2}x_3=0,$$

即

$$x_1=x_2-\frac{1}{2}x_3\quad(x_2,\ x_3\ \text{为自由未知量}),$$

故该方程组的基础解系可以取为 $\boldsymbol{\eta}_1=\begin{pmatrix}1\\1\\0\end{pmatrix}$，$\boldsymbol{\eta}_2=\begin{pmatrix}1\\0\\-2\end{pmatrix}$.

即属于特征值 $\lambda_{1,2}=7$ 的线性无关特征向量可选取 $\boldsymbol{\eta}_1=\begin{pmatrix}1\\1\\0\end{pmatrix}$，$\boldsymbol{\eta}_2=\begin{pmatrix}1\\0\\-2\end{pmatrix}$.

将 $\boldsymbol{\eta}_1$，$\boldsymbol{\eta}_2$ 正交化，令

$$\boldsymbol{\beta}_1=\boldsymbol{\eta}_1=\begin{pmatrix}1\\1\\0\end{pmatrix};\ \boldsymbol{\beta}_2=\boldsymbol{\eta}_2-\frac{[\boldsymbol{\beta}_1,\ \boldsymbol{\eta}_2]}{[\boldsymbol{\beta}_1,\ \boldsymbol{\beta}_1]}\boldsymbol{\beta}_1=\begin{pmatrix}1\\0\\-2\end{pmatrix}-\frac{1}{2}\begin{pmatrix}1\\1\\0\end{pmatrix}=\begin{pmatrix}\frac{1}{2}\\-\frac{1}{2}\\-2\end{pmatrix}.$$

再单位化，得

$$\boldsymbol{p}_1=\frac{1}{\|\boldsymbol{\beta}_1\|}\boldsymbol{\beta}_1=\begin{pmatrix}\frac{1}{\sqrt{2}}\\\frac{1}{\sqrt{2}}\\0\end{pmatrix};\ \boldsymbol{p}_2=\frac{1}{\|\boldsymbol{\beta}_2\|}\boldsymbol{\beta}_2=\begin{pmatrix}\frac{1}{3\sqrt{2}}\\-\frac{1}{3\sqrt{2}}\\-\frac{2\sqrt{2}}{3}\end{pmatrix}.$$

当 $\lambda_3=-2$ 时，解齐次方程组 $(\boldsymbol{A}+2\boldsymbol{E})\boldsymbol{X}=\boldsymbol{0}$. 由

$$\boldsymbol{A}+2\boldsymbol{E}=\begin{pmatrix}5&4&-2\\4&5&2\\-2&2&8\end{pmatrix}\xrightarrow[\substack{r_2-4r_1\\r_3-5r_1}]{\substack{r_1\leftrightarrow r_3\\-\frac{1}{2}r_1}}\begin{pmatrix}1&-1&-4\\0&9&18\\0&9&18\end{pmatrix}\xrightarrow[r_1+r_2]{\substack{r_2-r_3\\\frac{1}{9}r_2}}\begin{pmatrix}1&0&-2\\0&1&2\\0&0&0\end{pmatrix}.$$

得同解方程组
$$\begin{cases}x_1-2x_3=0\\x_2+2x_3=0\end{cases}.$$

即
$$\begin{cases}x_1=2x_3\\x_2=-2x_3\end{cases}\quad(x_3\text{ 为自由未知量}),$$

故该方程组的基础解系可以取为 $\boldsymbol{\eta}_3=\begin{pmatrix}2\\-2\\1\end{pmatrix}$.

即属于特征值 $\lambda_3=-2$ 的线性无关特征向量可选取 $\boldsymbol{\eta}_3=\begin{pmatrix}2\\-2\\1\end{pmatrix}$.

单位化得

$$\boldsymbol{p}_3=\frac{1}{\|\boldsymbol{\eta}_3\|}\boldsymbol{\eta}_3=\begin{pmatrix}\frac{2}{3}\\-\frac{2}{3}\\\frac{1}{3}\end{pmatrix}.$$

由此得正交矩阵

$$P=(p_1,p_2,p_3)=\begin{pmatrix}\frac{1}{\sqrt{2}} & \frac{1}{3\sqrt{2}} & \frac{2}{3}\\ \frac{1}{\sqrt{2}} & -\frac{1}{3\sqrt{2}} & -\frac{2}{3}\\ 0 & -\frac{2\sqrt{2}}{3} & \frac{1}{3}\end{pmatrix}.$$

于是二次型 f 通过正交变换 $X=PY$ 化为标准形

$$f(x_1,x_2,x_3)=7y_1^2+7y_2^2-2y_3^2.$$

二、拉格朗日配方法

用正交变换化二次型为标准形具有保持几何形状的优点，但是运算量一般都比较大. 如果所作的线性变换只是要求可逆线性变换，那么用下面介绍的拉格朗日配方法也可以解决. 其解题步骤如下：

（1）若二次型中含有 x_i 的平方项，则先把所有含有 x_i 的项集中在一起，然后配方. 经运算后，再对剩余的变量逐个进行同样的步骤，直到所有变量都配成平方项为止. 等配方好以后，令每个平方项中的量为新的一个变量，可得到可逆线性变换（通常需要写出其逆变换）.

（2）若二次型中不含有平方项，只有交叉项，如含有 $a_{ij}x_ix_j$（$a_{ij}\neq 0$），则可以通过先作线性变换

$$\begin{cases}x_i=y_i-y_j\\ x_j=y_i+y_j(t=1,2,\cdots,n;\ 且\ t\neq i,j),\\ x_t=y_t\end{cases}$$

所得的二次型必含有平方项，接下来再重复（1）的解题步骤.

下面举例说明这种方法.

例 6.3　用配方法将二次型 $f(x_1,x_2,x_3)=x_1^2+3x_2^2+6x_3^2-4x_1x_2-4x_1x_3+10x_2x_3$ 化为标准形，并写出所作出的可逆线性变换.

解　$f(x_1,x_2,x_3)=(x_1^2-4x_1x_2-4x_1x_3)+3x_2^2+6x_3^2+10x_2x_3$

$$=[x_1^2-4x_1(x_2+x_3)+4(x_2+x_3)^2]-4(x_2+x_3)^2+3x_2^2+6x_3^2+10x_2x_3$$

$$=(x_1-2x_2-2x_3)^2-(x_2^2-2x_2x_3+x_3^2)+3x_3^2$$

$$=(x_1-2x_2-2x_3)^2-(x_2-x_3)^2+3x_3^2.$$

令 $\begin{cases}y_1=x_1-2x_2-2x_3\\ y_2=x_2-x_3\\ y_3=x_3\end{cases}$，即 $\begin{cases}x_1=y_1+2y_2+4y_3\\ x_2=\quad\ \ y_2+\ y_3,\\ x_3=\quad\quad\quad\ \ y_3\end{cases}$

则二次型 f 的标准形为 $f(x_1,x_2,x_3)=y_1^2-y_2^2+3y_3^2$. 所作出的可逆线性变换为

$$X=\begin{pmatrix}1&2&4\\0&1&1\\0&0&1\end{pmatrix}Y=CY,\ |C|=\begin{vmatrix}1&2&4\\0&1&1\\0&0&1\end{vmatrix}=1\neq 0.$$

注　配方法必须遵循下列法则：若要对某个变量（例如 x_1）配方，必须把含有 x_1

的各项归并起来进行配方，再对第二个变量配方，也必须把含该变量的各项归并起来，这样得到的变换一定是可逆的.

例 6.4 将二次型 $f(x_1,x_2,x_3)=2x_1x_2-x_1x_3-x_2x_3$ 化为标准形，并写出所作的可逆线性变换.

解 因为二次型 f 不含平方项，所以先作下面的可逆线性变换，让它出现平方项，再配方. 令

$$\begin{cases}x_1=y_1+y_2\\x_2=y_1-y_2,\\x_3=y_3\end{cases}\quad 即\boldsymbol{X}=\begin{pmatrix}1&1&0\\1&-1&0\\0&0&1\end{pmatrix}\boldsymbol{Y},$$

于是 $f(x_1,x_2,x_3)=2y_1^2-2y_2^2-2y_1y_3=2\left(y_1-\frac{1}{2}y_3\right)^2-2y_2^2-\frac{1}{2}y_3^2$.

$$令\begin{cases}z_1=y_1-\frac{1}{2}y_3\\z_2=y_2\\z_3=y_3\end{cases},\quad 则\begin{cases}y_1=z_1+\frac{1}{2}z_3\\y_2=z_2\\y_3=z_3\end{cases},\quad 即\boldsymbol{Y}=\begin{pmatrix}1&0&\frac{1}{2}\\0&1&0\\0&0&1\end{pmatrix}\boldsymbol{Z},$$

则所求的标准形为 $f(x_1,x_2,x_3)=2z_1^2-2z_2^2-\frac{1}{2}z_3^2$. 所作可逆线性变换为

$$\boldsymbol{X}=\begin{pmatrix}1&1&0\\1&-1&0\\0&0&1\end{pmatrix}\begin{pmatrix}1&0&\frac{1}{2}\\0&1&0\\0&0&1\end{pmatrix}\boldsymbol{Z}=\begin{pmatrix}1&1&\frac{1}{2}\\1&-1&\frac{1}{2}\\0&0&1\end{pmatrix}\boldsymbol{Z}.$$

三、矩阵初等变换法

用可逆线性变换化二次型为标准形，通过矩阵的语言来表述就是：找一个可逆矩阵 $\boldsymbol{C}$，使得 $\boldsymbol{C}^{\mathrm{T}}\boldsymbol{AC}$ 为对角形矩阵.

由于矩阵 $\boldsymbol{C}$ 可逆，所以 $\boldsymbol{C}=\boldsymbol{P}_1\boldsymbol{P}_2\cdots\boldsymbol{P}_s$，其中 $\boldsymbol{P}_i$（$i=1,2,\cdots,s$）为初等矩阵.

于是 $\boldsymbol{C}^{\mathrm{T}}\boldsymbol{AC}=\boldsymbol{P}_s^{\mathrm{T}}\boldsymbol{P}_{s-1}^{\mathrm{T}}\cdots\boldsymbol{P}_2^{\mathrm{T}}\boldsymbol{P}_1^{\mathrm{T}}\boldsymbol{AP}_1\boldsymbol{P}_2\cdots\boldsymbol{P}_{s-1}\boldsymbol{P}_s$ 是对角矩阵.

又 $\boldsymbol{P}_1\boldsymbol{P}_2\cdots\boldsymbol{P}_s=\boldsymbol{EP}_1\boldsymbol{P}_2\cdots\boldsymbol{P}_s=\boldsymbol{C}$.

从而通过上述两个等式，我们可用矩阵的对称变换（即对行列进行同样的变换）将 $\boldsymbol{A}$ 化为对角矩阵. 作法如下：

对 $2n\times n$ 矩阵 $\begin{pmatrix}\boldsymbol{A}\\\boldsymbol{E}\end{pmatrix}$ 施以一次初等行变换，接着再施以相应的初等列变换，当 $\boldsymbol{A}$ 被化为对角矩阵时，相应地 $\boldsymbol{E}$ 就化为所求的可逆变换矩阵 $\boldsymbol{C}$.

例 6.5 化二次型 $f(x_1,x_2,x_3)=x_1^2+2x_2^2+x_3^2+2x_1x_2+2x_1x_3+4x_2x_3$ 为标准形，并写出所用的可逆变换矩阵.

解 由于二次型的矩阵为 $\boldsymbol{A}=\begin{pmatrix}1&1&1\\1&2&2\\1&2&1\end{pmatrix}$. 故

$$\begin{pmatrix}A\\E\end{pmatrix}=\begin{pmatrix}1&1&1\\1&2&2\\1&2&1\\1&0&0\\0&1&0\\0&0&1\end{pmatrix}\xrightarrow[r_3-r_1]{r_2-r_1}\begin{pmatrix}1&1&1\\0&1&1\\0&1&0\\1&0&0\\0&1&0\\0&0&1\end{pmatrix}\xrightarrow[c_3-c_1]{c_2-c_1}\begin{pmatrix}1&0&0\\0&1&1\\0&1&0\\1&-1&-1\\0&1&0\\0&0&1\end{pmatrix}$$

$$\xrightarrow{r_3-r_2}\begin{pmatrix}1&0&0\\0&1&1\\0&0&-1\\1&-1&-1\\0&1&0\\0&0&1\end{pmatrix}\xrightarrow{c_3-c_2}\begin{pmatrix}1&0&0\\0&1&0\\0&0&-1\\1&-1&0\\0&1&-1\\0&0&1\end{pmatrix}.$$

因此，$f(x_1,x_2,x_3)=y_1^2+y_2^2-y_3^2$ 且所用的可逆变换矩阵 $C=\begin{pmatrix}1&-1&0\\0&1&-1\\0&0&1\end{pmatrix}$.

由定理 6.1 知，标准形中含有的项数就是二次型的秩. 换句话说，同一个二次型 f 的不同标准形所含的项数是一样的，且可证明所含的正项的项数与负项的项数都是一样的，这就是下面所谓的惯性定理.

定理 6.2（惯性定理）设有实二次型 $f=X^{\mathrm T}AX$，它的秩为 r，有两个实的可逆线性变换 $X=CY$ 及 $X=PZ$，使得

$$f=k_1y_1^2+k_2y_2^2+\cdots+k_ry_r^2,(k_i\neq0),$$

及

$$f=\lambda_1z_1^2+\lambda_2z_2^2+\cdots+\lambda_rz_r^2,(\lambda_i\neq0),$$

则 $k_1,\cdots,k_r$ 中正数的个数与 $\lambda_1,\cdots,\lambda_r$ 中正数的个数相等. 即任意的实二次型 $f=X^{\mathrm T}AX$，总可以通过可逆线性变换化为规范形，且规范形是唯一的.

注　二次型的标准形中正系数的个数称为二次型的正惯性指数. 负系数的个数称为负惯性指数.

例 6.5　化二次型 $f(x_1,x_2,x_3)=2x_1^2+x_2^2+4x_3^2+2x_1x_2-2x_2x_3$ 为规范形，并写出所用的可逆变换矩阵.

解　$f(x_1,x_2,x_3)=2x_1^2+x_2^2+4x_3^2+2x_1x_2-2x_2x_3$

$$=2\left(x_1+\frac12x_2\right)^2+\frac12x_2^2+4x_3^2-2x_2x_3$$

$$=2\left(x_1+\frac12x_2\right)^2+\frac12(x_2-2x_3)^2+2x_3^2.$$

令 $\begin{cases}y_1=\sqrt2\left(x_1+\frac12x_2\right)\\y_2=\frac{1}{\sqrt2}(x_2-2x_3)\\y_3=\sqrt2x_3\end{cases}$，由此可得 $\begin{cases}x_1=\frac{1}{\sqrt2}y_1-\frac{1}{\sqrt2}y_2-\frac{1}{\sqrt2}y_3\\x_2=\sqrt2y_2+\frac{2}{\sqrt2}y_3\\x_3=\frac{1}{\sqrt2}y_3\end{cases}$，

二次型化为规范形 $f(x_1,x_2,x_3)=y_1^2+y_2^2+y_3^2$.

所用的变换矩阵为 $C=\frac{1}{\sqrt{2}}\begin{pmatrix}1 & -1 & -1\\0 & 2 & 2\\0 & 0 & 1\end{pmatrix}$.

§4.7 正定二次型

考察二次型

$$f=x_1^2+2x_2^2+2x_3^2+2x_1x_2-2x_2x_3$$
$$=(x_1+x_2)^2+(x_2-x_3)^2+x_3^2$$

这二次型的特点是：不论 x_1，x_2，x_3 取任何一组不全为零的实数 c_1，c_2，c_3，都有

$$f\ (c_1,\ c_2,\ c_3)\ =(c_1+c_2)^2+(c_2-c_3)^2+c_3^2>0$$

具有这种特点的二次型我们称为正定二次型．在数学及其他学科，如力学，电学，物理等都会经常遇到这种正定二次型.

本节要求重点掌握正定二次型与正定矩阵的概念与性质，并掌握其判别法.

一、正定二次型与正定矩阵

定义 7.1 设有实二次型 $f(\boldsymbol{X})=\boldsymbol{X}^{\mathrm{T}}\boldsymbol{A}\boldsymbol{X}$，若对任何 $\boldsymbol{X}\neq\boldsymbol{0}$，都有 $f(\boldsymbol{X})>0$，则称 f 为正定二次型，并称对称矩阵 $\boldsymbol{A}$ 是正定矩阵；若对任给 $\boldsymbol{X}\neq\boldsymbol{0}$，都有 $f(\boldsymbol{X})<0$，则称 f 为负定二次型，并称对称矩阵 $\boldsymbol{A}$ 是负定矩阵.

注 二次型的正（负）定性与其矩阵的正（负）定性之间具有一一对应关系．因此，二次型的正（负）定性判别可转化为对称矩阵的正（负）定性判别.

二、正定二次型与正定矩阵的判别法

定理 7.1 n 元实二次型 $f(\boldsymbol{X})\ =\boldsymbol{X}^{\mathrm{T}}\boldsymbol{A}\boldsymbol{X}$ 为正定的充要条件是它的标准形中的 n 个系数全为正.

证 设可逆变换 $\boldsymbol{X}=\boldsymbol{C}\boldsymbol{Y}$，使

$$f(\boldsymbol{X})\ =f(\boldsymbol{C}\boldsymbol{Y})\ =\sum_{i=1}^{n}k_iy_i^2.$$

先证充分性．设 $k_i>0(i=1,2,\cdots,n)$，任给 $\boldsymbol{X}\neq\boldsymbol{0}$，则 $\boldsymbol{Y}=\boldsymbol{C}^{-1}\boldsymbol{X}\neq\boldsymbol{0}$，故

$$f(\boldsymbol{X})=\sum_{i=1}^{n}k_iy_i^2>0.$$

再证必要性．用反证法，设有某 $k_s\leqslant0$，则当

$$\boldsymbol{Y}=\boldsymbol{\varepsilon}_s=(0,\cdots,0,\underset{\substack{\uparrow\\ s}}{1},0,\cdots,0)^{\mathrm{T}}$$

时，$\boldsymbol{X}=\boldsymbol{C}\boldsymbol{\varepsilon}_s\neq\boldsymbol{0}$．此时

$$f(\boldsymbol{X})=f(\boldsymbol{C\varepsilon}_s)=k_s\leqslant 0,$$

这与 f 为正定二次型的假设矛盾．所以 $k_i>0(i=1,2,\cdots,n)$．　　证毕

推论 7.1　实对称矩阵 $\boldsymbol{A}$ 为正定的充要条件是 $\boldsymbol{A}$ 的特征值全为正．

定理 7.2　(赫尔维茨)实对称矩阵 $\boldsymbol{A}$ 为正定的充分必要条件是：$\boldsymbol{A}$ 的各阶顺序主子式满足

$$a_{11}>0,\begin{vmatrix} a_{11} & a_{12} \\ a_{21} & a_{22} \end{vmatrix}>0,\cdots,\begin{vmatrix} a_{11} & \cdots & a_{1n} \\ \vdots & \vdots & \vdots \\ a_{n1} & \cdots & a_{nn} \end{vmatrix}>0;$$

实对称矩阵 $\boldsymbol{A}$ 为负定的充要条件是：$\boldsymbol{A}$ 的奇数阶主子式为负，而偶数阶主子式为正，即

$$(-1)^r\begin{vmatrix} a_{11} & \cdots & a_{1r} \\ \vdots & \vdots & \vdots \\ a_{r1} & \cdots & a_{rr} \end{vmatrix}>0(r=1,2,\cdots,n).$$

例 7.1　试求 t 为何值时，二次型 $f=x_1^2+4x_2^2+2x_3^2+2tx_1x_2+2x_1x_3$ 为正定二次型.

解　二次型 f 的矩阵为

$$\boldsymbol{A}=\begin{pmatrix} 1 & t & 1 \\ t & 4 & 0 \\ 1 & 0 & 2 \end{pmatrix}$$

要二次型 f 为正定二次型，即 $\boldsymbol{A}$ 为正定矩阵，由定理 7.2 知，必须

$$|1|>0,\quad \begin{vmatrix} 1 & t \\ t & 4 \end{vmatrix}=4-t^2>0,\quad \begin{vmatrix} 1 & t & 1 \\ t & 4 & 0 \\ 1 & 0 & 2 \end{vmatrix}=2\ (2-t^2)\ >0.$$

由联立不等式

$$\begin{cases} 4-t^2>0 \\ 2-t^2>0 \end{cases},$$

得 $-\sqrt{2}<t<\sqrt{2}$．所以当 $-\sqrt{2}<t<\sqrt{2}$ 时，f 为正定二次型.

例 7.2　设 $\boldsymbol{A}$ 为 n 阶实对称阵，且 $R\ (\boldsymbol{A})\ =n$．试证明：矩阵 $\boldsymbol{A}^{\mathrm{T}}\boldsymbol{A}$ 为正定矩阵.

证　因为 $(\boldsymbol{A}^{\mathrm{T}}\boldsymbol{A})^{\mathrm{T}}=\boldsymbol{A}^{\mathrm{T}}\ (\boldsymbol{A}^{\mathrm{T}})^{\mathrm{T}}=\boldsymbol{A}^{\mathrm{T}}\boldsymbol{A}$，所以 $\boldsymbol{A}^{\mathrm{T}}\boldsymbol{A}$ 为对称阵．又因为 $R(\boldsymbol{A})=n$，所以 $\boldsymbol{A}$ 可逆．从而任给的非零列向量 $\boldsymbol{X}$ 有 $\boldsymbol{AX}\neq\boldsymbol{0}$，所以有

$$\boldsymbol{X}^{\mathrm{T}}(\boldsymbol{A}^{\mathrm{T}}\boldsymbol{A})\boldsymbol{X}=(\boldsymbol{AX})^{\mathrm{T}}(\boldsymbol{AX})=[\boldsymbol{AX},\boldsymbol{AX}]>0,$$

即二次型 $\boldsymbol{X}^{\mathrm{T}}(\boldsymbol{A}^{\mathrm{T}}\boldsymbol{A})\boldsymbol{X}$ 为正定二次型，故 $\boldsymbol{A}^{\mathrm{T}}\boldsymbol{A}$ 为正定阵.

习 题 4

1. 试用施密特法把下列向量组单位正交化：

(1) $\boldsymbol{\alpha}_1=(1,2,-1)^{\mathrm{T}},\boldsymbol{\alpha}_2=(-1,3,1)^{\mathrm{T}},\boldsymbol{\alpha}_3=(4,-1,0)^{\mathrm{T}}$；

(2) $\boldsymbol{\alpha}_1=(1,1,0,0)^{\mathrm{T}},\boldsymbol{\alpha}_2=(1,0,1,0)^{\mathrm{T}},\boldsymbol{\alpha}_3=(1,0,0,-1)^{\mathrm{T}},\boldsymbol{\alpha}_4=(1,-1,-1,1)^{\mathrm{T}}$.

2. 已知 $\boldsymbol{R}^3$ 中两个向量 $\boldsymbol{\alpha}_1=(1,1,1)^{\mathrm{T}},\boldsymbol{\alpha}_2=(1,-2,1)^{\mathrm{T}}$ 正交，试求一非零向量 $\boldsymbol{\alpha}_3$，使 $\boldsymbol{\alpha}_1,\boldsymbol{\alpha}_2,\boldsymbol{\alpha}_3$ 为正交向量组.

3. 设 $\boldsymbol{\alpha}_1,\boldsymbol{\alpha}_2,\cdots,\boldsymbol{\alpha}_m$，$\boldsymbol{\beta}$ 是 $\boldsymbol{R}^n$ 中一组向量，且 $\boldsymbol{\beta}$ 可由 $\boldsymbol{\alpha}_1,\boldsymbol{\alpha}_2,\cdots,\boldsymbol{\alpha}_m$ 线性表示，证明若 $\boldsymbol{\beta}$ 与 $\boldsymbol{\alpha}_1,\boldsymbol{\alpha}_2,\cdots,\boldsymbol{\alpha}_m$ 都正交，$i=1,2,\cdots,m$，则 $\boldsymbol{\beta}=\mathbf{0}$.

4. 判断下列矩阵是否为正交阵：

(1) $\begin{pmatrix} 1 & -\frac{1}{3} & \frac{1}{4} \\ -\frac{1}{3} & 1 & \frac{1}{3} \\ \frac{1}{4} & \frac{1}{2} & -1 \end{pmatrix}$；　(2) $\begin{pmatrix} \frac{1}{2} & \frac{1}{\sqrt{2}} & 0 & \frac{1}{2} \\ -\frac{1}{2} & \frac{1}{\sqrt{2}} & 0 & -\frac{1}{2} \\ -\frac{1}{2} & 0 & \frac{1}{\sqrt{2}} & \frac{1}{2} \\ \frac{1}{2} & 0 & \frac{1}{\sqrt{2}} & -\frac{1}{2} \end{pmatrix}$.

5. 设 $\boldsymbol{\alpha}$ 为 n 维列向量且 $\boldsymbol{\alpha}^{\mathrm{T}}\boldsymbol{\alpha}=1$，证明：$\boldsymbol{A}=\boldsymbol{E}-2\boldsymbol{\alpha}\boldsymbol{\alpha}^{\mathrm{T}}$ 是对称的正交阵.

6. 设 $\boldsymbol{A}$ 是 n 阶正交阵，证明 $\boldsymbol{A}^{\mathrm{T}}$ 与 $\boldsymbol{A}^*$ 都是正交阵.

7. 求下列矩阵的特征值和特征向量：

(1) $\begin{pmatrix} 3 & 1 \\ 5 & -1 \end{pmatrix}$；　(2) $\begin{pmatrix} 2 & -1 & 2 \\ 5 & -3 & 3 \\ -1 & 0 & -2 \end{pmatrix}$；　(3) $\begin{pmatrix} 1 & 2 & 3 \\ 2 & 1 & 3 \\ 3 & 3 & 6 \end{pmatrix}$.

8. 设 n 阶方阵 $\boldsymbol{A}$ 满足 $\boldsymbol{A}^2-5\boldsymbol{A}+6\boldsymbol{E}=\mathbf{0}$，证明 $\boldsymbol{A}$ 的特征值为 2 或 3.

9. 已知 3 阶矩阵 $\boldsymbol{A}$ 的特征值为 $1,-1,2$，求(1) $|\boldsymbol{A}^2+3\boldsymbol{A}-2\boldsymbol{E}|$；(2) $|\boldsymbol{A}^*+\boldsymbol{A}-2\boldsymbol{E}|$.

10. 设 $\boldsymbol{A},\boldsymbol{B}$ 为 n 阶矩阵，且 $\boldsymbol{A}$ 可逆，证明 $\boldsymbol{AB}$ 与 $\boldsymbol{BA}$ 相似.

11. 设矩阵 $\boldsymbol{A}=\begin{pmatrix} 2 & 0 & 1 \\ 3 & 1 & a \\ 4 & 0 & 5 \end{pmatrix}$ 可相似对角化，求 a.

12. 已知 $\boldsymbol{\alpha}=(1,1,-1)^{\mathrm{T}}$ 是矩阵 $\boldsymbol{A}=\begin{pmatrix} 2 & -1 & 2 \\ 5 & a & 3 \\ -1 & b & -2 \end{pmatrix}$ 的一个特征向量.

(1) 求参数 a,b 及特征向量 $\boldsymbol{\alpha}$ 所对应的特征值；

(2) 问 $\boldsymbol{A}$ 能不能相似对角化？并说明理由.

13. 设矩阵 $A=\begin{pmatrix}-2&0&0\\2&x&2\\3&1&1\end{pmatrix}$ 与 $\Lambda=\begin{pmatrix}-1&&\\&2&\\&&y\end{pmatrix}$ 相似，试求：

(1) x,y 的值；

(2) 求一个可逆矩阵 P，使 $P^{-1}AP=\Lambda$.

14. 设 3 阶实对称矩阵 A 的特征值 6,3,3，与特征值 6 对应的特征向量为 $\boldsymbol{\alpha}=(1,1,1)^{\mathrm{T}}$，求 A.

15. 设 $A=\begin{pmatrix}0&1&-1\\-2&0&2\\-1&1&0\end{pmatrix}$，求 A^{100}.

16. 试求一个正交矩阵 Q，将下列对称阵 A 化为对角阵：

(1) $\begin{pmatrix}2&-2&0\\-2&1&-2\\0&-2&0\end{pmatrix}$；　　(2) $\begin{pmatrix}1&2&4\\2&-2&2\\4&2&1\end{pmatrix}$.

17. 写出下列二次型的矩阵，并求出二次型的秩：

(1) $f(x_1,x_2,x_3)=x_1^2+4x_1x_2+2x_2^2+2x_1x_3-x_3^2$；

(2) $f(x_1,x_2,x_3)=x_1^2+3x_2^2+3x_3^2-2x_1x_2+2x_1x_3+2x_2x_3$；

(3) $f(x_1,x_2,x_3)=(x_1,x_2,x_3)\begin{pmatrix}1&2&-1\\0&2&6\\7&4&-1\end{pmatrix}\begin{pmatrix}x_1\\x_2\\x_3\end{pmatrix}$；

(4) $f(x_1,x_2,\cdots,x_n)=\sum_{i=1}^{n}x_i^2+\sum_{i=1}^{n-1}4x_i\,x_{i+1}$.

18. 化下列二次形成标准形,并写出所用非退化的线性变换.

(1) $f(x_1,x_2,x_3)=x_1^2-x_3^2+2x_1x_2+2x_2x_3$；

(2) $f(x_1,x_2,x_3)=x_1x_2+x_1x_3+x_2x_3$.

19. 求一个正交变换 $X=CY$ 将下列二次型化成标准形：

(1) $f(x_1,x_2,x_3)=2x_1^2+3x_2^2+4x_3^2+4x_2x_3$；

(2) $f(x_1,x_2,x_3)=2x_1x_2+2x_1x_3+2x_2x_3$.

20. 设 $f(x_1,x_2,x_3)=x_1^2+3x_2^2+3x_3^2+2ax_2x_3$，$(a>0)$通过正交变换 $X=CY$ 可以化为标准形 $f(y_1,y_2,y_3)=y_1^2+2y_2^2+5y_3^2$，求参数 a 及正交矩阵 C.

21. 判别下列二次型是否为正定二次型.

(1) $f(x_1,x_2,x_3)=-2x_1^2+4x_2^2+x_3^2-2x_2x_3$；

(2) $f(x_1,x_2,x_3)=x_1^2+3x_2^2+9x_3^2-2x_1x_2+4x_1x_3$；

(3) $f(x_1,x_2,x_3,x_4)=3x_1^2+3x_2^2+3x_3^2+x_4^2+2x_1x_2+2x_1x_3+2x_2x_3$.

第4章 总复习题

一、填空题

1. 若 $A=\begin{pmatrix}a & 2 & -1\\ 1 & 2 & 3\\ 1 & 1 & a\end{pmatrix}$ 有一个特征值为1，则 $a=$________.

2. 若 $\begin{pmatrix}1 & 0 & 2\\ 2 & 5 & 0\\ 0 & 1 & x\end{pmatrix}$ 的特征值 λ 对应的特征向量为 $\begin{pmatrix}1\\ y\\ 1\end{pmatrix}$，则 $\lambda=$________，$x=$________，$y=$________.

3. 矩阵 A 有特征值为2，则 $A^{-1}+2E$ 一定有特征值________.

4. 3阶矩阵 A,B 是相似的，且 A 有特征值 $1,\frac{1}{2},\frac{1}{3}$，则 $\det(B^{-1}+E)=$________.

5. 二次型 $f(x_1,x_2,x_3)=x_1x_2+x_1x_3+x_2x_3$ 的秩等于________.

6. 设 $A=\begin{pmatrix}2 & 2 & 0\\ 2 & k & 0\\ 0 & 0 & k\end{pmatrix}$ 是正定矩阵，则 k 满足条件________.

二、选择题

1. 下列矩阵中，与 $A=\begin{pmatrix}2 & 0\\ 0 & 1\end{pmatrix}$ 相似的矩阵是 (　　).

(A) $\begin{pmatrix}1 & 1\\ 1 & 3\end{pmatrix}$　(B) $\begin{pmatrix}4 & 0\\ 0 & -1\end{pmatrix}$　(C) $\begin{pmatrix}3 & 1\\ -2 & 0\end{pmatrix}$　(D) $\begin{pmatrix}2 & 1\\ 1 & 1\end{pmatrix}$

2. 已知 $P^{-1}AP=\mathrm{diag}(1,1,0)$，$A\alpha_1=\alpha_1$，$A\alpha_2=\alpha_2$，$A\alpha_3=0$，$\alpha_1,\alpha_2,\alpha_3$ 为非零列向量，且 α_1,α_2 线性无关，则 P 不可能为 (　　).

(A) $(-\alpha_1,5\alpha_2,\alpha_3)$　(B) $(\alpha_2,\alpha_1,\alpha_3)$

(C) $(\alpha_1+\alpha_2,\alpha_2,\alpha_3)$　(D) $(\alpha_1,\alpha_2,\alpha_2+\alpha_3)$

3. 以下说法不正确的是 (　　).

(A) 等价的方阵有相同的行列式　(B) 等价的矩阵有相同的秩

(C) 相似的矩阵有相同的行列式　(D) 合同的矩阵有相同的秩

4. n 阶矩阵 A 相似于 B，则 (　　).

(A) A 与 B 有相同的特征向量　(B) A 与 B 有不同的特征向量

(C) A 与 B 有相同的特征值　(D) A 与 B 有不同的特征值

5. 设 $A=\begin{pmatrix}1 & 2 & 3\\ a & b & c\\ 0 & 0 & 1\end{pmatrix}$，若 A 有特征值1,2,3，则 (　　).

(A) $a=2,b=4,c=8$　(B) $a=-1,b=4,c$ 为任意实数

(C) $a=-1,b=4,c=3$　(D) $a=-2,b=2,c$ 为任意实数

6. 设$A=\begin{pmatrix}-2&1&1\\0&2&0\\-4&1&3\end{pmatrix}$，则下列向量中是$A$的对应于$\lambda=-1$的特征向量的为（　　）.

(A) $(1,0,4)^T$　　(B) $(0,1,-1)^T$　　(C) $(1,0,1)^T$　　(D) $(1,1,1)^T$

7. 设二次型$f(x_1,x_2)=(x_1,x_2)\begin{pmatrix}2&1\\5&3\end{pmatrix}\begin{pmatrix}x_1\\x_2\end{pmatrix}$，则二次型的矩阵为（　　）.

(A) $\begin{pmatrix}2&1\\5&3\end{pmatrix}$　　(B) $\begin{pmatrix}2&3\\3&3\end{pmatrix}$　　(C) $\begin{pmatrix}2&5\\1&3\end{pmatrix}$　　(D) $\begin{pmatrix}2&2\\2&3\end{pmatrix}$

8. 以$A=\begin{pmatrix}0&\frac{1}{\sqrt{2}}&1\\\frac{1}{\sqrt{2}}&3&-\frac{3}{2}\\1&-\frac{3}{2}&0\end{pmatrix}$为矩阵的二次型为（　　）.

(A) $x_1^2+\frac{1}{2}x_1x_2+2x_1x_3-3x_2x_3$　　(B) $2\sqrt{2}x_1x_2-3x_2^2+x_1x_3-\frac{3}{2}x_2x_3$

(C) $\sqrt{2}x_1x_2+3x_2^2+2x_1x_3-3x_2x_3$　　(D) $x_1x_2+3x_2^2+x_1x_3-\frac{3}{2}x_2x_3$

9. 下列矩阵中（　　）是正定矩阵.

(A) $\begin{pmatrix}1&2&3\\2&1&2\\3&2&1\end{pmatrix}$　　(B) $\begin{pmatrix}1&5&6\\5&0&7\\6&7&2\end{pmatrix}$

(C) $\begin{pmatrix}3&2&1\\2&3&2\\1&2&3\end{pmatrix}$　　(D) $\begin{pmatrix}1&1&1\\1&2&1\\1&1&-1\end{pmatrix}$

10. 下列矩阵中与单位阵E合同的矩阵是（　　）.

(A) $\begin{pmatrix}2&0&2\\0&1&0\\2&0&2\end{pmatrix}$　　(B) $\begin{pmatrix}1&2&1\\2&7&0\\1&0&3\end{pmatrix}$

(C) $\begin{pmatrix}1&-1&2\\-1&3&-2\\2&-2&-3\end{pmatrix}$　　(D) $\begin{pmatrix}1&1&-3\\1&1&0\\-3&0&1\end{pmatrix}$

11. 设二次型$f(x_1.x_2,x_3)=x_1^2+x_2^2+x_3^2+2ax_1x_2+2x_1x_3+2bx_2x_3$的秩等于 2，则$a,b$满足的条件是（　　）.

(A) $a=b\neq\pm1$　　(B) $a=b=1$　　(C) $a\neq b$　　(D) $a=b=-1$

12. 下列二次型中是正定二次型的是（　　）.

(A) $f(x_1,x_2,x_3,x_4)=x_1^2+x_2^2+x_3^2$

(B) $f(x_1,x_2,x_3)=x_1^2+2x_2^2+x_3^2+4x_1x_2+2x_1x_3$

(C) $f(x_1,x_2,x_3,x_4)=(x_1-x_2)^2+(x_2-x_3)^2+(x_1-x_3)^2$

(D) $f(x_1,x_2,x_3)=2x_1^2+2x_2^2+4x_3^2+2x_1x_2$

三、解答题

1. 求$\boldsymbol{A}=\begin{pmatrix}3&1&0\\-4&-1&0\\4&8&-2\end{pmatrix}$的特征值和特征向量.

2. $\boldsymbol{A}=\begin{pmatrix}2&1&1\\1&2&1\\1&1&2\end{pmatrix}$且$\boldsymbol{\alpha}=\begin{pmatrix}1\\k\\1\end{pmatrix}$是$\boldsymbol{A}^{-1}$的一个特征向量，求$k$的值.

3. 设3阶实对称矩阵$\boldsymbol{A}$的特征值$\lambda_1=2,\lambda_2=-2,\lambda_3=1$，且$\lambda_1,\lambda_2,\lambda_3$对应的两个特征向量分别为$\boldsymbol{\alpha}_1=(0,1,1)^{\mathrm{T}},\boldsymbol{\alpha}_2=(1,1,1)^{\mathrm{T}},\boldsymbol{\alpha}_3=(1,1,0)^{\mathrm{T}}$,求$\boldsymbol{A}$.

4. 已知$\boldsymbol{\alpha}=(1,1,-1)^{\mathrm{T}}$是矩阵$\boldsymbol{A}=\begin{pmatrix}2&-1&2\\5&a&3\\-1&b&-2\end{pmatrix}$的一个特征向量，试求$a,b$的值及特征向量$\boldsymbol{\alpha}$所对应的特征值.

5. 设矩阵$\boldsymbol{A},\boldsymbol{B}$相似,证明$\boldsymbol{A}^3,\boldsymbol{B}^3$相似.

6. 判断矩阵$\boldsymbol{A}=\begin{pmatrix}-1&1&0\\-4&3&0\\1&0&2\end{pmatrix}$是否相似于对角形矩阵?

7. 已知$\boldsymbol{A}=\begin{pmatrix}1&-1&1\\2&4&-2\\-3&-3&a\end{pmatrix}$相似$\boldsymbol{B}=\begin{pmatrix}2&0&0\\0&2&0\\0&0&b\end{pmatrix}$，求$a,b$及可逆矩阵$\boldsymbol{P}$使得$\boldsymbol{P}^{-1}\boldsymbol{A}\boldsymbol{P}=\boldsymbol{B}$.

8. 设矩阵$\boldsymbol{A}$相似于矩阵$\boldsymbol{B}=\begin{pmatrix}1&1&0&0\\1&1&0&0\\0&0&2&2\\0&0&2&2\end{pmatrix}$，求(1)$R(\boldsymbol{A})$;(2)$R(\boldsymbol{A}-\boldsymbol{E})$;(3)$R(\boldsymbol{A}-2\boldsymbol{E})$.

9. 设$\boldsymbol{A}=\begin{pmatrix}1&2&3\\2&1&3\\3&3&6\end{pmatrix}$，求一个正交矩阵$\boldsymbol{P}$使得$\boldsymbol{P}^{\mathrm{T}}\boldsymbol{A}\boldsymbol{P}=\boldsymbol{\Lambda}$为对角阵.

10. 设二次型$f(x_1,x_2,x_3)=5x_1^2+5x_2^2+cx_3^2-2x_1x_2+6x_1x_3-6x_2x_3$的秩为2，求$c$及二次型的标准形.

11. 化二次型$f(x_1.x_2,x_3)=x_1^2+2x_2^2+x_3^2+2x_1x_2+2x_1x_3+4x_2x_3$成标准形，并求所用的可逆的线性变换$\boldsymbol{X}=\boldsymbol{C}\boldsymbol{Y}$.

12. 设二次型$f(x_1.x_2,x_3)=-2x_1x_2+2x_1x_3+2x_2x_3$，求一个正交变换$\boldsymbol{X}=\boldsymbol{P}\boldsymbol{Y}$,把该二次型化为标准形.

13. 设矩阵$\boldsymbol{A}=\begin{pmatrix}3&3\\t&3\end{pmatrix}$，当$t$为何值时二次型$f(x_1,x_2)=\boldsymbol{X}^{\mathrm{T}}\boldsymbol{A}\boldsymbol{X}$正定?

14. 判断二次型$f(x_1,x_2,x_3)=3x_1^2-4x_1x_2+2x_1x_3+3x_2^2+4x_2x_3+6x_3^2$的正定性.

习题参考答案

习　题　1

1.(1)5　　(2)12　　(3)$\frac{n(n-1)}{2}$　　(4)$n(n-1)$

2.(1)$p=5,q=2$　　(2)$p=8,q=2$

3.(1)正号　　(2)负号

4.(1)0　　(2)96　　(3)48　　(4)160

(5)$4(a+9)$　　(6)$[x+(n-1)y](x-y)^{n-1}$

5.14

6.$-12,-18$

第1章　总复习题

一、填空题

1.6,18　　2.$-a_{14}a_{23}a_{31}a_{42}$　　3.-2　　4.0

二、选择题

1.D　　2.D　　3.C　　4.D　　5.A　　6.D　　7.C　　8.B

三、解答题

1.(1)$(a-b)^2(2a+b)$　　(2)1　　(3)40　　(4)0

(5)$[x+(n-2)y](x-2y)^{n-1}$

2.$x=0,x=1$　　3.24

习　题　2

1.(1)$\begin{pmatrix}7&5&6\\-7&10&-6\\5&-10&1\end{pmatrix}$;$\begin{pmatrix}9&-1&4\\4&11&9\\-1&2&5\end{pmatrix}$　　(2)$\begin{pmatrix}-4&-2&-3\\\frac{5}{2}&-\frac{11}{2}&\frac{3}{2}\\-2&4&-1\end{pmatrix}$

2.(1)-2;$\begin{pmatrix}1&2&3\\0&0&0\\-1&-2&-3\end{pmatrix}$　　(2)$\begin{pmatrix}-7&0\\-19&4\end{pmatrix}$　　(3)$\begin{pmatrix}-5\\0\\0\end{pmatrix}$

(4)$\begin{pmatrix}6&0&-8\\-6&3&5\end{pmatrix}$　　(5)$(-1\quad 5\quad 11)$

3. (1) $\begin{pmatrix}10&0&3\\3&4&3\\3&0&1\end{pmatrix}$；$\begin{pmatrix}1&0&3\\0&4&3\\3&0&10\end{pmatrix}$；$\begin{pmatrix}28&0&3\\9&8&-1\\9&0&1\end{pmatrix}$；$\begin{pmatrix}1&0&0\\0&4&2\\6&2&2\end{pmatrix}$.

(2) $\begin{pmatrix}-9&0&6\\-6&0&0\\-6&0&9\end{pmatrix}$；$\begin{pmatrix}0&0&6\\-3&0&0\\-6&0&0\end{pmatrix}$

(3) $(A+B)(A-B)\neq A^2-B^2$

4. (1)可取$\boldsymbol{A}=\begin{pmatrix}-1&-1\\1&1\end{pmatrix}$　　(2)可取$\boldsymbol{A}=\begin{pmatrix}0&1\\0&0\end{pmatrix}$

(3)可取$\boldsymbol{A}=\begin{pmatrix}1&0\\0&0\end{pmatrix}$，$\boldsymbol{B}=\begin{pmatrix}1&0\\0&0\end{pmatrix}$，$\boldsymbol{C}=\begin{pmatrix}1&0\\0&1\end{pmatrix}$

5. (1) $\begin{pmatrix}x_1\\x_2\\x_3\end{pmatrix}=\begin{pmatrix}2&0&1\\1&2&2\\-1&1&1\end{pmatrix}\begin{pmatrix}y_1\\y_2\\y_3\end{pmatrix}$；　$\begin{pmatrix}y_1\\y_2\\y_3\end{pmatrix}=\begin{pmatrix}2&2&-1\\2&0&1\\3&-1&1\end{pmatrix}\begin{pmatrix}z_1\\z_2\\z_3\end{pmatrix}$

(2) $\begin{pmatrix}x_1\\x_2\\x_3\end{pmatrix}=\begin{pmatrix}7&3&-1\\12&0&3\\3&-3&3\end{pmatrix}\begin{pmatrix}z_1\\z_2\\z_3\end{pmatrix}$

6. $\boldsymbol{B}=\begin{pmatrix}a&b&c\\0&a&b\\0&0&a\end{pmatrix}$

7. (1) $\begin{pmatrix}5&4\\4&13\end{pmatrix}$　(2) $\begin{pmatrix}1&3&6\\0&1&3\\0&0&1\end{pmatrix}$　(3) $\begin{pmatrix}k^3&3k^2&3k\\0&k^3&3k^2\\0&0&k^3\end{pmatrix}$

(4) $\begin{pmatrix}1&0\\nk&1\end{pmatrix}$　(5) $\begin{pmatrix}(-1)^n&0&0\\0&2^n&0\\0&0&3^n\end{pmatrix}$

8. $f(\boldsymbol{A})=\begin{pmatrix}2&0\\-2&2\end{pmatrix}$

9. 略　　10. 略

11. (1) $\begin{pmatrix}\cos\theta&\sin\theta\\-\sin\theta&\cos\theta\end{pmatrix}$　(2) $\begin{pmatrix}-2&1&0\\-\frac{13}{2}&3&-\frac{1}{2}\\-16&7&-1\end{pmatrix}$　(3) $\begin{pmatrix}-\frac{3}{2}&-\frac{1}{2}&-\frac{5}{2}\\\frac{1}{2}&\frac{1}{2}&\frac{1}{2}\\1&0&1\end{pmatrix}$

(4) $\begin{pmatrix}0&1&1\\1&1&2\\2&-1&0\end{pmatrix}$　(5) $A=\begin{pmatrix}1&0&-1&-1\\0&1&0&0\\0&0&-1&-1\\0&0&0&-1\end{pmatrix}$

12. $\begin{pmatrix} 10 & 2 \\ -15 & -3 \\ 12 & 4 \end{pmatrix}$

13. (1) $\begin{pmatrix} 2 & -1 & 0 \\ 1 & 3 & -4 \\ 1 & 0 & -2 \end{pmatrix}$ (2) $\begin{pmatrix} 3 & -1 \\ 2 & 0 \\ 1 & -1 \end{pmatrix}$

14. $\boldsymbol{A}$ 可逆的充分必要条件是 $a\neq0$，且 $\boldsymbol{A}^{-1}=\begin{pmatrix} a^2 & 0 & 0 \\ -ab & a^2 & 0 \\ b^2-ac & -ab & a^2 \end{pmatrix}$

15. 略

16. 24

17. $\boldsymbol{B}=\boldsymbol{A}+\boldsymbol{E}=\begin{pmatrix} 0 & 1 & 1 \\ 1 & 3 & -3 \\ 1 & 0 & 2 \end{pmatrix}$

18. $\boldsymbol{B}=\begin{pmatrix} 2 & 0 & 0 \\ 0 & -4 & 0 \\ 0 & 0 & 2 \end{pmatrix}$

19. $(\boldsymbol{A}+2\boldsymbol{E})^{-1}=\frac{1}{10}(\boldsymbol{A}^2-2\boldsymbol{A}+4\boldsymbol{E})$

20. $\boldsymbol{A}^{-1}=\frac{1}{3}(\boldsymbol{A}-\boldsymbol{E})$，$(\boldsymbol{A}-3\boldsymbol{E})^{-1}=\frac{1}{3}(\boldsymbol{A}+2\boldsymbol{E})$

21. 略

22. $\begin{pmatrix} 3 & -4 \\ 2 & -3 \end{pmatrix}$

23. 略

24. (1) $\begin{pmatrix} 1 & 0 & 0 & 5 \\ 0 & 0 & 1 & -3 \\ 0 & 0 & 0 & 0 \end{pmatrix}$ (2) $\begin{pmatrix} 1 & 0 & 2 & 0 & -2 \\ 0 & 1 & -1 & 0 & 3 \\ 0 & 0 & 0 & 1 & 4 \\ 0 & 0 & 0 & 0 & 0 \end{pmatrix}$

25. $\boldsymbol{P}=\begin{pmatrix} -3 & 2 & 0 \\ 2 & -1 & 0 \\ 7 & -6 & 1 \end{pmatrix}$，$\boldsymbol{PA}=\begin{pmatrix} 1 & 0 & -1 & -2 \\ 0 & 1 & 2 & 3 \\ 0 & 0 & 0 & 0 \end{pmatrix}$

26. (1) 不可逆 (2) $\begin{pmatrix} 1 & 3 & -2 \\ -\frac{3}{2} & -3 & \frac{5}{2} \\ 1 & 1 & -1 \end{pmatrix}$ (3) $\begin{pmatrix} 1 & 1 & -2 & -4 \\ 0 & 1 & 0 & -1 \\ -1 & -1 & 3 & 6 \\ 2 & 1 & -6 & -10 \end{pmatrix}$

27. (1) 3, $\begin{vmatrix} 1 & 1 & 2 \\ 2 & 1 & -3 \\ 1 & 0 & -1 \end{vmatrix}=-4$　　(2) 3, $\begin{vmatrix} 2 & 1 & 7 \\ 2 & -3 & -5 \\ 1 & 0 & 0 \end{vmatrix}=16$

28. (1) $a=1$　　(2) $a=-2$　　(3) $a\neq 1, a\neq -2$

第2章　总复习题

一、填空题

1. 14; $\begin{pmatrix} 1 & 2 & 3 \\ 2 & 4 & 6 \\ 3 & 6 & 9 \end{pmatrix}$　　2. $\begin{pmatrix} 3 & -2 \\ 1 & 1 \end{pmatrix}$

3. $\begin{pmatrix} 1 & 0 & 0 \\ 0 & \frac{1}{2} & 0 \\ 0 & 0 & -1 \end{pmatrix}$　　4. -4　　5. 3　　6. 3

二、选择题

1. C　2. B　3. D　4. B　5. A　6. B　7. D　8. C　9. C　10. D　11. C　12. C

三、解答题

1. $\begin{pmatrix} 1 & -2 \\ 3 & 3 \\ -3 & 2 \end{pmatrix}$　　2. 3, $\begin{vmatrix} 1 & -1 & 1 \\ 2 & -2 & -2 \\ 3 & 0 & -1 \end{vmatrix}$

3. $k=1$

4. 可逆，且 $\boldsymbol{A}^{-1}=\begin{pmatrix} 1 & -\frac{1}{2} & \frac{1}{2} \\ 1 & -\frac{1}{2} & -\frac{1}{2} \\ -2 & \frac{3}{2} & -\frac{1}{2} \end{pmatrix}$

5. $\begin{pmatrix} 0 & 1 & -1 \\ -1 & 0 & 1 \\ 1 & -1 & 0 \end{pmatrix}$

6. $\begin{pmatrix} 1 & 0 & 0 \\ -2 & 1 & 0 \\ 1 & -2 & 1 \end{pmatrix}$

7. 略

习 题 3

1. (1) $x_1=1, x_2=2, x_3=3, x_4=-1$　　(2) $x_1=3, x_2=-4, x_3=-1, x_4=1$

2. $\lambda=0,2$ 或 3

3. (1) 无解

(2) $X=c\begin{pmatrix}-2\\1\\1\end{pmatrix}+\begin{pmatrix}-1\\2\\0\end{pmatrix}$, c 为任意常数

(3) $x_1=3, x_2=-4, x_3=-1, x_4=1$

(4) 只有零解

(5) $X=c_1\begin{pmatrix}1\\3\\1\\0\end{pmatrix}+c_2\begin{pmatrix}-1\\0\\0\\1\end{pmatrix}$, c_1, c_2 为任意常数

(6) $X=c_1\begin{pmatrix}1\\5\\7\\0\end{pmatrix}+c_2\begin{pmatrix}1\\-9\\0\\7\end{pmatrix}$, c_1, c_2 为任意常数

4. (1) 当 $\lambda\neq 1, \lambda\neq -2$ 时方程组有唯一解；当 $\lambda=-2$ 时方程组无解；当 $\lambda=1$ 时方程组无解，且此时 $X=c_1\begin{pmatrix}-1\\1\\0\end{pmatrix}+c_2\begin{pmatrix}-1\\0\\1\end{pmatrix}+\begin{pmatrix}1\\0\\0\end{pmatrix}$, c_1, c_2 为任意常数．

(2) 当 $\lambda\neq 1, \lambda\neq 10$ 时方程组有唯一解；当 $\lambda=10$ 时方程组无解；当 $\lambda=1$ 时方程组无解，且此时 $\begin{pmatrix}x_1\\x_2\\x_3\end{pmatrix}=c_1\begin{pmatrix}-2\\1\\0\end{pmatrix}+c_2\begin{pmatrix}2\\0\\1\end{pmatrix}+\begin{pmatrix}1\\0\\0\end{pmatrix}$, c_1, c_2 为任意常数．

5. (1) $(9,4,-8,-7)^T$　　(2) $\gamma=(6,-1,-10,-8)^T$

6. $(1,2,3)^T$

7. (1) 不能　　(2) 可以，且 $\boldsymbol{\beta}=\boldsymbol{\alpha}_1-\boldsymbol{\alpha}_2+\boldsymbol{\alpha}_3$

8. (1) 当 $a=-4, 3b-c\neq 1$ 时；

(2) 当 $a\neq -4$ 且 b, c 取任意实数时；

(3) 当 $a=-4, 3b-c=1$ 时，$\beta=k\alpha_1-(2k+b+1)\alpha_2+(2b+1)\alpha_3$, k 位任意常数．

9. (1) 线性相关　　(2) 线性无关　　(3) 线性相关

10. 略　　11. 略

12. (1) 向量组秩为 2，可选 $\boldsymbol{\alpha}_1, \boldsymbol{\alpha}_2$ 为其一个最大无关组；

(2) 向量组秩为 3，可选 $\boldsymbol{\alpha}_1, \boldsymbol{\alpha}_2, \boldsymbol{\alpha}_4$ 为其一个最大无关组．

13. (1) 向量组秩为 2，可选 $\boldsymbol{\alpha}_1, \boldsymbol{\alpha}_2$ 为其一个最大无关组，且 $\boldsymbol{\alpha}_3=2\boldsymbol{\alpha}_1-\boldsymbol{\alpha}_2, \boldsymbol{\alpha}_4=-\boldsymbol{\alpha}_1+2\boldsymbol{\alpha}_2$

(2) 向量组秩为 3，可选 $\boldsymbol{\alpha}_1, \boldsymbol{\alpha}_2, \boldsymbol{\alpha}_3$ 为其一个最大无关组，且 $\boldsymbol{\alpha}_4=2\boldsymbol{\alpha}_1-3\boldsymbol{\alpha}_2$.

14. 略　　15. 略

16. (1)基础解系可取为 $\boldsymbol{\eta}_1=\begin{pmatrix}1\\3\\1\\0\end{pmatrix},\boldsymbol{\eta}_2=\begin{pmatrix}-1\\0\\0\\1\end{pmatrix}$，通解为 $X=c_1\boldsymbol{\eta}_1+c_2\boldsymbol{\eta}_2$，$c_1,c_2$ 为任意常数；

(2)基础解系可取为 $\boldsymbol{\eta}_1=\begin{pmatrix}-2\\1\\0\\0\\0\end{pmatrix},\boldsymbol{\eta}_2=\begin{pmatrix}1\\0\\1\\0\\0\end{pmatrix}$，通解为 $X=c_1\boldsymbol{\eta}_1+c_2\boldsymbol{\eta}_2$，$\boldsymbol{c}_1,\boldsymbol{c}_2$ 为任意常数.

17. 所求的方程组可以选为 $\begin{cases}2x_1+x_2-x_3=0\\3x_1+2x_2-2x_4=0\end{cases}$

18. 所求的方程组可以选为 $\begin{cases}2x_1-3x_2+x_4=0\\x_1-3x_3+2x_4=0\end{cases}$

19. $\boldsymbol{B}=\begin{pmatrix}1&-1\\5&11\\8&0\\0&8\end{pmatrix}$

20. (1)方程 I 的基础解系为 $\boldsymbol{\eta}_1=\begin{pmatrix}0\\0\\1\\0\end{pmatrix},\boldsymbol{\eta}_2=\begin{pmatrix}-1\\1\\0\\1\end{pmatrix}$，方程 II 的基础解系为 $\boldsymbol{\eta}_1=\begin{pmatrix}0\\1\\1\\0\end{pmatrix}$，$\boldsymbol{\eta}_2=\begin{pmatrix}-1\\-1\\0\\1\end{pmatrix}$；

(2)I 与 II 的公共解为 $X=c\begin{pmatrix}-1\\1\\2\\1\end{pmatrix}$，$c$ 为任意常数.

21. (1)非齐次方程组的一个解 $\begin{pmatrix}3\\0\\1\\0\end{pmatrix}$，导出组的基础解系为 $\boldsymbol{\eta}_1=\begin{pmatrix}-2\\1\\0\\0\end{pmatrix},\boldsymbol{\eta}_2=\begin{pmatrix}1\\0\\0\\1\end{pmatrix}$；原方程的通解为 $X=c_1\begin{pmatrix}-2\\1\\0\\0\end{pmatrix}+c_2\begin{pmatrix}1\\0\\0\\1\end{pmatrix}+\begin{pmatrix}3\\0\\1\\0\end{pmatrix}$，$c_1,c_2$ 为任意常数；

(2)非齐次方程组的一个解 $\begin{pmatrix}0\\1\\0\\0\end{pmatrix}$，导出组的基础解系为 $\boldsymbol{\eta}_1=\begin{pmatrix}-1\\2\\1\\0\end{pmatrix}$，$\boldsymbol{\eta}_2=\begin{pmatrix}2\\-2\\0\\1\end{pmatrix}$；原方程的通解为 $X=c_1\begin{pmatrix}-1\\2\\1\\0\end{pmatrix}+c_2\begin{pmatrix}2\\-2\\0\\1\end{pmatrix}+\begin{pmatrix}0\\1\\0\\0\end{pmatrix}$，$c_1,c_2$ 为任意常数．

22. $\begin{pmatrix}1\\0\\2\\-1\end{pmatrix}+c\begin{pmatrix}2\\3\\2\\3\end{pmatrix}$，$c$ 为任意常数

23. 略

24. V_1 构成线性空间，V_2 不构成线性空间

25. 略

26. 只要验证 $\boldsymbol{\alpha}_1,\boldsymbol{\alpha}_2,\boldsymbol{\alpha}_3$ 线性无关即可，且 $\boldsymbol{\beta}=2\boldsymbol{\alpha}_1+3\boldsymbol{\alpha}_2-\boldsymbol{\alpha}_3$

27. $P=\begin{pmatrix}2&3&4\\0&-1&0\\-1&0&-1\end{pmatrix}$

第3章　总复习题

一、填空题

1. $t\neq 8$　　2. -3　　3. $\boldsymbol{\alpha}_1,\boldsymbol{\alpha}_2,\boldsymbol{\alpha}_4$ 或 $\boldsymbol{\alpha}_1,\boldsymbol{\alpha}_2,\boldsymbol{\alpha}_5$　　4. 3

5. $k(\boldsymbol{\xi}_1-\boldsymbol{\xi}_2)+\boldsymbol{\xi}_1$，$k$ 为任意常数　　6. $a-2b=0$

二、选择题

1. D　2. C　3. B　4. B　5. D　6. B　7. A　8. A　9. C　10. C

三、解答题

1. $\boldsymbol{\beta}=(4,3,2,1)^{\mathrm{T}}$

2. 秩为 2，一个最大线性无关组可取为 $\boldsymbol{\alpha}_1,\boldsymbol{\alpha}_2$，且 $\boldsymbol{\alpha}_3=3\boldsymbol{\alpha}_1-\frac{2}{3}\boldsymbol{\alpha}_2$，$\boldsymbol{\alpha}_4=2\boldsymbol{\alpha}_1+\frac{2}{3}\boldsymbol{\alpha}_2$.

3. 略

4. 基础解系可取为 $\boldsymbol{\eta}_1=\begin{pmatrix}-1\\1\\0\\0\\0\end{pmatrix}$，$\boldsymbol{\eta}_2=\begin{pmatrix}-1\\0\\-1\\0\\1\end{pmatrix}$，方程的通解为

$$\begin{pmatrix}x_1\\x_2\\x_3\\x_4\\x_5\end{pmatrix}=c_1\begin{pmatrix}-1\\1\\0\\0\\0\end{pmatrix}+c_2\begin{pmatrix}-1\\0\\-1\\0\\1\end{pmatrix}$$，c_1,c_2 为任意常数．

5. $\begin{pmatrix}x_1\\x_2\\x_3\\x_4\end{pmatrix}=c\begin{pmatrix}-\frac{1}{2}\\1\\0\\0\end{pmatrix}+\begin{pmatrix}\frac{1}{2}\\0\\0\\0\end{pmatrix}$，$c$ 为任意常数．

6. 当 $\lambda=1$ 时，方程组解为 $\begin{pmatrix}x_1\\x_2\\x_3\end{pmatrix}=c\begin{pmatrix}1\\1\\1\end{pmatrix}+\begin{pmatrix}1\\0\\0\end{pmatrix}$，$c$ 为任意常数；

当 $\lambda=-2$ 时，方程组解为 $\begin{pmatrix}x_1\\x_2\\x_3\end{pmatrix}=c\begin{pmatrix}1\\1\\1\end{pmatrix}+\begin{pmatrix}2\\2\\0\end{pmatrix}$，$c$ 为任意常数．

7. 通解为 $c\begin{pmatrix}2\\-5\\-8\\7\end{pmatrix}+\begin{pmatrix}1\\3\\4\\-2\end{pmatrix}$，$c$ 为任意常数．

8. 当 $\lambda\neq0,\lambda\neq-3$ 时，方程组解有唯一解；

当 $\lambda=0$ 时，方程组解无解；

当 $\lambda=-3$ 时，方程组解有无穷多解，其通解为 $\begin{pmatrix}x_1\\x_2\\x_3\end{pmatrix}=c\begin{pmatrix}1\\1\\1\end{pmatrix}+\begin{pmatrix}-1\\-2\\0\end{pmatrix}$，$c$ 为任意常数．

9. 方程组的系数矩阵的秩为 2，其通解 $c\begin{pmatrix}3\\-1\\-2\end{pmatrix}+\begin{pmatrix}0\\1\\0\end{pmatrix}$，$c$ 为任意常数．

10. 略　　11. 略

习　题　4

1. (1) $\boldsymbol{\eta}_1=\left(\frac{1}{\sqrt{6}},\frac{2}{\sqrt{6}},-\frac{1}{\sqrt{6}}\right)^{\mathrm{T}}$，$\boldsymbol{\eta}_2=\left(-\frac{1}{\sqrt{3}},\frac{1}{\sqrt{3}},\frac{1}{\sqrt{3}}\right)^{\mathrm{T}}$，$\boldsymbol{\eta}_3=\left(\frac{1}{\sqrt{2}},0,\frac{1}{\sqrt{2}}\right)^{\mathrm{T}}$；

(2) $\boldsymbol{\eta}_1=\left(\frac{1}{\sqrt{2}},\frac{1}{\sqrt{2}},0,0\right)^{\mathrm{T}}$，$\boldsymbol{\eta}_2=\left(\frac{1}{\sqrt{6}},-\frac{1}{\sqrt{6}},\frac{2}{\sqrt{6}},0\right)^{\mathrm{T}}$，

$\boldsymbol{\eta}_3=\left(-\frac{1}{\sqrt{12}},\frac{1}{\sqrt{12}},\frac{1}{\sqrt{12}},\frac{3}{\sqrt{12}}\right)^{\mathrm{T}}$，$\boldsymbol{\eta}_4=\left(\frac{1}{2},-\frac{1}{2},-\frac{1}{2},\frac{1}{2}\right)^{\mathrm{T}}$.

2. 可取 $\boldsymbol{\alpha}_3=(-1,0,1)^{\mathrm{T}}$

3. 略

4.(1)否　(2)是

5. 略

6. 略

7.(1)$k_1\begin{pmatrix}1\\1\end{pmatrix}(k_1\neq0)$是属于 $\lambda_1=4$ 的全部特征向量．$k_2\begin{pmatrix}1\\-5\end{pmatrix}(k_2\neq0)$是矩阵属于$\lambda_2=-2$ 的全部特征向量．

(2)当 $\lambda_{1,2,3}=-1$ 时，基础解系 $k\begin{pmatrix}-1\\-1\\1\end{pmatrix}(k\neq0)$.

(3)$k_1\begin{pmatrix}-1\\-1\\1\end{pmatrix}(k_1\neq0)$是属于 $\lambda_1=0$ 的全部特征向量．$k_2\begin{pmatrix}1\\1\\2\end{pmatrix}(k_2\neq0)$是矩阵属于 $\lambda_2=9$ 的全部特征向量，$k_3\begin{pmatrix}-1\\1\\0\end{pmatrix}(k_3\neq0)$是属于 $\lambda_3=-1$ 的全部特征向量．

8. 略

9.(1)-64　(2) -3

10. 略

11. $x=3$

12.(1)$a=-3,b=0,\lambda=-1$　(2)不能

13.(1)$x=0,y=-2$　　(2)$\boldsymbol{P}=\begin{pmatrix}0&0&1\\-2&1&0\\1&1&1\end{pmatrix}$

14.$\boldsymbol{A}=\begin{pmatrix}4&1&1\\1&4&1\\1&1&4\end{pmatrix}$

15.$\boldsymbol{A}^{100}=\begin{pmatrix}-1&-1&2\\-2&0&2\\-2&-1&3\end{pmatrix}$

16.(1) $\boldsymbol{Q}=\begin{pmatrix}\frac{1}{3}&\frac{2}{3}&\frac{2}{3}\\\frac{2}{3}&\frac{1}{3}&-\frac{2}{3}\\\frac{2}{3}&-\frac{2}{3}&\frac{1}{3}\end{pmatrix}$，$\boldsymbol{Q}^{-1}\boldsymbol{A}\boldsymbol{Q}=\begin{pmatrix}-2&0&0\\0&1&0\\0&0&4\end{pmatrix}$

(2) $\boldsymbol{Q}=\begin{pmatrix} -\frac{1}{\sqrt{5}} & \frac{4}{3\sqrt{5}} & \frac{2}{3} \\ \frac{2}{\sqrt{5}} & -\frac{2}{3\sqrt{5}} & \frac{1}{3} \\ \frac{0}{3} & -\frac{5}{3\sqrt{5}} & \frac{2}{3} \end{pmatrix}$，$\boldsymbol{Q}^{-1}\boldsymbol{AQ}=\begin{pmatrix} -3 & 0 & 0 \\ 0 & -3 & 0 \\ 0 & 0 & 6 \end{pmatrix}$

17. (1)$\boldsymbol{A}=\begin{pmatrix} 1 & 2 & 1 \\ 2 & 2 & 0 \\ 1 & 0 & -1 \end{pmatrix}$,3　　(2)$\boldsymbol{A}=\begin{pmatrix} 1 & -1 & 1 \\ -1 & 3 & 1 \\ 1 & 1 & 3 \end{pmatrix}$,2

(3)$\boldsymbol{A}=\begin{pmatrix} 1 & 1 & 3 \\ 1 & 2 & 5 \\ 3 & 5 & -1 \end{pmatrix}$,3　　(4)$\boldsymbol{A}=\begin{pmatrix} 1 & 2 & \cdots & 0 \\ 2 & 1 & \cdots & 0 \\ \vdots & \vdots & \vdots & \vdots \\ 0 & 0 & \cdots & 1 \end{pmatrix}$,$n$

18. (1)$f=y_1^2-y_2^2$，$\boldsymbol{X}=\begin{pmatrix} 1 & -1 & -1 \\ 0 & 1 & 1 \\ 0 & 0 & 1 \end{pmatrix}\boldsymbol{Y}$

(2)$f=y_1^2-y_2^2-y_3^2$，$\boldsymbol{X}=\begin{pmatrix} 1 & 1 & -1 \\ 1 & -1 & -1 \\ 0 & 0 & 1 \end{pmatrix}\boldsymbol{Y}$

19. (1)$f=2y_1^2+5y_2^2+y_3^2$，$\boldsymbol{X}=\begin{pmatrix} 1 & 0 & 0 \\ 0 & \frac{1}{\sqrt{2}} & \frac{1}{\sqrt{2}} \\ 0 & \frac{1}{\sqrt{2}} & -\frac{1}{\sqrt{2}} \end{pmatrix}\boldsymbol{Y}$

(2)$f=-y_1^2-y_2^2+2y_3^2$，$\boldsymbol{X}=\begin{pmatrix} -\frac{1}{\sqrt{2}} & -\frac{1}{\sqrt{6}} & \frac{1}{\sqrt{3}} \\ 0 & \frac{2}{\sqrt{6}} & \frac{1}{\sqrt{3}} \\ \frac{1}{\sqrt{2}} & -\frac{1}{\sqrt{6}} & \frac{1}{\sqrt{3}} \end{pmatrix}\boldsymbol{Y}$

20. $a=2$,$\boldsymbol{C}=\begin{pmatrix} 0 & 1 & 0 \\ \frac{1}{\sqrt{2}} & 0 & \frac{1}{\sqrt{2}} \\ -\frac{1}{\sqrt{2}} & 0 & \frac{1}{\sqrt{2}} \end{pmatrix}$

21. (1) 否　(2) 是　(3)是

第 4 章　总复习题

一、填空题

1. $a=3$ 或 4　2. $\lambda=3,x=4,y=-1$　3. $\frac{5}{2}$　4. 24　5. 3　6. $k>2$

二、选择题

1. C　2. D　3. C　4. C　5. B　6. C　7. B　8. C　9. C　10. B
11. A　12. D

三、解答题

1. $\lambda_1=-2$ 对应的所有特征向量为 $k_1(0,0,1)^T, k_1\neq 0$，$\lambda_{2,3}=1$ 对应的所有特征向量为 $k_2\left(-\frac{1}{4},\frac{1}{2},1\right)^T, k_2\neq 0$.

2. $k=-2$，或 $k=1$

3. $\boldsymbol{A}=\begin{pmatrix}-2 & 3 & -3\\ -4 & 5 & -3\\ -4 & 4 & -2\end{pmatrix}$

4. $a=-3,b=0,\lambda=-1$　　5. 略　　6. 不能似于对角形矩阵

7. $a=5$，$b=6$；$P=(p_1,p_2,p_3)$，其中 $p_1=(1,-1,0)^T$，$p_2=(1,0,1)^T$，$p_3=(1,-2,3)^T$.

8. $R(\boldsymbol{A})=2, R(\boldsymbol{A}-\boldsymbol{E})=4, R(\boldsymbol{A}-2\boldsymbol{E})=3$.

9. $\boldsymbol{P}=\begin{pmatrix}-\frac{1}{\sqrt{3}} & \frac{1}{\sqrt{2}} & \frac{1}{\sqrt{6}}\\ \frac{1}{\sqrt{3}} & -\frac{1}{\sqrt{2}} & \frac{1}{\sqrt{6}}\\ \frac{1}{\sqrt{3}} & 0 & \frac{2}{\sqrt{6}}\end{pmatrix}$，$\boldsymbol{P}^T\boldsymbol{A}\boldsymbol{P}=\begin{pmatrix}0 & 0 & 0\\ 0 & -1 & 0\\ 0 & 0 & 9\end{pmatrix}$

10. $c=3$，标准形可以为 $f=4y_2^2+9y_3^2$

11. $\boldsymbol{X}=\begin{pmatrix}1 & -1 & 0\\ 0 & 1 & -1\\ 0 & 0 & 1\end{pmatrix}\boldsymbol{Y}$，标准形为 $f=y_1^2+y_2^2-y_3^2$

12. $\boldsymbol{X}=\begin{pmatrix}-\frac{1}{\sqrt{2}} & -\frac{1}{\sqrt{6}} & \frac{1}{\sqrt{3}}\\ \frac{1}{\sqrt{2}} & -\frac{1}{\sqrt{6}} & \frac{1}{\sqrt{3}}\\ 0 & \frac{2}{\sqrt{6}} & \frac{1}{\sqrt{3}}\end{pmatrix}\boldsymbol{Y}$，标准形为 $f=-y_1^2-y_2^2+2y_3^2$

13. $-9<t<3$ 时正定

14. 正定二次型

参考文献

[1] 同济大学数学系. 工程数学——线性代数[M].5 版. 北京：高等教育出版社，2007.

[2] 张曙翔. 线性代数(理工类)[M].1 版. 北京：科学出版社，2012.

[3] 赵志新，徐明华. 线性代数[M].1 版. 北京：高等教育出版社，2011.

[4] 徐秀娟，郭小强，纪楠. 线性代数[M].2 版. 北京：科学出版社，2013.

[5] 陈怡. 线性代数[M].2 版. 北京：中国铁路出版社，2011.